普通高等教育“十二五”规划教材

Access 2013 数据库应用

唐会伏 汪 蓉 主 编
饶 彬 丁 玲 副主编

電子工業出版社
Publishing House of Electronics Industry
北京 · BEIJING

内 容 简 介

本书以 Microsoft Access 2013 关系型数据库为背景，由数据库系统概述、关系数据库、创建数据库、表、查询、窗体、报表、宏、SharePoint 网站、VBA 编程基础、VBA 高级编程 11 章组成。全书以应用为目的，以案例为引导，结合数据库和管理信息系统的基本知识，使学生可以较快地掌握 Access 2013 软件的基本功能和操作，达到基本掌握小型管理信息系统建设的目的。

本书适合作为普通高校计算机应用课程数据库方面的教材，也可以作为全国计算机等级考试二级《Access 数据库应用》的培训教材，同时还可以作为其他人员学习 Access 的参考用书。

图书在版编目（CIP）数据

Access 2013 数据库应用 / 唐会伏，汪蓉主编．— 北京：电子工业出版社，2016.2
普通高等教育“十二五”规划教材
ISBN 978-7-121-27420-6

I．①A… II．①唐… ②汪… III．①关系数据库系统－高等学校－教材 IV．①TP311.138

中国版本图书馆 CIP 数据核字（2015）第 246570 号

策划编辑：袁 玺
责任编辑：郝黎明
印 刷：三河市兴达印务有限公司
装 订：三河市兴达印务有限公司
出版发行：电子工业出版社
北京市海淀区万寿路 173 信箱 邮编：100036
开 本：787×1092 1/16 印张：16.25 字数：468 千字
版 次：2016 年 2 月第 1 版
印 次：2018 年 1 月第 2 次印刷
定 价：37.00 元

凡所购买电子工业出版社图书有缺损问题，请向购买书店调换。若书店售缺，请与本社发行部联系，联系及邮购电话：(010)88254888。

质量投诉请发邮件至 zlts@phei.com.cn，盗版侵权举报请发邮件至 dbqq@phei.com.cn。

服务热线：(010)88258888。

前　　言

数据库技术是计算机软件领域的一个重要分支，已形成相当规模的理论体系和实用技术。作为 Microsoft Office 套件产品之一，Access 已成为世界上非常流行的、功能强大的桌面关系型数据库管理系统。Access 可以操作其他来源的资料，包括许多流行的 PC 数据库程序（如 dBASE、Paradox、Microsoft FoxPro）和服务器上的许多SQL数据库。此外，Access 还完全支持 Microsoft 的 OLE技术。由于 Access 数据库界面友好，易学好懂，不需要有专业的程序设计能力，对于略知计算机高级语言的人来说也能很快掌握，因而深受广大用户的欢迎。

本书从数据库的基础知识讲起，由浅入深、循序渐进地介绍了 Access 2013 各种数据库对象的功能及创建方法。全书共分 11 章，内容如下：第 1 章数据库系统概述，介绍了数据库系统的基本概念、数据模型等内容；第 2 章关系数据库，介绍了关系数据结构、关系代数、关系的完整性、关系数据库设计等内容；第 3 章创建数据库，介绍了创建数据库的相关知识及基本操作方法；第 4 章表，介绍了建立表、设置字段的常规属性、建立表间关系、建立查阅列和操作表等内容；第 5 章查询，介绍了创建查询的方法及利用查询进行统计计算的方法；第 6 章窗体，介绍了创建窗体的各种方法及对窗体的再设计，并介绍了作为窗体和报表的基本控件的功能及其属性；第 7 章报表，介绍了创建报表的各种方法，创建报表的计算字段、报表中的数据排序与分组等；第 8 章宏，介绍了宏的创建和使用；第 9 章 SharePoint 网站，介绍 SharePoint 网站的概念及使用方法；第 10 章 VBA 编程基础，介绍了 VBA 编程的基础知识与模块的相关概念；第 11 章 VBA 高级编程，介绍了 VBA 编程中的事件处理机制、数据库访问技术和程序调试技术。

全书内容叙述清楚、示例丰富、图文并茂、步骤清晰、易懂易学，便于学生及有一定计算机基础的爱好者自学使用。由于编者水平有限，时间仓促，书中难免有疏漏和不足之处，敬请广大读者朋友批评指正。

本书由唐会伏、汪蓉担任主编，饶彬、丁玲担任副主编。由于编者水平有限，时间仓促，书中难免有疏漏和不当之处，敬请广大读者朋友批评指正。

编　者

目　录

第 1 章　数据库系统概述

数据库的出现使数据处理进入了一个崭新的时代，它能把现实世界中大量的数据按照一定的结构组织起来存储到计算机中，在数据库管理系统的统一管理下，实现数据共享。本章将介绍数据库的基本概念、数据管理技术的发展过程、概念模型、数据模型和数据库系统结构。

1.1　数据库的概念与发展过程

数据库技术是信息管理的核心技术。本节介绍数据库的基本概念、数据库系统的组成和数据管理技术的发展过程。

1.1.1　数据、数据库、数据库管理系统、数据库系统

数据、数据库、数据库管理系统及数据库系统是数据库技术 4 个最基本的概念。

1．数据

描述事物的符号记录称为**数据（Data）**。数据是数据库中存储的基本对象，包括文本、图形、图像、音频、视频等。

数据的含义称为数据的语义。数据的特点是：数据与其语义是不可分的。

例如，168 是一个数据。

语义 1：某教室的座位数。

语义 2：计算机科学与技术专业 2015 级学生人数。

语义 3：某学生的身高。

又如，学生档案中的学生记录数据：李明，男，1998/02/01，168，计算机系。

语义：学生姓名、性别、出生日期、身高、所在院系。

解释：李明是计算机系一名男大学生，1998 年 2 月 1 日出生，身高 168cm。

2．数据库

数据库（Database，DB）是长期储存在计算机内的、有组织的、可共享的大量数据的集合。

数据库的基本特征为数据按一定的数据模型组织、描述和储存，可为各种用户共享、冗余度较小、数据独立性较高、易扩展。

3．数据库管理系统

数据库管理系统（Database Management System，DBMS）是位于用户与操作系统之间的一层数据管理软件。

DBMS 是基础软件，是一个大型复杂的软件系统。DBMS 的用途是科学地组织和存储数据、高效地获取和维护数据。

DBMS 的主要功能如下。

（1）数据定义功能。

提供数据定义语言（**Data Definition Language，DDL**）定义数据库中的数据对象。

（2）数据组织、存储和管理。

分类组织、存储和管理各种数据，确定组织数据的文件结构和存取方式，实现数据之间的联系，提供多种存取方法提高存取效率。

（3）数据操纵功能。

提供数据操纵语言（Data Manipulation Language，DML）实现对数据库的基本操作（查询、插入、删除和修改）。

（4）数据库的事务管理和运行管理。

数据库在建立、运行和维护时由 DBMS 统一管理和控制，保证数据的安全性、完整性，多用户对数据的并发操作，发生故障后的系统恢复。

（5）数据库的建立和维护功能（实用程序）。

数据库初始数据的输入、转换功能，数据库的转储、恢复功能，数据库的重组织功能和性能监视、分析功能等。

（6）其他功能。

DBMS 与网络中其他软件系统的通信功能、两个 DBMS 系统的数据转换功能、异构数据库之间的互访和互操作功能。

4．数据库系统

数据库系统（Database System，DBS）是指在计算机系统中引入数据库后的系统，一般由数据库、数据库管理系统（及其开发工具）、应用系统、数据库管理员和用户构成，如图 1.1 所示。

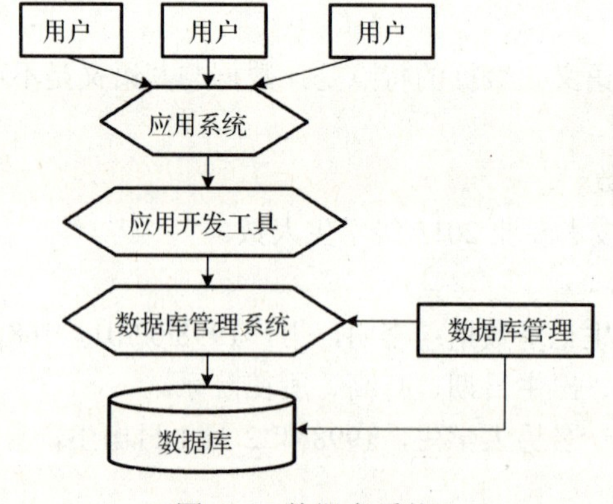

图 1.1 数据库系统

1.1.2 数据库系统的组成

广义地讲，数据库系统由硬件平台及数据库、软件和人员组成。

1．硬件平台及数据库

数据库系统对硬件资源的要求如下。

（1）足够大的内存存放操作系统、DBMS 的核心模块、数据缓冲区和应用程序。

（2）足够大的外存：磁盘或磁盘阵列用于存放数据库；光盘、磁带用于存放数据备份。

（3）较高的通道能力，提高数据传送率。

2．软件

软件包括 DBMS、支持 DBMS 运行的操作系统、与数据库接口的高级语言及其编译系统、以 DBMS 为核心的应用开发工具、为特定应用环境开发的数据库应用系统。

3. 人员

人员包括系统分析员和数据库设计人员、数据库管理员、应用程序员、用户。

（1）系统分析员和数据库设计人员。

系统分析员：负责应用系统的需求分析和规范说明；与用户及数据库管理员协商，确定系统的硬软件配置；参与数据库系统的概要设计。

数据库设计人员：参加用户需求调查和系统分析；确定数据库中的数据；设计数据库各级模式。

（2）数据库管理员（Database Administrator，DBA）。

具体职责如下。

① 决定数据库中的信息内容和结构。

② 决定数据库的存储结构和存取策略。

③ 定义数据的安全性要求和完整性约束条件。

④ 监控数据库的使用和运行。周期性转储数据库（包括数据文件和日志文件）、系统故障恢复、介质故障恢复、监视审计文件。

⑤ 数据库的改进和重组：性能监控和调优；定期对数据库进行重组织，以提高系统的性能；需求增加和改变时，数据库需要重构造。

（3）应用程序员。

设计和编写应用系统的程序模块，进行调试和安装。

（4）用户。

用户是指最终用户（End User），他们通过应用系统的用户接口使用数据库。

1.1.3　数据管理技术的发展过程

数据管理是指对数据进行分类、组织、编码、存储、检索和维护，是数据处理的中心问题。

数据管理技术的发展经历了人工管理阶段、文件系统阶段和数据库系统阶段。

人工管理阶段（20 世纪 40 年代中期至 50 年代中期），其特点是：数据不保存，不共享，无独立性，由应用程序管理数据，无专用软件管理数据。

文件系统阶段（20 世纪 50 年代末至 60 年代中期），其特点是：数据以文件形式长期保存，由文件系统管理数据。数据共享性差、冗余度大，程序与数据间独立性差。

数据库系统阶段（20 世纪 60 年代末至现在），其特点是：数据结构化，共享性高、冗余度低，独立性高，数据由 DBMS 统一管理和控制（数据的安全性控制、数据的完整性控制、并发控制、数据库恢复）。

1.2　概 念 模 型

要对现实世界中的数据进行管理，首先要对数据进行描述。数据处理中的数据描述涉及不同的范畴。从事物的特性到计算机中的具体表示，实际上经历了 3 个不同的领域——现实世界、信息世界和机器世界。

存在于人们头脑之外的客观世界称为**现实世界**。

现实世界在人们头脑中的反映称为**信息世界**。人们用文字和符号把现实世界记载下来就是信息世界。

信息世界的信息以数据形式存储在计算机中称为**机器世界**。

在数据库中用数据模型这个工具来抽象、表示和处理现实世界中的数据和信息。通俗地讲，数据模型就是现实世界的模拟。数据模型应满足三方面的要求：能比较真实地模拟现实世界，容易为人所理解，便于在计算机上实现。

数据模型分为两类（分属两个不同的层次）：概念模型（也称信息模型）和逻辑模型（也称数据模型）。

客观对象的抽象过程分为两步。

第一步：把现实世界中的客观对象抽象为概念模型。

第二步：把概念模型转换为某一 DBMS 支持的数据模型。

本节介绍概念模型，下节介绍数据模型。

1.2.1 信息世界中的基本概念

概念模型（也称信息模型）是对现实世界复杂事物的结构及其之间内在联系的描述，按用户的观点对数据和信息建模。

概念模型用于信息世界的建模，它与具体的 DBMS 无关，与具体的计算机平台无关，是现实世界到机器世界的一个中间层次，是数据库设计的有力工具，是数据库设计人员和用户之间进行交流的语言。

对概念模型的基本要求：较强的语义表达能力，能够方便、直接地表达应用中的各种语义知识；简单、清晰、易于用户理解。

下面介绍信息世界中的基本概念。

（1）实体（Entity）。

客观存在并可相互区别的事物称为**实体**。可以是具体的人、事、物或抽象的概念。

（2）属性（Attribute）。

实体所具有的某一特性称为**属性**。一个实体可以由若干个属性来刻画。

（3）键（Key）。

唯一标识实体的属性集称为**键**。

（4）域（Domain）。

属性的取值范围称为该属性的**域**。

（5）实体型（Entity Type）。

用实体名及其属性名集合来抽象和刻画同类实体称为**实体型**。

（6）实体集（Entity Set）。

同一类型实体的集合称为**实体集**。

（7）联系（Relationship）。

现实世界中事物内部及事物之间的联系在信息世界中反映为实体内部的联系和实体之间的联系。**实体内部的联系**通常是指组成实体的各属性之间的联系。**实体之间的联系**通常是指不同实体集之间的联系。

1.2.2 实体集之间的联系

实体集与实体集之间存在着各种联系，按被联系的实体集的个数将实体集之间的联系分为两个实体集之间的联系、两个以上实体集之间的联系、同一个实体集之间的联系。

1. 两个实体集之间的联系

两个实体集之间具有一对一、一对多、多对多 3 种类型的联系。

讲授多门课程，每门课程可由多个教工讲授；每个学生可选修多门课程，每门课程可供多个学生选修；1 门课程可以是多门课程的先修课，每门课最多有 1 门先修课。

为该校设计教学管理 E-R 模型，自行为每个实体和联系给出一些适当的属性，对于键属性用下画线“__”标明。

解： 教学管理 E-R 模型如图 1.3 所示。

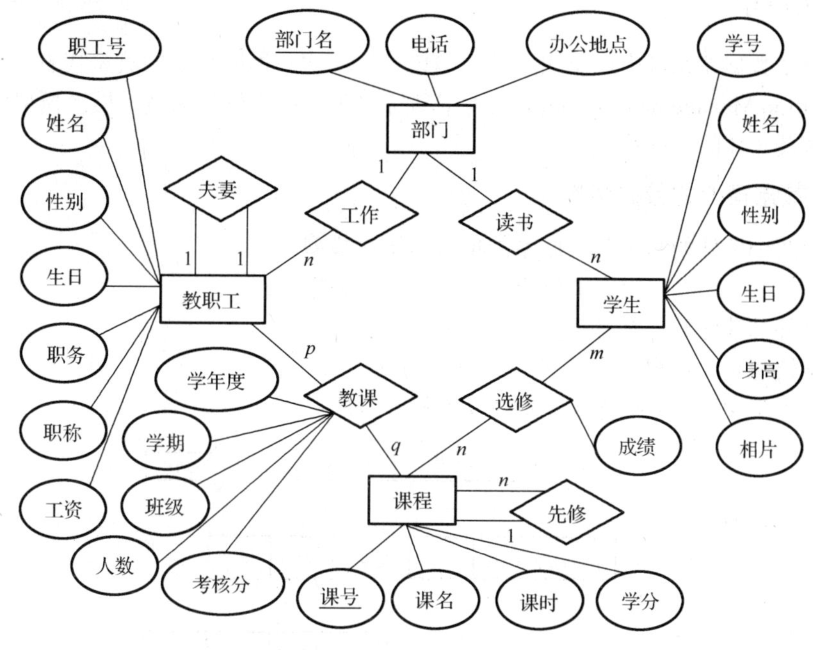

图 1.3　教学管理 E-R 模型

1.3　数据模型概述

1.3.1　数据模型及其组成要素

数据模型（也称逻辑模型） 是按计算机系统的观点对数据建模，用于 DBMS 实现。数据模型主要包括层次模型、网状模型、关系模型等。

数据模型的组成要素为数据结构、数据操作、完整性约束条件。

1．数据结构

数据结构描述数据库的组成对象及对象之间的联系。

描述的内容是：与数据类型、内容、性质有关的对象，与数据之间联系有关的对象。

数据结构是对系统静态特性的描述。

2．数据操作

数据操作是指对数据库中各种对象（型）的实例（值）允许执行的操作及有关的操作规则。

数据操作的类型：查询与更新（包括插入、删除、修改）。

数据操作是对系统动态特性的描述。

3. 数据的完整性约束条件

数据的完整性约束条件是一组完整性规则的集合。

完整性规则：给定的数据模型中数据及其联系所具有的制约和储存规则，用以限定符合数据模型的数据库状态及状态的变化，以保证数据的正确、有效、相容。

1.3.2 层次模型

层次模型是数据库系统中最早出现的数据模型。层次数据库系统的典型代表是 IBM 公司的 IMS（Information Management System，信息管理系统）数据库管理系统。层次模型用树形结构来表示各类实体及实体间的联系。

1. 层次数据模型的数据结构

满足下面两个条件的基本层次联系的集合为**层次模型**。

（1）有且只有一个结点没有父结点，这个结点称为根结点。

（2）根以外的其他结点有且只有一个父结点。

层次数据模型是一棵树。

例如，教工学生层次数据库模型如图 1.4 所示。

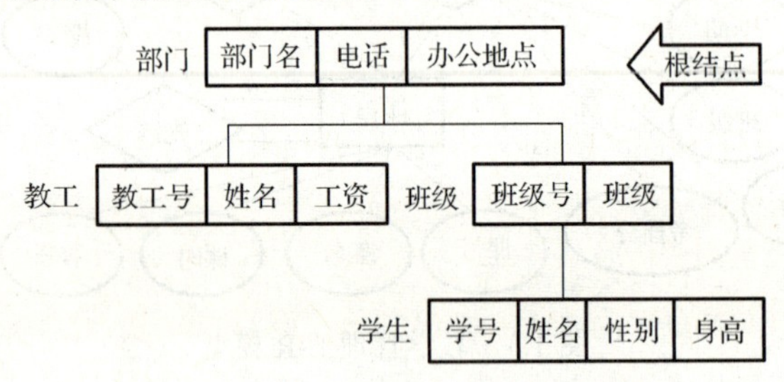

图 1.4 教工学生层次数据库模型

层次模型的特点：结点的双亲是唯一的，只能直接处理一对多的实体联系，每个记录类型可以定义一个排序字段，也称为码字段，任何记录值只有按其路径查看时，才能显出它的全部意义，没有一个子女记录值能够脱离双亲记录值而独立存在。

2. 层次模型的优缺点

（1）优点。

① 层次模型的数据结构比较简单清晰。

② 查询效率高，性能优于关系模型，不低于网状模型。

③ 层次数据模型提供了良好的完整性支持。

（2）缺点。

① 多对多联系表示不自然。

② 对插入和删除操作的限制多，应用程序的编写比较复杂。

③ 查询子女结点必须通过双亲结点。

④ 由于结构严密，层次命令趋于程序化。

1.3.3 网状模型

网状数据库系统采用网状模型作为数据的组织方式，典型代表是 DBTG（Data Base Task Group，数据库任务组）系统。网状模型用无向图结构来表示各类实体及实体间的联系。

1．网状数据模型的数据结构

满足下面两个条件的基本层次联系的集合称为**网状模型**。

（1）允许一个以上的结点无父结点。

（2）一个结点可以有多于一个的父结点。

网状模型与层次模型的区别如下。

（1）网状模型允许多个结点没有父结点。

（2）网状模型允许结点有多个父结点。

（3）层次模型实际上是网状模型的一个特例。

多对多联系在网状模型中的表示：引进一个联结记录，将多对多联系分解成多个一对多联系。

例如，一个学生可以选修若干门课程，某一课程可以被多个学生选修，学生与课程之间是多对多联系，如图 1.2 所示。

引进一个学生选课的联结记录，由 3 个数据项组成：学号、课程号、成绩。将多对多联系分解成两个一对多联系，如图 1.5 所示。

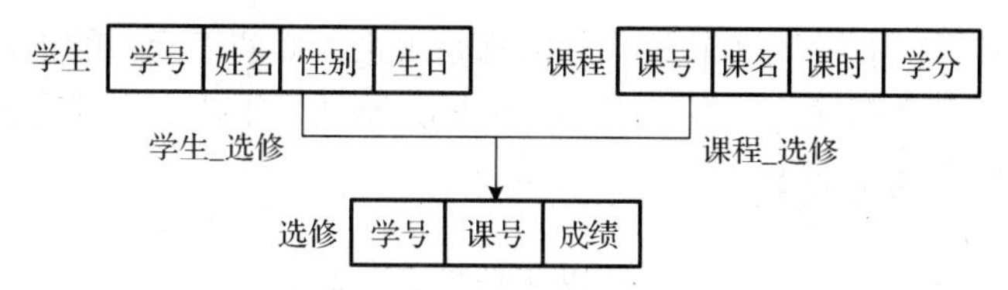

图 1.5　多对多联系在网状模型中的表示

2．网状数据模型的优缺点

（1）优点：能够更为直接地描述现实世界，如一个结点可以有多个双亲；具有良好的性能，存取效率较高。

（2）缺点：结构比较复杂，而且随着应用环境的扩大，数据库的结构就变得越来越复杂，不利于最终用户掌握；DDL、DML 语言复杂，用户不容易使用。

1.3.4　关系模型

1970 年美国 IBM 公司 San Jose 研究室的研究员 E.F.Codd 首次提出了数据库系统的关系模型，关系数据库系统采用关系模型作为数据的组织方式，计算机厂商新推出的数据库管理系统几乎都支持关系模型。

1．关系数据模型的数据结构

在用户观点下，关系（Relation）模型中数据的逻辑结构是一张二维表，它由行和列组成。一个关系对应通常说的一张表，如表 1.1 表示“部门”关系。

表 1.1　“部门”关系

部门名	电话	办公地点
计算机系	86220056	行政五楼
数学系	86221099	行政三楼
英语系	86221103	教八二楼

表中的一行即为一个**元组（Tuple）**。表中的一列即为一个**属性（Attribute）**，给每一个属性起一个名称即属性名。表中的某个属性组，它可以唯一确定一个元组称为**主码（Key）**。

属性的取值范围称为**域（Domain）**。元组中的一个属性值称为**分量**。对关系的描述称为**关系模式**。

关系模式的一般格式为：关系名（属性 1，属性 2，…，属性 *n*）

例如，学生关系模式为：学生（学号，姓名，性别，年龄，系，年级）

表 1.2　术语对比

关系术语	一般表格的术语
关系名	表名
关系模式	表头（表格的描述）
关系	（一张）二维表
元组	记录或行
属性	列
属性名	列名
属性值	列值
分量	一条记录中的一个列值
非规范关系	表中有表（大表中嵌有小表）

【例 1.2】系、学生、系与学生之间的一对多联系：

系（系号，系名，办公地点）

学生（学号，姓名，性别，年龄，系号，年级）

【例 1.3】学生、课程、学生与课程之间的多对多联系：

学生（学号，姓名，性别，年龄，系号，年级）

课程（课程号，课程名，学分）

选修（学号，课程号，成绩）

关系必须是规范化的，满足一定的规范条件，最基本的规范条件是关系的每一个分量必须是一个不可分的数据项，即不允许表中还有表。

术语对比如表 1.2 所示。

2．关系数据模型的操纵与完整性约束

数据操作是集合操作，操作对象和操作结果都是关系，即若干元组的集合。

关系的三类完整性约束条件：实体完整性、参照完整性、用户定义的完整性。

3．关系数据模型的存储结构

实体及实体间的联系都用表来表示，表以文件形式存储。

4．关系数据模型的优缺点

（1）优点：建立在严格的数学概念的基础上；概念单一，实体和各类联系都用关系来表示，对数据的检索结果也是关系；关系模型的存取路径对用户透明，具有更高的数据独立性，更好的安全保密性，简化了程序员的工作和数据库开发建立的工作。

（2）缺点：存取路径对用户透明导致查询效率往往不如非关系数据模型；为提高性能，必须对用户的查询请求进行优化，增加了开发 DBMS 的难度。

1.4　数据库系统结构

数据库系统结构分为外部体系结构和内部系统结构。

1.4.1　数据库系统的外部体系结构

从数据库最终用户的角度看（数据库系统外部的体系结构），数据库系统的结构分为以下 5 种。

（1）单用户结构：一台计算机，不能共享数据。

（2）主从式结构：大型主机带多个终端，主机处理，终端输出。

（3）分布式结构：是分布在计算机网络上的多个逻辑相关的数据库的集合。

（4）客户/服务器（C/S）结构：把 DBMS 的功能与应用程序分开，管理数据的结点称为服务器，应用 DBMS 的结点称为客户机。

（5）浏览器/应用服务器/数据库服务器（B/S）结构：将客户端运行的应用程序转移到应用服务器上，充当了客户机和数据库服务器的中介。

（1）一对一联系（1:1）。

如果对于实体集 A 中的每一个实体，实体集 B 中至多有一个（也可以没有）实体与之联系，反之亦然，则称实体集 A 与实体集 B 具有一对一联系，记为 1:1。

例如，一个系只有一个正系主任，一个系主任只在一个系中任职。实体集“系”与实体集“系主任”之间具有一对一联系。

（2）一对多联系（1:n）。

如果对于实体集 A 中的每一个实体，实体集 B 中有 n 个实体（$n\geqslant 0$）与之联系，反之，对于实体集 B 中的每一个实体，实体集 A 中至多只有一个实体与之联系，则称实体集 A 与实体集 B 有一对多联系，记为 1:n。

例如，一个系中有若干名学生，每个学生只在一个系中学习。实体集“系”与实体集“学生”之间具有一对多联系。

（3）多对多联系（m:n）。

如果对于实体集 A 中的每一个实体，实体集 B 中有 n 个实体（$n\geqslant 0$）与之联系，反之，对于实体集 B 中的每一个实体，实体集 A 中也有 m 个实体（$m\geqslant 0$）与之联系，则称实体集 A 与实体集 B 具有多对多联系，记为 m:n。

例如，学生与课程之间的联系：一个学生可以同时选修多门课程，一门课程同时有若干个学生选修。实体集“学生”与实体集“课程”之间具有多对多联系。

2．两个以上实体集之间的联系

两个以上实体集之间具有一对一、一对多和多对多 3 种类型的联系。

（1）两个以上实体集之间的**一对一联系**。

设 $E1$，$E2$，…，En 为 $n(n\geqslant 3)$个实体集，若对于实体集 Ei（i=1，2，…，n）中的每一个实体，实体集 Ej（j=1，2，…，i–1，i+1，…，n）中至多有一个（也可以没有）实体与之联系，则称 $E1$，$E2$，…，En 之间的联系是一对一的。

（2）两个以上实体集之间的**一对多联系**。

若 $n(n\geqslant 3)$个实体集 $E1$，$E2$，…，En 存在联系，对于实体集 Ej（j=1，2，…，i–1，i+1，…，n）中的给定实体，最多只和 Ei 中的一个实体相联系，则称 Ei 与 $E1$，$E2$，…，Ei–1，Ei+1，…，En 之间的联系是一对多的。

例如，课程、教师与参考书 3 个实体集。一门课程可以有若干个教师讲授，使用若干本参考书；每一个教师只讲授一门课程；每一本参考书只供一门课程使用。实体集“课程”与实体集“教师”、“参考书”之间具有一对多联系。

（3）两个以上实体集之间的**多对多联系**。

设 $E1$，$E2$，…，En 为 $n(n\geqslant 3)$个实体集，若对于实体集 Ei（i=1，2，…，n）中的每一个实体，实体集 Ej（j=1，2，…，i–1，i+1，…，n）中有 m 个实体（$m\geqslant 0$）与之联系，则称 $E1$，$E2$，…，En 之间的联系是多对多的。

例如，供应商、项目、零件 3 个实体集。一个供应商可以供给多个项目多种零件，每个项目可以使用多个供应商供应的多种零件，每种零件可由不同供应商供给不同的项目。“供应商”、“项目”、“零件”3 个实体集之间是多对多的联系。

3．同一个实体集之间的联系

同一个实体集之间具有一对一、一对多和多对多 3 种类型的联系。

（1）一对一联系（1:1）。

如果对于实体集 A 中的每一个实体，在 A 中至多有一个（也可以没有）其他实体与之联系，则称实体集 A 具有一对一联系，记为 1:1。

（2）一对多联系（1:n）。

如果对于实体集 A 中的一个实体 x，在实体集 A 中有 n（$n\geqslant0$）个其他实体 y_1，y_2,…，y_n 与之有某种联系，反之，对于 y_i(i=1，2，…，n)，只有一个实体 x 与 y_i 有该种联系，则称实体集 A 具有一对多联系，记为 1:n。

（3）多对多联系（m:n）。

如果对于实体集 A 中的每一个实体，在 A 中有 n（$n\geqslant0$）个其他实体与之联系，则称实体集 A 具有多对多联系，记为 m:n。

例如，“教职工”实体集内部具有以下联系。

① 教职工与教职工之间具有“夫妻”联系，一名教职工最多有一名配偶，这是一对一的联系。

② 教职工与教职工之间具有领导与被领导的联系，某一教职工（干部）领导若干名教职工，一个教职工仅被另外一个教职工直接领导，这是一对多的联系。

③ 教职工与教职工之间具有“亲戚”联系，一名教职工可以有多个亲戚，这是多对多的联系。

1.2.3 概念模型的一种表示方法（E-R 图）

概念模型是对信息世界建模，所以概念模型应该能够方便、准确地表示出上述信息世界中的概念。概念模型的表示方法很多，其中最常用的是 P.P.S.Chen 于 1976 年提出的实体-联系方法(Entity-Relationship Approach)。该方法用 E-R 图(E-R Diagram)来描述现实世界的概念模型，也称为 E-R 模型。还有扩充的 E-R 模型、面向对象模型及谓词模型等。下面介绍 E-R 图。

E-R 图提供了表示实体型、属性和联系的方法。

实体型：用矩形表示，矩形框内写明实体名。

属性：用椭圆形表示，并用无向边将其与相应的实体连接起来。

联系：用菱形表示，菱形框内写明联系名，并用无向边分别与有关实体连接起来，同时在无向边旁标上联系的类型（1:1、1:n 或 m:n）。

如果一个联系具有属性，则这些属性也要用无向边与该联系连接起来。对于多对多联系其上一般至少拥有一个属性。

E-R 图示例如图 1.2 所示。

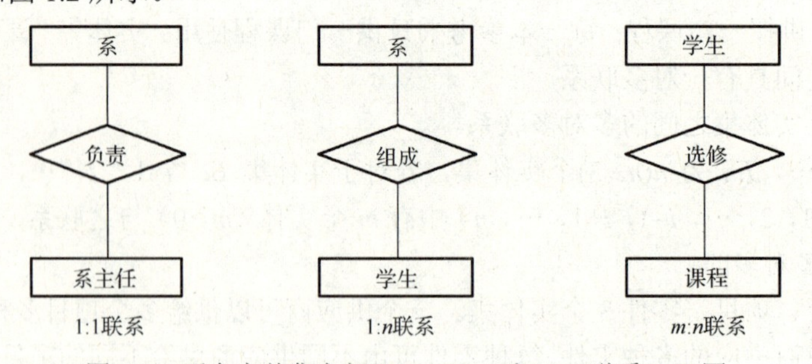

图 1.2 两个实体集之间 1:1、1:n、和 n:m 联系 E-R 图

1.2.4 概念模型设计举例

【例 1.1】 某高校有若干个部门，每个部门有若干名教工和学生，每个教工只能在一个部门工作，每个学生只能在一个部门读书，有些部门没有学生；教工之间具有夫妻关系；每个教工可

1.4.2　数据库系统模式的概念

数据库系统模式有“型”和“值”的概念。型（Type）是对某一类数据的结构和属性的说明。值（Value）是型的一个具体赋值。

例如，学生记录型：（学号，姓名，性别，出生日期，身高，系别）

一个记录值：（12001，李明，男，1980/06/08，172，计算机）

模式（Schema）是数据库逻辑结构和特征的描述，是型的描述，反映的是数据的结构及其联系，模式是相对稳定的。

实例（Instance）是模式的一个具体值。反映数据库某一时刻的状态，同一个模式可以有很多实例，实例随数据库中的数据的更新而变动。

例如，在教学关系数据库模式中，包含学生记录型、课程记录型和学生选课记录型。

2011 年的一个教学关系数据库实例包含 2011 年学校中所有学生的记录、学校开设的所有课程的记录、所有学生选课的记录。

2012 年度教学关系数据库模式对应的实例与 2011 年度教学关系数据库模式对应的实例是不同的。

1.4.3　数据库系统的三级模式结构

从数据库管理系统角度看，数据库系统通常采用三级模式结构，是数据库系统内部的系统结构。数据库系统由外模式、模式、内模式三级模式结构组成，如图 1.6 所示。

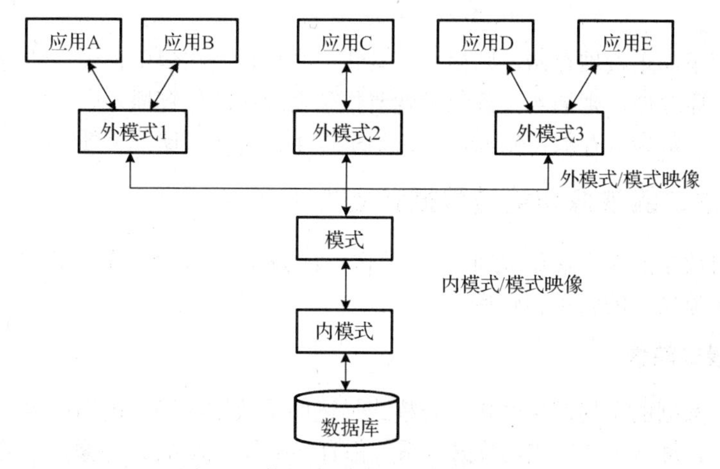

图 1.6　数据库系统的三级模式结构

1. 模式

数据库中全体数据的逻辑结构和特征的描述称为**模式**（Schema）（也称逻辑模式）。

模式是所有用户的公共数据视图，综合了所有用户的需求，一个数据库只有一个模式。

模式的地位：是数据库系统模式结构的中间层，与数据的物理存储细节和硬件环境无关，与具体的应用程序、开发工具及高级程序设计语言无关。

模式的定义包括数据的逻辑结构（数据项的名字、类型、取值范围等），数据之间的联系，数据有关的安全性、完整性要求等。

2. 外模式

数据库用户（包括应用程序员和最终用户）使用的局部数据的逻辑结构和特征的描述称为**外模式**（External Schema）（也称子模式或用户模式）。

外模式是数据库用户的数据视图，是与某一应用有关的数据的逻辑表示。

外模式的地位：介于模式与应用之间。

模式与外模式的关系：一对多。外模式通常是模式的子集，一个数据库可以有多个外模式。反映了不同的用户的应用需求、看待数据的方式、对数据保密的要求。对模式中的同一数据，在外模式中的结构、类型、长度、保密级别等都可以不同。

外模式与应用的关系：一对多。同一外模式也可以为某一用户的多个应用系统所使用，但一个应用程序只能使用一个外模式。

外模式的用途：保证数据库安全性的一个有力措施，每个用户只能看见和访问所对应的外模式中的数据。

3. 内模式

数据物理结构和存储方式的描述称为**内模式**（Internal Schema）（也称存储模式）。

内模式是数据在数据库内部的表示方式。内模式的定义包括：记录的存储方式是堆存储，还是按照某个（些）属性值的升（降）序存储，或是按照属性值聚簇（cluster）存储；索引按照什么方式组织，是 B+树索引，更还是 hash 索引；数据是否压缩存储，数据是否加密，数据的存储记录结构有何规定，如定长结构或变长结构，一个记录不能跨物理页存储等。一个数据库只有一个内模式。

例如，学生记录如果按堆存储，则插入一条新记录总是放在学生记录存储的最后。

如果按学号升序存储，则插入一条记录就要找到它应在的位置插入。

如果按照学生年龄聚簇存放，则插入一条记录按年龄升序存储位置插入。

1.4.4 数据库的二级映像功能与数据独立性

三级模式是对数据的 3 个抽象级别，二级映像（外模式/模式映像、模式/内模式映像）在 DBMS 内部实现这 3 个抽象层次的联系和转换。

1. 外模式/模式映像

模式描述的是数据的全局逻辑结构，外模式描述的是数据的局部逻辑结构。同一个模式可以有任意多个外模式，每一个外模式，数据库系统都有一个外模式/模式映像，定义外模式与模式之间的对应关系。映像定义通常包含在各自外模式的描述中。

外模式/模式映像保证了数据的逻辑独立性。当模式改变时，数据库管理员修改有关的外模式/模式映像，使外模式保持不变。应用程序是依据数据的外模式编写的，从而应用程序不必修改，保证了数据与程序的逻辑独立性，简称**数据的逻辑独立性**。

2. 模式/内模式映像

模式/内模式映像定义了数据全局逻辑结构与存储结构之间的对应关系。例如，说明逻辑记录和字段在内部是如何表示的。数据库中模式/内模式映像是唯一的，该映像定义通常包含在模式描述中。

模式/内模式映像保证了数据的物理独立性。当数据库的存储结构改变了（如选用了另一种存储结构），数据库管理员修改模式/内模式映像，使模式保持不变，应用程序不受影响，保证了数据与程序的物理独立性，简称**数据的物理独立性**。

数据独立性是指数据与程序独立，使得数据的定义和描述从应用程序中分离出去，由 DBMS 负责数据的存储与管理，用户不必考虑存取路径等细节，从而简化了应用程序的编制，大大减少了应用程序的维护和修改。数据独立性是由 DBMS 的二级映像功能来保证的。数据独立性包括数据的逻辑独立性和数据的物理独立性。

习　题　1

一、选择题

1．在数据管理技术的发展过程中，经历了人工管理阶段、文件系统阶段和数据库系统阶段。在这几个阶段中，数据独立性最高的是（　　）阶段。

A．数据库系统　　B．文件系统　　C．人工管理　　D．数据项管理

2．数据库系统与文件系统的主要区别是（　　）。

A．数据库系统复杂，而文件系统简单

B．文件系统不能解决数据冗余和数据独立性问题，而数据库系统可以解决

C．文件系统只能管理程序文件，而数据库系统能够管理各种类型的文件

D．文件系统管理的数据量较少，而数据库系统可以管理庞大的数据量

3．数据库是计算机系统中按照一定的数据模型组织存储和应用的（　　）。

A．文件的集合　　B．数据的集合　　C．命令的集合　　D．程序的集合

4．支持数据库各种操作的软件系统叫（　　）。

A．命令的集合　　B．数据库管理系统　　C．数据库系统　　D．操作系统

5．由计算机硬件、DBMS、数据库、应用程序及用户等组成的一个整体叫作（　　）。

A．文件系统　　B．数据库系统　　C．软件系统　　D．数据库管理系统

6．在数据库中存储的是（　　）。

A．数据　　B．数据模型　　C．数据及数据之间的联系　　D．信息

7．数据库中，数据的物理独立性是指（　　）。

A．数据库与数据库管理系统的相互独立

B．用户程序与 DBMS 相互独立

C．用户的应用程序与存储在磁盘上的数据库中的数据是相互独立的

D．应用程序与数据库中数据的逻辑结构相互独立

8．下列关于数据库系统的正确叙述是（　　）。

A．数据库系统减少了数据的冗余

B．数据库系统避免了一切冗余

C．数据库系统中数据的一致性是指数据类型一致

D．数据库系统比文件系统能管理更多的数据

9．数据库、数据库系统和数据库管理系统三者之间的关系是（　　）。

A．DBS 包括 DB 和 DBMS　　B．DBMS 包括 DB 和 DBS

C．DB 包括 DBS 和 DBMS　　D．DBS 就是 DB，也就是 DBMS

10．数据库管理系统能实现对数据库中数据的查询、插入、修改和删除，这类功能称为（　　）。

A．数据定义功能　　B．数据管理功能　　C．数据操纵功能　　D．数据控制功能

11．一般地，一个数据库系统的外模式（　　）。

A．只能有一个　　B．最多只能有一个　　C．至少两个　　D．可以有多个

12．在数据库的三级模式结构中，描述数据库全体数据的全局逻辑结构和特性的是（　　）。

A．外模式　　B．内模式　　C．存储模式　　D．模式

13．数据库系统的数据独立性是指（　　）。

A．不会因为数据的变化而影响应用程序

B．不会因为系统数据存储结构与数据逻辑结构的变化而影响应用程序

C．不会因为存取策略的变化而影响存储结构

D．不会因为某些存储结构的变化而影响其他的存储结构

14．数据模型的三要素是（　　）。

A．外模式、模式和内模式　　B．关系模型、层次模型、网状模型

C．实体、属性和联系　　D．数据结构、数据操作和完整性约束条件

二、填空题

1．指出下列缩写的含义：

① DML________　② DBMS________　③ DDL________　④ DBS________

⑤ SQL________　⑥ DB________　⑦ DD________　⑧ DBA________

2．数据独立性是指________与________是相互独立的。

3．数据独立性可分为________和________。

4．数据模型是由________、________和________三部分组成的。

5．________是对数据库系统的静态特性的描述，________是对数据库系统的动态特性的描述。

6．数据库体系结构按照________、________和________三级结构进行组织。

三、设计题

1．为某百货公司设计一个E-R模型。

百货公司管辖若干连锁商店，每家商店经营若干商品，每家商店有若干职工，但每个职工只能服务于一家商店。

实体类型“商店”的属性有：店号、店名、店址、店经理。实体类型“商品”的属性有：商品号、品名、单价、产地。实体类型“职工”的属性有：工号、姓名、性别、工资

在联系中反映出职工参加某商店工作的开始时间、商店销售商品的月销售量。

试画出反映商店、商品、职工实体类型及其联系类型的E-R图。

2．设有“产品”实体集，包含属性“产品号”和“产品名”，还有“零件”实体集，包含属性“零件号”和“规格型号”。每一产品可能由多种零件组成，有的通用零件用于多种产品，有的产品需要一定数量的同类零件，因此存在产品的组织联系。

画出E-R图，并指出其联系类型是1:1，1:*n*，还是*m*:*n*。

3．在著书工作中，一位作者可以编写多本图书，一本书也可由多位作者合写。设作者的属性有：作者号、姓名、单位、电话；书的属性有：书号、书名、出版社、日期。请画出其E-R图。

4．学校有若干个系，每个系有若干名教师和学生；每个教师可以教授若干门课程，并参加多个项目；每个学生可以同时选修多门课程。请设计该学校的教学管理E-R图，要求适当给出每个实体部分联系的属性。

第 2 章 关系数据库

关系模型是美国 IBM 公司的 E.F.Codd 首次提出的。1970 年，他发表论文“A Relational Model of Data for Large Shared Data Banks”（《Communication of the ACM》）。之后，提出了关系代数和关系演算的概念，1972 年提出了关系的第一、第二、第三范式，1974 年提出了关系的 BC 范式。

本章首先讲解关系数据模型的三要素：关系数据结构、关系数据操作、关系数据的完整性约束条件，然后讲解关系数据库设计。

2.1 关系数据结构

关系模型是建立在集合代数的基础之上的，现实世界的实体及实体间的各种联系均用关系来表示。从用户角度，关系模型中数据的逻辑结构是一张二维表。

2.1.1 关系

1．域

域（Domain）是一组具有相同数据类型的值的集合。

例如，自然数、整数、实数、介于某个取值范围的整数、指定长度的字符串集合等都可以是域，如自然数{1，2，3，…，N}，逻辑值{0，1}，字符串{“red”，“green”，“blue”，…}、{“男”，“女”}等。

2．笛卡儿积

给定一组域 $D_1, D_2, \cdots, D_n$，这些域中可以有相同的（如 $D_1=\{0，1\}$，$D_2=\{0，1\}$）。

$D_1, D_2, \cdots, D_n$ 的笛卡儿积（Cartesian Product）为

$$D_1 \times D_2 \times \cdots \times D_n = \{(d_1, d_2, \cdots, d_n) | d_i = D_i，i=1，2，\cdots，n\}$$

结果为所有域的所有取值的一个组合，元素不能重复。

笛卡儿积中每一个元素（$d_1, d_2, \cdots, d_n$）叫作一个 n 元组（n-tuple）或简称元组（Tuple）。笛卡儿积元素（$d_1, d_2, \cdots, d_n$）中的每一个值 d_i 叫作一个分量（Component）。

集合中元素的个数称为基数（Cardinal Number）。

若 $D_i\,(i=1，2，\cdots，n)$为有限集，其基数为 $m_i\,(i=1，2，\cdots，n)$，则 $D_1 \times D_2 \times \cdots \times D_n$ 的基数 M 为 $m_1 \times m_2 \times \cdots \times m_n$。

例如，给出 3 个域：

学号集合 D_1 = {12001，12002}，姓名集合 D_2 ={王小艳，李明}，性别集合 D_3 = {男，女}

$D_1 \times D_2 \times D_3$ ={(12001，王小艳，男)，(12001，王小艳，女)，(12001，李明，男)，
(12001，李明，女)，(12002，王小艳，男)，(12002，王小艳，女)，
(12002，李明，男)，(12002，李明，女)}

在 $D_1 \times D_2 \times D_3$ 的结果中，(12001，王小艳，男)、(12001，王小艳，女)等都是元组，“12001”、“王小艳”、“男”等都是分量。

笛卡儿积可表示为一个二维表，表中的每行对应一个元组，表中的每列对应一个域。以上 $D_1 \times D_2 \times D_3$ 可表示为表 2.1。

表 2.1 的笛卡儿积没有实际意义，$D_1, D_2, \cdots, D_n$ 的笛卡儿积的某个子集才有实际意义，可取出有实际意义的元组来构造关系。

3．关系

1）关系的定义

笛卡儿积 $D_1 \times D_2 \times \cdots \times D_n$ 的子集叫作在域 $D_1, D_2, \cdots, D_n$ 上的**关系**（Relation），表示为 $R(D_1, D_2, \cdots, D_n)$。R 为关系名，n 为关系的目或度（Degree）。

关系中的每个元素是关系中的**元组**，通常用 t 表示。当 n=1 时，称该关系为单元关系（Unary Relation）或**一元关系**；当 n=2 时，称该关系为**二元关系**（Binary Relation）。

2）关系的表示

关系是一个二维表，表的每行对应一个元组，表的每列对应一个域。表 2.2 是表 2.1 的笛卡儿积的子集构成的有意义的“学生”关系。

表 2.1 D_1、D_2、D_3 的笛卡儿积

学号	姓名	性别
12001	王小艳	男
12001	王小艳	女
12001	李明	男
12001	李明	女
12002	王小艳	男
12002	王小艳	女
12002	李明	男
12002	李明	女

表 2.2 “学生”关系

学号	姓名	性别
12001	王小艳	女
12002	李明	男

关系中不同列可以对应相同的域，为了加以区分，必须为每列起一个不同的名字，称为属性（Attribute），n 目关系必有 n 个属性。

3）键

（1）**候选键**（Candidate Key）：若关系中的某一属性组的值能唯一地标识一个元组，则称该属性组为候选键。

简单的情况：候选键只包含一个属性。

最极端的情况：关系模式的所有属性组是这个关系模式的候选键，称为**全键**（All-key）。

（2）**主键**（Primary Key）：若一个关系有多个候选键，则人为选定其中一个为主键。

（3）**主属性**（Prime Attribute）：所有候选键中的属性称为主属性。

不包含在任何候选键中的属性称为**非主属性**（Non-Prime Attribute）或非键属性（Non-key Attribute）。

4）基本关系的性质

（1）分量必须取原子值，即每一个分量都必须是不可再分的数据项，这是规范化条件中最基本的一条。即表中不许有子表。

（2）列是同质的（Homogeneous），即每一列中的分量是同一类型的数据，来自同一个域。

（3）不同的列可出自同一个域，其中的每一列称为一个属性（Attribute），不同的属性要给予不同的属性名。简述为列名不能相同。

（4）列的顺序无所谓，列的次序可以任意交换。

（5）行的顺序无所谓，行的次序可以任意交换。

（6）任意两个元组不能完全相同。

2.1.2　关系模式与关系数据库

1．关系模式的定义

关系模式可以形式化地表示为 R（U，D，DOM，F）。其中，R 是关系名，U 是组成该关系的属性名集合，D 是属性组 U 中属性所来自的域，DOM 是属性向域的映象集合，F 是属性间的数据依赖关系集合。

关系模式通常可以简记为 $R(U)$ 或 $R(A_1,A_2,\cdots,A_n)$。R 为关系名，$A_1,A_2,\cdots,A_n$ 为属性名。

注：域名及属性向域的映象常常直接说明为属性的类型、长度。

2．关系模式与关系

关系模式（Relation Schema）是型，是对关系的描述，是静态的、稳定的。

关系是值，是关系模式在某一时刻的状态或内容，是动态的、随时间不断变化的。

关系模式和关系往往统称为关系（有型也有值），必要时，通过上下文加以区别。

3．关系数据库

关系数据库模式在某一时刻对应的关系的集合，简称为关系数据库。

图 2.1 中的 6 个表（关系）构成教学关系数据库：JXDB。

部门名	办公地点	电话
计算机系	行政五楼	86220056
数学系	行政三楼	86221099
英语系	教八二楼	86221103

(a) 部门

学号	姓名	性别	出生日期	身高	院系	党员否	相片
15001	李小鹃	女	1997/2/10	160	计算机系	☑	Package
15002	王思	男	1996/10/8	185	计算机系	☐	
15003	欧阳文秀	男	1997/8/7	172	英语系	☑	
15004	王思	女	1997/11/20	158	计算机系	☐	
15005	陈新	男	1996/6/26	180	英语系	☐	
15006	李爱华	男	1998/1/8	170	数学系	☐	

(b) 学生

课号	课名	课时	学分	先修课号
1	离散数学	72	4	
2	计算机导论	36	2	
3	C语言	72	4	2
4	数据结构	72	4	3
5	操作系统	72	4	4
6	数据库	72	4	4
7	生理卫生	18	1	

(c) 课程

学号	课号	成绩
15001	1	80
15001	2	55
15001	3	78
15001	4	92
15002	2	36
15002	3	98
15003	3	35

(d) 选修

职工号	姓名	性别	出生日期	工作日期	学历	职务	职称	工资	配偶号	部门
1981001	王伟华	男	1958/8/9	1981/1/1	本科	系主任	教授	¥6,600.00	1983001	计算机系
1983001	陈平	女	1970/5/6	1983/7/1	专科		讲师	¥4,000.00	1981001	数学系
1983002	丁钢	男	1959/2/8	1983/7/1	博士	系主任	副教授	¥5,500.00	1985001	英语系
1985001	陈小兰	女	1963/3/18	1985/9/1	本科	副主任	副教授	¥5,400.00	1983002	
2007001	王伟华	男	1984/10/12	2007/7/1	本科		讲师	¥3,800.00		英语系
2009001	吴小芳	女	1984/9/7	2009/7/1	博士	总支书记	讲师	¥3,900.00		计算机系
2011001	李华	男	1988/1/3	2011/7/1	硕士		助教	¥3,300.00		计算机系

(e) 教工

教工号	课号	班级	学年度	学期	考核分
1981001	1	14计本1班	2014-2015	秋季	96
1981001	2	14数本1班	2014-2015	秋季	90
1985001	2	15英本1班	2015-2016	秋季	82

(f) 教课

图 2.1　教学关系数据库 JXDB 平面截图

2.1.3　关系操作

运算对象、运算符、运算结果是运算（即操作）的三要素。关系运算的运算对象及运算结果均为关系，而关系是一个集合，所以关系操作的特点是集合操作方式。

关系运算包括查询（并、交、差、笛卡儿积、选择、投影、连接、除）与更新（插入、删除、修改）。

实现关系数据库操作的语言称为关系数据库语言，关系数据库语言分为关系代数语言、关系演算语言和结构化查询语言 SQL（Structured Query Language）3 种。

2.2　关 系 代 数

用对关系的运算来表达查询要求的语言称为关系代数语言。关系代数具有集合运算符、专门的关系运算符、比较运算符及逻辑运算符 4 类，如表 2.3 所示。

表 2.3　关系代数运算符

运算符		含义	运算符		含义
集合运算符	∪	并	比较运算符	>	大于
	−	差		≥	大于等于
	∩	交		<	小于
	×	笛卡儿积		≤	小于等于
				=	等于
				<>	不等于
专门的关系运算符	α	选择	逻辑运算符	¬	非
	π	投影		∧	与
	∞	连接		∨	或
	÷	除			

2.2.1　传统的集合运算

若一个运算要求参与运算对象的个数为 n，则称该运算为 ***n* 目运算**。传统的集合运算包括并、差、交、笛卡儿积 4 种，均是二目运算。

设 R 和 S 为两个关系，t 是元组变量，$t \in R$ 表示 t 是 R 的一个元组。

只有当 R、S 具有相同的目 n（即两个关系都有 n 个属性）且相应的属性取自同一个域时，R 和 S 才能进行并、差、交运算。

1．并

关系 R 和关系 S 的并（Union）记作：

$$R \cup S = \{\, t | t \in R \vee t \in S \,\}$$

其结果仍为 n 目关系，由属于 R 或属于 S 的元组组成。

2．差

关系 R 和关系 S 的差（Difference）记作：

$$R - S = \{\, t | t \in R \wedge t \notin S \,\}$$

其结果仍为 n 目关系，由属于 R 而不属于 S 的所有元组组成。

3．交

关系 R 和关系 S 的交（Intersection）记作：

$$R \cap S = \{ t | t \in R \wedge t \in S \}$$

$$R \cap S = R-(R-S)$$

其结果仍为 n 目关系，由既属于 R 又属于 S 的元组组成。

4．笛卡儿积

严格地讲应该是广义的笛卡儿积（Extended Cartesian Product）。

设关系 R 为 n 目关系，K_1 个元组；关系 S 为 m 目关系，K_2 个元组。

关系 R 和关系 S 的笛卡儿积记作：

$$R \times S = \{ \mathrm{tr} \cap \mathrm{ts} \mid \mathrm{tr} \in R \wedge \mathrm{ts} \in S \}$$

其结果为每个元组 $n+m$ 列共 $K_1 \times K_2$ 个元组的集合，每个元组的前 n 列是关系 R 的一个元组，后 m 列是关系 S 的一个元组。

2.2.2　专门的关系运算

专门的关系运算包括选择、投影、连接、除 4 种运算。其中选择、投影是一目运算，连接、除是二目运算。

1．表示关系运算符的几个记号

（1）$t[A_i]$。

设关系模式为 $R(A_1, A_2, \cdots, A_n)$。它的一个关系设为 R。$t \in R$ 表示 t 是 R 的一个元组。$t[A_i]$ 则表示元组 t 中相应于属性 A_i 的一个分量。

（2）$t[A]$。

若 $A = \{Ai_1, Ai_2, \cdots, Ai_k\}$，其中 $Ai_1, Ai_2, \cdots, Ai_k$ 是 $A_1, A_2, \cdots, A_n$ 中的一部分，则 A 称为属性列或属性组。$t[A]=(t[Ai_1], t[Ai_2], \cdots, t[Ai_k])$ 表示元组 t 在属性列 A 上诸分量的集合。

（3）$\mathrm{tr} \frown \mathrm{ts}$。

设 R 为 n 目关系，S 为 m 目关系，$\mathrm{tr} \in R$，$\mathrm{ts} \in S$，$\mathrm{tr} \frown \mathrm{ts}$ 称为元组的连接。

$\mathrm{tr} \frown \mathrm{ts}$ 是一个 $n+m$ 列的元组，前 n 个分量为 R 中的一个 n 元组，后 m 个分量为 S 中的一个 m 元组。

（4）象集。

给定一个关系 $R(X, Z)$，X 和 Z 为属性组。

当 $t[X]=x$ 时，x 在 R 中的象集（Images Set）为

$$Z_X = \{ t[Z] | t \in R，t[X]=x \}$$

它表示 R 中属性组 X 上值为 x 的诸元组在 Z 上分量的集合。

例如，图 2.1 教学关系数据库 JXDB 中的关系：选修(学号，课号，成绩)，令属性组 X={学号}，属性组 Z={课号，成绩}，则

11001 在“选修”中的象集 Z_{11001}={(1，80)，(2，55)，(3，78)，(4，92)}

11002 在“选修”中的象集 Z_{11002}={(2，36)，(3，98)}

11003 在“选修”中的象集 Z_{11003}={(3，35)}

2．专门的关系运算

1）选择

对关系 R 作选择（Selection）运算，是在关系 R 中选择满足给定条件的诸元组，记作：

$$\sigma_F(R) = \{ t \mid t \in R \wedge F(t) \text{为真} \}$$

其中 F 是选择条件，是一个逻辑表达式，取逻辑值“真”或“假”。

选择运算是从关系 R 中选取使逻辑表达式 F 的值为“真”的元组，是从行的角度进行的运算。逻辑表达式基本形式为 $X_1\theta Y_1$，其中θ为比较运算符。

【例 2.1】 查询英语系全体学生。

解： $\sigma_{\text{院系=“英语系”}}(\text{学生})$ 或 $\sigma_{6=\text{“英语系”}}(\text{学生})$

【例 2.2】 查询身高 175cm 以上的男生。

解： $\sigma_{\text{身高}\geqslant 175 \wedge \text{性别=“男”}}(\text{学生})$ 或 $\sigma_{5\geqslant 175 \wedge 3=\text{“男”}}(\text{学生})$

2）投影

对关系 R 作投影（Projection）运算，是从关系 R 中选择出若干属性列组成新的关系，记作：

$$\pi_A(R) = \{ t[A] \mid t \in R \}$$

其中 A 是关系 R 中属性集的子集。

投影操作主要是从列的角度进行运算，但投影之后不仅取消了原关系中的某些列，还可能取消某些元组（避免重复行）。

试问，在 S 表的性别上投影后得到几行几列的表？

【例 2.3】 查询学生的姓名和所在院系。

解： $\pi_{\text{姓名,院系}}(\text{学生})$或$\pi_{2,6}(\text{学生})$

3）连接

连接（Join）运算包括基本连接运算和扩充的连接运算。

其中基本连接包括θ连接、等值连接、自然连接；扩充连接包括外连接、左外连接、右外连接、外部并和半连接。

（1）基本连接运算。

① θ连接（又称条件连接）。

θ连接从两个关系的笛卡儿积中选取属性间满足一定条件的元组，记为

$$R \underset{A\theta B}{\infty} S = \{ \text{tr} \cap \text{ts} \mid \text{tr} \in R \wedge \text{ts} \in S \wedge \text{tr}[A]\theta\text{ts}[B] \}$$

其中 A 和 B 分别为 R 和 S 上度数相等且可比的属性组，θ为比较运算符。

连接运算从 R 和 S 的广义笛卡儿积 $R\times S$ 中选取 R 关系在 A 属性组上的值与 S 关系在 B 属性组上值满足比较关系θ的元组。

② 等值连接（Equijoin）。

θ为“=”的连接运算，称为等值连接。

等值连接是从关系 R 与 S 的广义笛卡儿积中选取 A、B 属性值相等的那些元组，即等值连接为

$$R \underset{A=B}{\infty} S = \{ \text{tr} \frown \text{ts} \mid \text{tr} \in R \wedge \text{ts} \in S \wedge \text{tr}[A] = \text{ts}[B] \}$$

等值连接是特殊的θ连接。

③ 自然连接（Natural Join）。

关系 R 与 S 的**自然连接**是在 R 与 S 的公共属性上进行等值连接，并把结果中重复的属性列去掉。

若 R 和 S 具有相同的属性组 B，则 R 与 S 的自然连接记为

$$R \infty S = \{ \mathrm{tr} \cap \mathrm{ts} \mid \mathrm{tr} \in R \wedge \mathrm{ts} \in S \wedge \mathrm{tr}[B] = \mathrm{ts}[B] \wedge \text{去掉重复的属性列} \}$$

若 R 和 S 没有相同的属性，则 R 与 S 的自然连接结果是 R 与 S 的笛卡儿积中去掉重复的属性列。

一般的连接操作是从行的角度进行运算的。自然连接还需要取消重复列，所以是同时从行和列的角度进行运算的。

【例 2.4】 关系 R 和关系 S 如图 2.2(a)和(b)所示，图 2.2(c)、(d)分别为θ连接 $R \underset{C<D}{\infty} S$ 和 $R \underset{(A,B)\geqslant(C,D)}{\infty} S$ 的结果，元组比较操作$(A,B)\geqslant(C,D)$其意义等价于：$(A>C)\vee((A=C)\wedge(B\geqslant D))$。图 2.2(e)为等值连接 $R \underset{A=C}{\infty} S$ 的结果，图 2.2(f)为自然连接 $R \infty S$ 的结果。

A	B	C
e	f	g
m	a	d
d	b	c

(a) 关系 R

B	C	D
e	f	c
a	d	g
d	e	g
a	d	a

(b) 关系 S

A	R.B	R.C	S.B	S.C	D
e	f	g	e	f	c
e	f	g	a	d	a
m	a	d	e	f	c
m	a	d	a	d	a
d	b	c	a	d	a

(c) θ连接 C<D

A	R.B	R.C	S.B	S.C	D
e	f	g	e	f	c
e	f	g	d	e	g
d	b	c	e	f	c
d	b	c	a	d	g
d	b	c	d	e	g

(d) θ连接(A,B)⩾(C,D)

A	R.B	R.C	S.B	S.C	D
e	f	g	d	e	g
d	b	c	a	d	g
d	b	c	a	d	a

(e) 等值连接 A=C

A	B	C	D
M	a	d	g
M	a	d	a

(f) 自然连接

A	B	C	D
m	a	d	g
m	a	d	a
e	f	g	Null
d	b	c	Null
Null	e	f	c
Null	d	e	g

(g) 外连接

A	B	C	D
m	a	d	g
m	a	d	a
e	f	g	Null
d	b	c	Null

(h) 左外连接

A	B	C	D
m	a	d	g
m	a	d	a
Null	e	f	c
Null	d	e	g

(i) 右外连接

A	B	C	D
e	f	g	Null
m	a	d	Null
d	b	c	Null
Null	e	f	c
Null	a	d	g
Null	d	e	g
Null	a	d	a

(j) 外部并

A	B	C
m	a	d
m	a	d

(k) R 与 S 的半连接 R∞S

B	C	D
a	d	g
a	d	a

(l) S 与 R 的半连接 R∞S

图 2.2 连接运算举例

（2）扩充的连接运算。

为了在关系代数操作时，多保存一些信息，就引进了“外连接”和“外部并”两种操作。

① 外连接（Outer Join）。

关系 *R* 和 *S* 做自然连接时，把因连接条件不成立而舍弃的 *R* 和 *S* 中的元组都保存在结果关系中，而在其他属性上填空值（Null），这种连接叫作**外连接**。

② 左外连接（Left Outer Join 或 Left Join）。

关系 *R* 和 *S* 做自然连接时，如果只把左边关系 *R* 中因连接条件不成立而舍弃的元组保存在结果关系中，而在其他属性上填空值（Null），这种连接叫作**左外连接**。

③ 右外连接（Right Outer Join 或 Right Join）。

关系 *R* 和 *S* 做自然连接时，如果只把右边关系 *S* 中因连接条件不成立而舍弃的元组保存在结果关系中，而在其他属性上填空值（Null），这种连接叫作**右外连接**。

④ 外部并（Outer Union）。

前面定义两个关系的并操作时，要求 *R* 和 *S* 具有相同的关系模式。

设 *R* 和 *S* 是两个不同的关系模式，构成的新关系的属性由 *R* 和 *S* 的属性组成（公共属性只取一次），新关系的元组由属于 *R* 或属于 *S* 的元组构成，此时元组应在新增加的属性上填上空值（Null），这种操作叫作**外部并**。

⑤ 半连接（Semi Join）。

关系 *R* 与 *S* 的自然连接在关系 *R* 的属性集上的投影称为关系 ***R* 与 *S* 的半连接**，记为：$R \propto S$。

关系 *S* 与 *R* 的自然连接在关系 *S* 的属性集上的投影称为关系 ***S* 与 *R* 的半连接**，记为：$S \propto R$。

图 2.2(g)为外连接的结果；图 2.2(h)为左外连接的结果；图 2.2(i)为右外连接的结果；图 2.2(j)为外部并的结果；2.1(k)为 *R* 与 *S* 的半连接的结果；图 2.2(l)为 *S* 与 *R* 的半连接的结果。

4）除（Division）

给定关系 $R(X, Y)$和 $S(Y, Z)$，其中 *X*，*Y*，*Z* 为属性组，*R* 中的 *Y* 与 *S* 中的 *Y* 可以有不同的属性名，但必须出自相同的域集。***R* 与 *S* 的除运算**得到一个新的关系 $P(X)$，*P* 是 *R* 中满足下列条件的元组在 *X* 属性列上的投影：元组在 *X* 上分量值 *x* 的象集 *Yx* 包含 *S* 在 *Y* 上投影的集合，记作：

$$R \div S = \{ \mathrm{tr}[X] \mid \mathrm{tr} \in R \wedge Y_X \supseteq \pi_Y(S) \}$$

Y_X 为 *x* 在 *R* 中的象集，$x = \mathrm{tr}[X]$。

除操作是同时从行和列角度进行运算的。

【例 2.5】 设关系 *R*、*S* 分别为图 2.3 中的(a)和(b)，求 $R \div S$。

A	*B*	*C*	*D*
*a*1	*b*1	*c*1	*d*1
*a*2	*b*2	*c*2	*d*2
*a*1	*b*2	*c*1	*d*2
*a*2	*b*1	*c*2	*d*1
*a*1	*b*4	*c*1	*d*4
*a*3	*b*2	*c*3	*d*2

(a) 关系 *R*

B	*E*	*D*	*F*
*b*1	1	*d*1	3
*b*2	2	*d*2	2
*b*1	2	*d*1	2

(b) 关系 *S*

A	*C*
*a*1	*c*1
*a*2	*c*2

(c) $R \div S$

图 2.3 除运算举例

解：这里 $X=\{A, C\}$，$Y=\{B, D\}$，$Z=\{E, F\}$，$\pi_Y(S)=\{(b_1,d_1), (b_2,d_2)\}$，如表 2.4 所示。

表 2.4　$\pi_Y(S)$

B	D
b1	d1
b2	d2

在关系 R 中，X 可以取 3 个值，即 $tr[X]=\{(a_1,c_1), (a_2,c_2), (a_3,c_3)\}$

(a1，c1)的象集为 $Y_{(a1,c1)}=\{(b_1,d_1), (b_2,d_2), (b_4,d_4)\} \supseteq \pi_Y(S)$

(a2，c2)的象集为 $Y_{(a2,c2)}=\{(b_1,d_1), (b_2,d_2)\} \supseteq \pi_Y(S)$

(a3，c3)的象集为 $Y_{(a3,c3)}=\{(b_2,d_2)\}$不包含 $\pi_Y(S)$

所以 $R \div S$ 的结果为图 2.3(c)。

并、差、笛卡儿积、选择、投影是 5 种基本运算，称为**关系运算完备集**。交、连接、除可由这 5 种基本运算等价代替，引进它们并不增加语言的能力，但可以简化表达。

关系代数操作可实现把若干关系连接成一个大表，也可将一个大表通过投影和选择的纵横切割拆分成若干小表，如在 $R \infty S$ 上投影可还原 R 和 S。此例说明，若干局部模式可整合成模式，模式也可抽取出各局部模式。关系代数运算体现了它们之间的映射。

关系代数运算经有限次复合后形成的式子称为**关系代数表达式**。

2.2.3　关系代数综合举例

下面将以图 2.1 中的教学关系数据库 JXDB 为例，为以下各个查询写出关系代数表达式。

【例 2.6】 查询选修了 3 号课程的学生的学号。

解：$\pi_{学号}(\sigma_{学号=“3”}(选修))$

【例 2.7】 查询选修了 2 号课程的学生学号与姓名。

解：方法 1：先连接后选择再投影 $\pi_{学号,姓名}(\sigma_{课号=“2”}(学生 \infty 选修))$

方法 2：先选择后连接再投影 $\pi_{学号,姓名}(\sigma_{课号=“2”}\ (选修) \infty 学生)$

关系代数表达式可不同，结果相同，但查询效率不同，为使查询效率高，可先投影和选择，再连接，这样可使连接的记录最少。方法 2 比方法 1 查询效率高。

【例 2.8】 查询所有双职工。输出：丈夫编号、丈夫姓名、妻子编号和妻子姓名。

解：$\pi_{1,2,3,4}(\pi_{职工号,姓名}(\sigma_{性别=“男”}(教工)) \underset{1=3}{\infty} \pi_{职工号,姓名,配偶号}(\sigma_{性别=“女”}\ (教工)))$

【例 2.9】 查询至少选修 2 号课程和 3 号课程的学生号码。

解：首先求选修了 2 号课程和 3 号课程的课号：

$$K=\pi_{课号}(\sigma_{课号=“2” \vee 课号=“3”}(选修))=\{2，3\}$$

然后求：$\pi_{学号,课号}(选修) \div K$

这里，投影 $\pi_{学号,课号}(选修)$去掉成绩，使商(结果)值只含有属性学号。

11001 的象集为$\{1，2，3，4\} \supseteq K$；

11002 的象集为$\{2，3\} \supseteq K$；

11003 的象集为$\{3\}$不包含 K。

于是：$\pi_{学号,课号}(选修) \div K=\{11001，11002\}$

所求的关系代数表达式为：$\pi_{学号,课号}(选修) \div \pi_{课号}(\sigma_{课号=“2” \vee 课号=“3”}(选修))$

【例 2.10】 查询选修了全部课程的学生号码和姓名。

解：$\pi_{学号,课号}$（选修）$\div \pi_{课号}$（课程）$\infty\ \pi_{学号,姓名}$（学生）

【例 2.11】 半连接应用举例。

（1）查询选修了课程的学生；（2）查询没有学生选修的课程。

解：（1）学生∝选修。

（2）课程–(课程∝选修)。

【例 2.12】 简单的增（插入）、删、改操作。

（1）在“选修”关系中增加元组(“11001”,“5”, 90)。

（2）学号=11001 的学生退学了，请在“学生”和“选修”中删除该学生信息。

（3）将“选修”关系中学号=“11003”且课号=“3”的学生成绩改为 90。

解：（1）插入操作用并运算(∪)实现。

设新增加元组为集合 T={(“11001”,“5”, 90)}，则关系代数表达式为

$$选修 \cup T$$

（2）删除操作用差运算(–)实现。关系代数表达式分别为

$$学生–(\sigma_{学号=“11001”}(学生))，选修–(\sigma_{学号=“11001”}(选修))$$

（3）修改操作可分解为先删除，再插入。删除操作表达式为

$$选修–(\sigma_{学号=“11003”\wedge 课号=“3”}(选修))$$

设修改后的元组为 T={(“11003”,“3”, 90) }，插入，最后的关系代数表达式为

$$选修–(\sigma_{学号=“11003”\wedge 课号=“3”}(选修))\cup T$$

对复杂的运算可分步写出每一步的式子，再最后合成一个关系代数表达式。

2.3 关系的完整性

关系的完整性是对关系数据库中的数据进行约束的规则，是尽可能使库中数据正确有效的一种机制。

关系有三类完整性约束规则：实体完整性、参照完整性和用户定义的完整性。

关系模型必须满足实体完整性和参照完整性约束条件，这称为关系的两个不变性，应该由关系系统自动支持。

应用领域需要遵循的约束条件，体现了具体领域中的语义约束。

2.3.1 实体完整性

规则 2.1 实体完整性规则（Entity Integrity）

若属性（指一个或一组属性）*A* 是基本关系 *R* 的主键属性，则属性 *A* 不能取空值且取值唯一。

例如，部门（部门名，电话，办公地点）

主键“部门名”不能取空值且取值唯一（一个单位不可能有两个名字相同的部门)。

实体完整性规则的说明如下。

（1）实体完整性规则是针对基本关系而言的。一个基本表通常对应现实世界的一个实体集。

（2）现实世界中的实体是可区分的，即它们具有某种唯一性标识。

（3）关系模型中以主键作为唯一性标识。

（4）主键中的属性不能取空值。

主属性取空值，就说明存在某个不可标识的实体，即存在不可区分的实体，这与第（2）点相矛盾，因此这个规则称为实体完整性。

2.3.2 参照完整性

在关系模型中实体及实体间的联系都是用关系来描述的，因此可能存在着关系与关系间的引用。

设 F 是基本关系 R 的一个或一组属性，但不是关系 R 的键。如果 F 与基本关系 S 的主键 Ks 相对应，则称 F 是基本关系 R 的**外键**（Foreign Key）。

基本关系 S 称为**被参照关系**（Referenced Relation）或目标关系（Target Relation）或父关系。基本关系 R 称为**参照关系**（Referencing Relation）或子关系。

规则 2.2 参照完整性规则

若属性（或属性组）F 是基本关系 R 的外键，它与基本关系 S 的主键 Ks 相对应（基本关系 R 和 S 不一定是不同的关系），则对于 R 中每个元组在 F 上的值必须为：或者取空值（F 的每个属性值均为空值），或者等于 S 中某个元组的主键值。

【例 2.13】 给定以下关系模式，指出外键并分析其参照完整性规则。

部门（部门名，电话，办公地点）

学生（学号，姓名，性别，出生日期，身高，院系，党员否，评语，相片）

课程（课号，课名，课时，学分，先修课号）

选修（学号，课号，成绩）

解：（1）“学生”关系的“院系”与“部门”关系的主键“部门名”相对应，“院系”属性是学生关系的外键。部门关系是被参照关系，学生关系为参照关系。

依照参照完整性规则，学生关系中“院系”属性只取两类值：要么为空值，表示尚未给该学生分配院系；要么为“部门”关系中某个元组的“部门名”值，表示该学生不可能分配到一个学校不存在的院系。

（2）“选修”关系的“学号”与“学生”关系的主键“学号”相对应，“学号”属性是“选修”关系的外键。

“选修”关系的“课号”与“课程”关系的主键“课号”相对应，“课号”属性是“选修”关系的外键。

“学生”关系和“课程”关系均为被参照关系，“选修”关系为参照关系。

同时，“学号”和“课号”又共同作为“选修”关系的主键。

依照参照完整性规则和实体完整性规则，“选修”关系中“学号”属性应等于“学生”关系中对应主键“学号”中的某个值，“选修”关系中“课号”属性应等于“课程”关系中对应主键“课号”中的某个值。

（3）“课程”关系的“先修课号”与“课程”关系的主键“课号”相对应，“先修课号”属性是“课程”关系的外键。“课程”关系既是被参照关系又是参照关系。

依照参照完整性规则，“课程”关系中“先修课号”属性或者取空值，或者等于对应主键“课号”中的某个值。

参照完整性规则的几点说明如下。

（1）关系 R 和 S 不一定是不同的关系。

（2）被参照关系 S 的主键 Ks 和参照关系的外键 F 必须定义在同一个（或一组）域上。

（3）外键 F 并不一定要与相应的主键 Ks 同名，当外键与相应的主键属于不同关系时，应尽量取相同的名字，以便于识别。

2.3.3 用户定义的完整性

针对某一具体关系数据库的约束条件，反映某一具体应用所涉及的数据必须满足的语义要求称为**用户定义的完整性**。

关系模型应提供定义和检验这类完整性的机制，以便用统一的系统的方法处理它们，而不要由应用程序承担这一功能。

例如，“学生”关系中，“性别”只能为“男”或“女”，“身高”只能在100～250cm之间；10岁以下不能上大学；“选修”关系中，“成绩”采用百分制。以上这些约定即为用户定义的完整性。

2.4 关系数据库设计

数据库设计是指对于一个给定的应用环境，构造最优的数据库模式，建立数据库及其应用系统，使之能够有效地存储数据，满足各种用户的应用需求（信息要求和处理要求）。

在数据库领域内，常常把使用数据库的各类系统统称为数据库应用系统。

2.4.1 数据库设计过程

一般来说，数据库的设计都要经历需求分析、概念结构设计、逻辑结构设计、物理结构设计、数据库实施、运行和维护等6个阶段。数据库设计过程如图2.4所示。

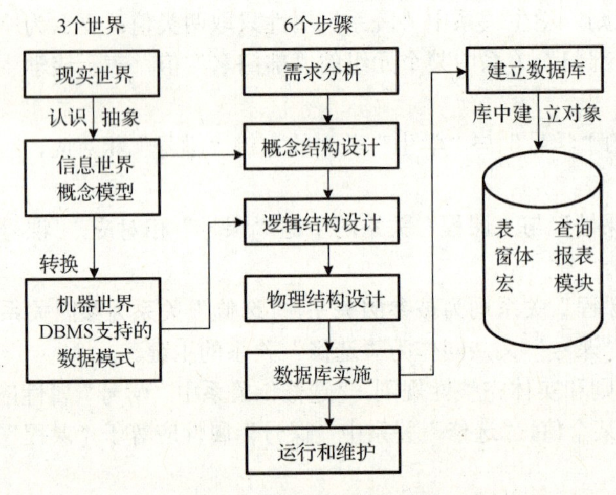

图2.4 数据库设计过程

1．需求分析

需求分析是数据库设计的起点，为以后的具体设计做准备。需求分析的重点是调查、收集与分析用户在数据管理中的信息要求、处理要求、安全性与完整性要求。

需求分析阶段的主要任务有以下几方面。

（1）明确用户的各种需求，确认系统的设计范围，调查信息需求、收集数据，分析需求调查得到的资料，确定新系统应具备的功能。

（2）综合各种信息包含的数据，各种数据之间的关系，数据的类型、取值范围和流向。

（3）建立需求说明文档、数据字典、数据流程图。

需求分析的主要任务概括地说是从数据库的所有用户那里收集对数据的需求和对数据处理的要求，并把这些需求写成用户和设计人员都能接受的说明书。

2．概念结构设计

概念结构设计是对需求说明书提供的所有数据和处理要求进行抽象与分析，综合为一个统一的概念模型。首先根据单个应用的需求，画出能反映每一应用需求的局部 E-R 模型。然后把这些局部 E-R 模型合并起来，消除冗余和可能存在的矛盾，得出系统总体的 E-R 模型。

3．逻辑结构设计

逻辑结构设计是把上一阶段得到的与 DBMS 无关的概念数据模型转换成等价的并为某个特定的 DBMS 所接受的逻辑模型。对关系型数据库就是将 E-R 模型转换为关系模型。同时将概念结构设计阶段得到的应用视图转换成外部模式，即特定 DBMS 下的应用视图。

4．物理结构设计

物理结构设计在于确定数据库的存储结构，即设计数据库的内模式或存储模式。主要任务包括确定数据库文件和索引文件的记录格式和物理结构、选择存取方法、决定访问路径和外存储器的分配策略等。不过这些工作大部分可由 DBMS 来完成，仅有一小部分工作由设计人员来完成。例如，物理设计应确定字段类型和数据库文件的长度等。

5．数据库实施

数据库实施主要包括以下工作：用 DDL 定义数据库结构、组织数据入库、编制与调试应用程序。

6．运行和维护

数据库试运行结果符合设计目标后，数据库就可以真正投入运行了。数据库投入运行标志着开发任务的基本完成和维护工作的开始，并不意味着设计过程的终结，由于应用环境在不断变化，数据库运行过程中物理存储也会不断变化，对数据库设计进行评价、调整、修改等维护工作是一个长期的任务，也是设计工作的继续和提高。

2.4.2　E-R 图转换为关系模型的规则

逻辑结构设计的主要任务就是将 E-R 模型转换为关系模型。E-R 图向关系模型的转换原则如下。

（1）一个实体型转换为一个关系模式。

关系的属性：实体型的属性。

关系的键：实体型的键。

（2）一个 1:n 联系可以转换为一个独立的关系模式，也可以与 n 端对应的关系模式合并。

① 转换为一个独立的关系模式。

关系的属性：与该联系相连的各实体的键及联系本身的属性。

关系的键：n 端实体的键。

② 与 n 端对应的关系模式合并。

合并后关系的属性：在 n 端关系中加入 1 端关系的键和联系本身的属性。

合并后关系的键：不变。

可以减少系统中的关系个数，一般情况下更倾向于采用这种方法。

（3）一个 1:1 联系可以转换为一个独立的关系模式，也可以与任意一端对应的关系模式合并。

① 转换为一个独立的关系模式。

关系的属性：与该联系相连的各实体的键及联系本身的属性。

关系的候选键：每个实体的键均是该关系的候选键。

② 与某一端对应的关系模式合并。

合并后关系的属性：加入对应关系的键和联系本身的属性。

合并后关系的键：不变。

（4）一个 m:n 联系转换为一个关系模式。

关系的属性：与该联系相连的各实体的键及联系本身的属性。

关系的键：各实体键的组合。

（5）3 个或 3 个以上实体间的一个多元联系转换为一个关系模式。

关系的属性：与该多元联系相连的各实体的键及联系本身的属性。

关系的键：各实体键的组合。

（6）同一实体集的实体间的联系，即自联系，也可按上述 1:1、1:n 和 m:n 三种情况分别处理。

（7）具有相同键的关系模式可合并。

目的：减少系统中的关系个数。

合并方法：将其中一个关系模式的全部属性加入到另一个关系模式中，然后去掉其中的同义属性（可能同名也可能不同名），并适当调整属性的次序。

2.4.3 逻辑结构设计举例

对关系型数据库来说，逻辑结构设计就是应用 E-R 图转换为关系模型的规则将 E-R 模型转换为等价的关系模型。下面以 JXDB 数据库为例给出关系型数据库逻辑结构设计的过程。

【例 2.14】 将图 1.3 教学管理 E-R 模型转换为等价的关系模型，并标明主键和外键（主键之下用下画线"＿"表示，外键之下用双下画线"＝"表示）。

解：根据 E-R 图向关系模型的转换规则，将 E-R 模型转换为如下关系模式：

部门（部门名，电话，办公地点）

学生（学号，姓名，性别，生日，身高，所在院系，相片）

课程（课号，课名，课时，学分，先修课号）

选修（学号，课号，成绩）

教工（教工号，姓名，性别，生日，职务，职称，工资，部门名，配偶号）

教课（教工号，课号，班级，学年度，学期，人数）

以上 6 个关系模式构成 JXDB 数据库模式。

2.4.4 完整性约束条件设计举例

【例 2.15】 给出 JXDB 数据库中的数据应满足的完整性约束条件。

通过调查分析 JXDB 数据库中的数据，应满足以下完整性约束条件。

1. 部门表

（1）部门名取值唯一且不能为空值。

2. 学生表

（2）学号取值唯一且不能为空值。

（3）性别只能为“男”或“女”。

（4）身高只能为 100～250cm。

（5）10 岁以下不能上大学。

（6）学生所在院系要么为空，要么为学校已设置的部门；当更改部门表中的部门名时，与学生表中对应的所在院系自动级联更改；当删除部门表中某部门时，若学生表中该院系有学生，则拒绝删除。

3．课程表

（7）课号取值唯一且不能为空值。

（8）先修课号只能是学校已开设的课号。修改课号时，先修课号自动级联修改；若某课程有先修课，则其先修课程删除时该课程的先修课号置空值。

4．选修表

（9）学号、课号取值唯一且不能为空值。

（10）成绩采用百分制。

（11）学号只能是学生表中已有的学号；当修改某学生学号时，该生所有选课记录自动级联修改；当删除某学生时，该生所有选课记录自动级联删除。

（12）课号只能是课程表中已有的课号；当修改课程表中的课号时，选修表中所有选修该课程的课号自动级联修改；当删除课程表中某课程时，若选修表中该课程有学生选修，则拒绝删除。

5．教工表

（13）教工号取值唯一且不能为空值。

（14）教工性别只能为“男”或“女”。

（15）教授及具有博士学历的副教授，他们的工资不得低于 3000 元。

（16）教工所在部门只能是学校已设置的部门。当修改部门表中某部门名时，教工表中所在部门自动级联更改；当删除部门表中某部门时，教师表中所在部门置空值，等待重新分配部门。

（17）配偶号只能是教工表中已有的教工号；若修改教工表中某教工号，则级联修改与其匹配的配偶号；若删除教工表中的某教师，则与其匹配的配偶号置空值。

6．教课表

（18）课号只能是课程表中已有的课号；若修改课程表中的某课号，则级联修改教课表中的相应课号；当删除课程表中的某课程时，若教课表中该课程有教师教，则拒绝删除。

（19）教工号只能是教工表中已有的教工号；若修改教工表中的某教工号，则级联修改教课表中的教工号；若删除教工表中的某教师，则级联删除教课表中该教师的教课记录。

以上完整性约束条件分类统计如表 2.5 所示。

表 2.5　完整性约束条件分类统计表

类型	实体完整性	参照完整性	自定义完整性	
			列级	表级
约束条件序号	（1）（2）（7）（9）（13）	（6）（8）（11）（12）（16）（17）（18）（19）	（3）（4）（5）（10）（14）	（15）
小计	5	8	6	

习 题 2

一、选择题

1．对关系模型叙述错误的是（　　）。

A．建立在严格的数学理论、集合论和谓词演算公式基础之一

B．微机 DBMS 绝大部分采取关系数据模型

C．用二维表表示关系模型是其一大特点

D．不具有连接操作的 DBMS 也可以是关系数据库管理系统

2．关系模式的任何属性（　　）。

A．不可再分　　B．可再分

C．命名在该关系模式中可以不唯一　　D．以上都不是

3．关系数据库管理系统应能实现的专门关系运算包括（　　）。

A．排序、索引、统计　　B．选择、投影、连接

C．关联、更新、排序　　D．显示、打印、制表

4．自然连接是构成新关系的有效方法。一般情况下，当对关系 *R* 和 *S* 使用自然连接时，要求 *R* 和 *S* 含有一个或多个共有的（　　）。

A．元组　　B．行　　C．记录　　D．属性

5．设关系 *R*（*A*，*B*，*C*）和 *S*（*B*，*C*，*D*），下列各关系代数表达式不成立的是（　　）。

A．$\pi_A(R)\infty\pi_B(S)$　　B．$R\cup S$　　C．$\pi_A(R)\cap\pi_B(S)$　　D．$R\infty S$

6．有两个关系 *R* 和 *S*，分别包含 15 个和 10 个元组，则在 $R\cup S$，$R-S$，$R\cap S$ 中不可能出现的元组数目情况是（　　）。

A．15，5，10　　B．18，7，7　　C．21，11，4　　D．25，15，0

7．取出关系中的某些列，并消去重复元组的关系代数运算称为（　　）。

A．取列运算　　B．投影运算　　C．连接运算　　D．选择运算

8．设关系 *R* 和 *S* 的属性个数分别为 2 和 3，那么 $R\underset{1>2}{\infty}S$ 等价于（　　）。

A．$\delta_{1>2}(R\times S)$　　B．$\delta_{1>4}(R\times S)$　　C．$\delta_{1>2}(R\infty S)$　　D．$\delta_{2>1}(R\infty S)$

9．参加差运算的两个关系（　　）。

A．属性个数可以不相同　　B．属性个数必须相同

C．一个关系包含另一个关系属性　　D．属性名必须相同

10．若 *D*1={*a*1,*a*2,*a*3}，*D*2={1,2,3}，则 *D*1×*D*2 集合中共有元组（　　）个。

A．6　　B．8　　C．9　　D．12

11．两个关系在没有公共属性时，其自然连接操作表现为（　　）。

A．结果为空关系　　B．笛卡儿积操作　　C．等值连接操作　　D．无意义的操作

12．有关系 *R*（*A*,*B*,*C*）主键=*A*，*S*（*D*,*A*）主键=*D*，外键=*A*，参照于 *R* 的属性 *A*。关系 *R* 和 *S* 的元组如下所示。

R

A	*B*	*C*
1	2	3
2	1	3

S

D	*A*
1	2
2	Null
3	3
4	1

关系 S 中违反关系完整性规则的元组是（　　）。

A．(1，2)　　B．(2，Null)　　C．(3，3)　　D．(4，1)

14．设关系 R（A,B,C）和 S（B,C,D），下列各关系代数表达式不成立的是（　　）。

A．$\pi_A(R)\infty\pi_D(S)$　B．$R\cup S$　C．$\pi_B(R)\cap\pi_B(S)$　D．$R\infty S$

15．关系运算中花费时间可能最长的运算是（　　）。

A．投影　　B．选择　　C．笛卡儿积　　D．除

二、填空题

1．关系操作的特点是________操作。

2．关系模型的完整性规则包括________、________和________。

3．自然连接运算是由________、________和________操作组合而成的。

4．关系模型由________、________和________组成。

5．关系代数运算中，传统的集合运算有________、________、________和________。

6．关系代数运算中，基本的运算是________、________、________、________和________。

7．关系代数运算中，专门的关系运算有________、________、________和________。

8．传统的集合“并”、“交”、“差”运算施加于两个关系时，这两个关系的________必须相等，________必须取同一个域。

9．已知系(系编号，系名称，系主任，电话，地点)和学生(学号，姓名，性别，入学日期，专业，系编号)两个关系，系关系的主键是________，系关系的外键是________，学生关系的主键是________，外键是________。

三、解答题

1．设有如下所示的关系 R、S 和 T，计算:

① $R1=R\cup S$　② $R2=R-S$　③ $R3=R\infty T$

④ $R4=R\underset{A<C}{\infty}T$　⑤ $R5=\pi_A(R)$　⑥ $R6=\delta_{A=C}(R\times T)$

R

A	B
a	d
b	e
c	c

S

A	B
d	a
b	a
d	c

T

A	B
b	b
c	c
b	d

2．设有如下所示的两个关系 E1 和 E2，其中 E2 是从 E1 中经过关系运算形成的结果，试给出该运算表达式。

E1

A	B	C
1	2	3
4	5	6
7	8	9

E2

B	C
5	6
8	9

3．设有如下所示的关系 S、SC 和 C，试用关系代数表达式表示下列查询语句:

S

S#	SNAME	AGE	SEX
1	李强	23	男
2	刘丽	22	女
3	张友	22	男

C

C#	CNAME	TEACHER
K1	C 语言	王华
K5	数据库原理	程军
K8	编译原理	程军

SC

S#	C#	CRADE
1	K1	83
2	K1	85
5	K1	92
2	K5	90
5	K5	84
5	K8	80

（1）检索“程军”老师所授课程的课程号（C#）和课程名（CNAME）。
（2）检索年龄大于 21 的男学生学号（S#）和姓名（SNAME）。
（3）检索至少选修“程军”老师所授全部课程的学生姓名（SNAME）。
（4）检索“李强”同学不学课程的课程号（C#）。
（5）检索至少选修两门课程的学生的学号（S#）。
（6）检索全部学生都选修的课程的课程号（C#）和课程名（CNAME）。
（7）检索选修课程包含“程军”老师所授课程之一的学生学号（S#）。
（8）检索选修课程号为“K1”和“K5”的学生的学号（S#）。
（9）检索选修全部课程的学生姓名（SNAME）。
（10）检索选修课程包含学号为“2”的学生所修课程的学生学号（S#）。
（11）检索选修课程名为“C 语言”的学生的学号（S#）和姓名（SNAME）。

第 3 章　创建数据库

Access 2013 是 Microsoft Office 2013 系列应用软件的一个重要组成部分，是一个功能强大的桌面型关系数据库管理系统，可以组织、存储并管理任何类型的信息。一个 Access 数据库是一个存储信息的容器，它以一个单独的数据库文件（扩展名为.accdb）存储在磁盘中。在使用 Access 组织、存储和管理数据时，应先创建数据库，然后在该数据库中创建表、查询等数据库对象。

本章将介绍在 Windows 7 操作系统下，Access 2013 创建与管理数据库的操作方法、Access 2013 的界面及数据库对象等内容。

3.1　创建数据库的方法

当根据用户需求对数据库应用系统进行分析、设计规划好之后，在数据库实施阶段的首要任务就是创建数据库。本节将重点介绍在 Access 2013 中建立数据库的方法。

3.1.1　Access 2013 的启动与退出

1. Access 2013 的启动

启动 Access 2013 的方式与启动其他 Office 软件完全相同。常采用如下两种方法。

方法 1：在操作系统中执行“开始”→“所有程序”→“Microsoft Office Access 2013”→“Access 2013”命令，便打开了如图 3.1 所示的 Access 窗口。

方法 2：双击桌面上的快捷方式图标即可打开 Access 2013。

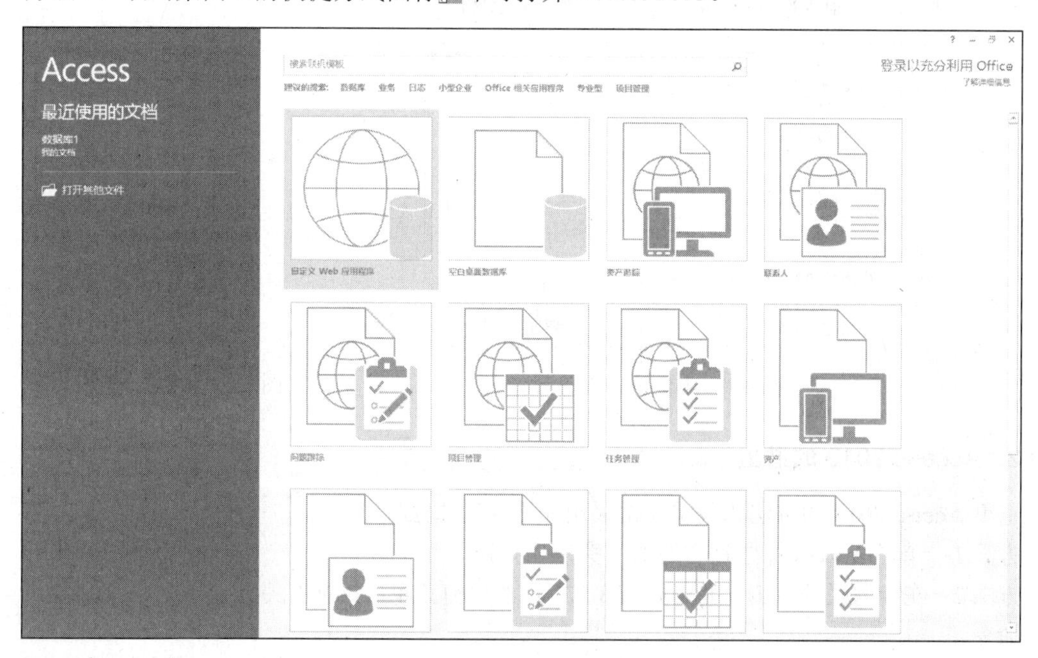

图 3.1　Access 窗口

创建以上 Access 2013 快捷方式的步骤如下。

（1）在桌面空白处右击，在弹出的快捷菜单中执行“新建”|“快捷方式”命令，打开如图 3.2 所示的“创建快捷方式”对话框。

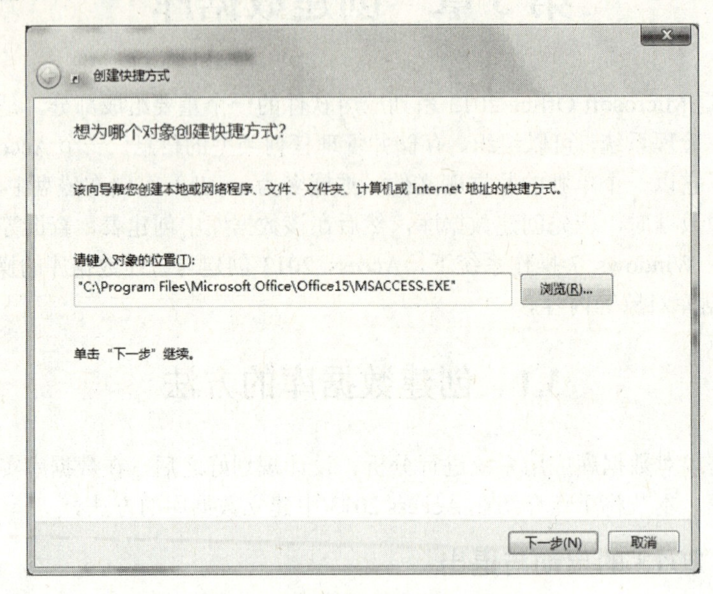

图 3.2 “创建快捷方式”对话框

（2）单击“浏览”按钮，将创建的 Access 快捷打开方式确定在某路径里：计算机/本地磁盘（C:）/Program Files/Microsoft Office/Office15/MSACCESS.EXE，单击“确定”按钮，单击“下一步”按钮，如图 3.3 所示。

（3）在“键入该快捷方式的名称”文本框里输入名称，默认名为“MSACCESS”，单击“完成”按钮，此时桌面新增如图 3.4 所示的快捷方式图标。

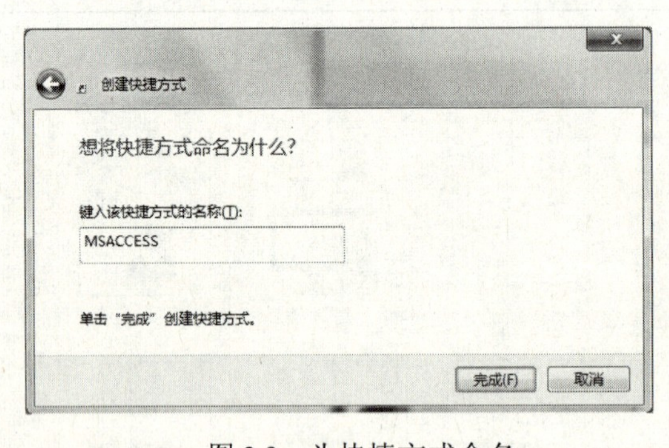

图 3.3 为快捷方式命名

图 3.4 快捷方式图标

2. Access 2013 的退出

退出 Access 2013 的方法比较多，常采用如下 3 种方法。

方法 1：单击 Access 标题栏右边的“关闭”按钮。

方法 2：在标题栏处右击，弹出如图 3.5 所示的快捷菜单，执行“关闭”命令。

方法 3：同时按下快捷键【Alt+F4】。

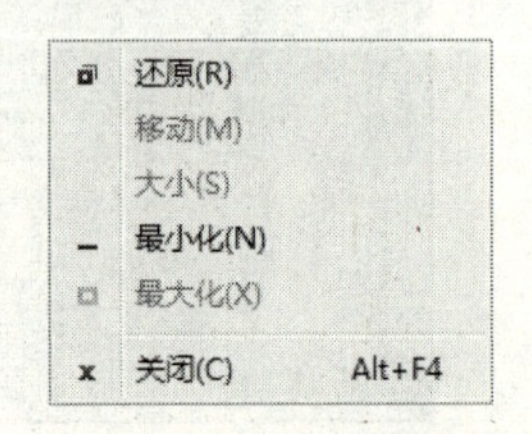

图 3.5 快捷菜单

说明：如果意外地退出 Access 2013，可能会损坏数据库文件。

3.1.2　设置默认数据库文件夹

用 Access 所创建的文件都需要保存在磁盘中，如果不指定保存路径，则系统使用默认的保存文件的位置为“我的文档”。为了快速正确地保存和访问磁盘上的文件，应当改变默认数据库文件夹。

【例 3.1】 将文件夹“E:\Access2013DB”设置为存储数据库文件的默认文件夹。

（1）先在 E 盘根目录下建立文件夹“Access2013DB”。

（2）双击 Access 快捷方式图标，选择“数据库”→“选项”选项，打开如图 3.6 所示的“Access 选项”对话框。

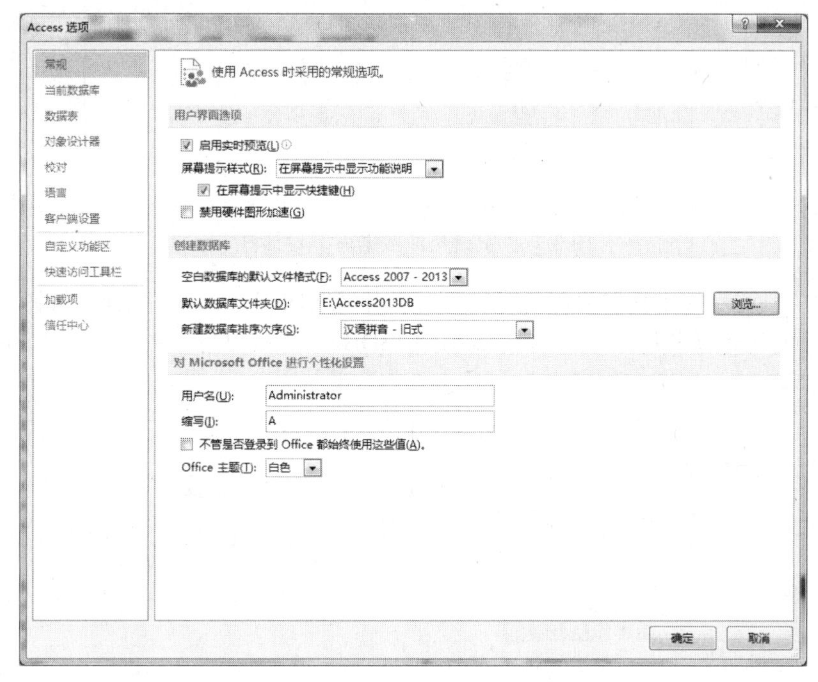

图 3.6 “Access 选项”对话框

（3）在“默认数据库文件夹”文本框中直接输入“E:\Access2013DB”或单击“浏览”按钮选中该文件夹，单击“确定”按钮。

以后每次启动 Access，系统默认存放数据库的文件夹都是“E:\Access2013DB”，直至再次更改为止。

提示：在这里还可对另两个设置项进行更改，在“数据库的默认文件格式”里，默认的格式为“Access 2007-2013”，通过下拉列表，可以将文件格式更改为“Access 2000”或“Access 2002-2003”。在“新建数据库排序次序”里，默认为“汉语拼音-旧式”，通过下拉列表也可以更改。

3.1.3　建立数据库

Access 2013 提供了以下两种创建数据库的方法。

方法 1：先建立一个空白桌面数据库，然后向其中添加表、查询、窗体、报表等对象，这是创建数据库最常用最灵活的方法。

方法 2：利用模板创建数据库。

1．创建空白桌面数据库

【例 3.2】 创建一个名为 JXDB 的空白桌面数据库，并将建好的数据库保存在“E:\Access 2013DB”文件夹中。

（1）启动 Access 2013。

（2）选择“空白桌面数据库”选项，打开如图 3.7 所示的“空白桌面数据库”对话框。

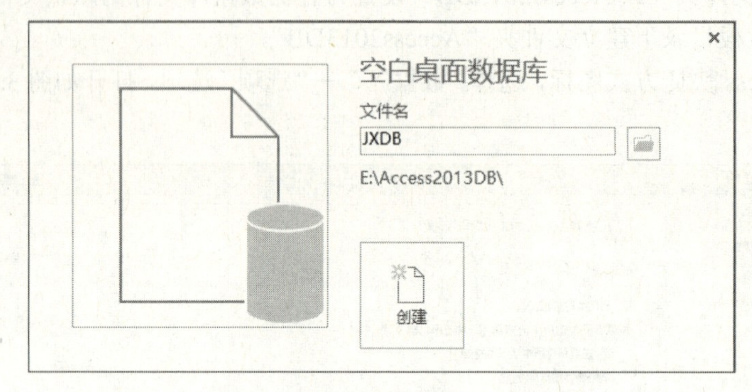

图 3.7 “空白桌面数据库”对话框

（3）在“文件名”文本框中输入新建的数据库名“JXDB”，单击“创建”按钮，数据库文件“JXDB.accdb”便建立起来并存储到“E:\Access2013DB”文件夹中了。打开如图 3.8 所示的 JXDB 数据库窗口。

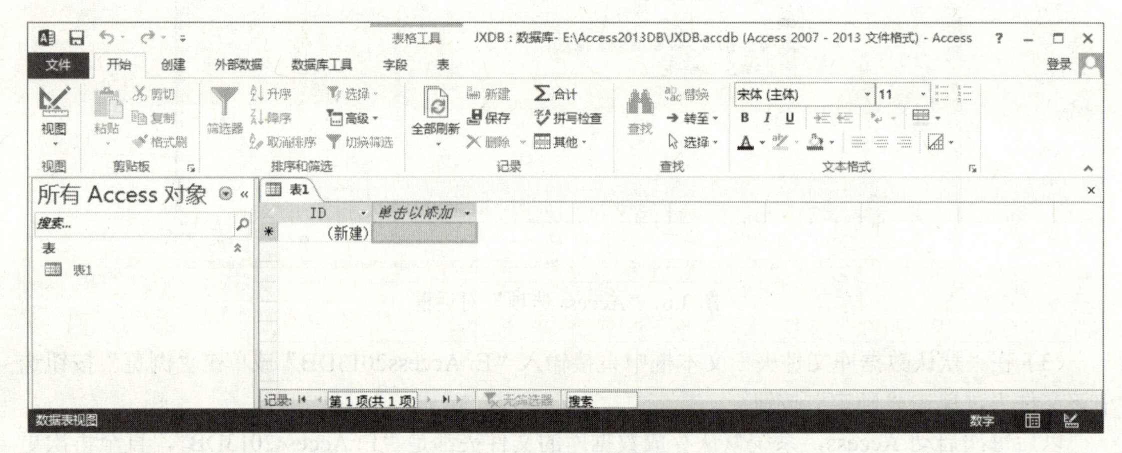

图 3.8 JXDB 数据库窗口

2．使用模板创建数据库

【例 3.3】 利用系统提供的“联系人”模板数据库，快速建立一个“联系人管理”数据库，并将建好的数据库保存在“E:\Access2013DB”文件夹中。

（1）启动 Access 2013，执行“文件”→“新建”→“数据库”命令。

（2）选择“联系人”选项，打开如图 3.9 所示的“联系人”模板窗口，在“应用程序名称”文本框中输入“联系人管理”。单击“创建”按钮，显示“正在下载模板”窗口，一会儿“联系人管理”数据库便创建完成。

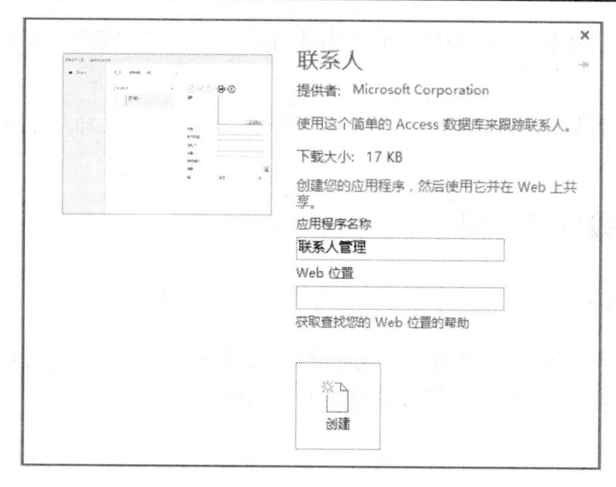

图 3.9　“联系人”模板窗口

3.1.4　打开与关闭数据库

数据库建好后，就可以对数据库中的对象进行创建、修改、删除等各种操作。在对数据库进行操作之前必须先打开数据库，操作结束之后应关闭数据库，数据库生命周期完结（无任何应用价值）后应予删除。

1. 打开数据库

当创建完一个数据库后，Access 的界面将自动转到数据库的界面。此外，还可用以下两种方法打开数据库。

方法 1：启动 Access 2013，在窗口的左边会显示“Access 最近使用的文档”，单击要打开的数据库文件，这时该数据库将被打开。

方法 2：在操作系统 Windows 中直接双击要打开的数据库文件，如双击文件夹“E:\Access 2013DB”中的数据库文件“JXDB.accdb”便可打开该数据库。

打开 JXDB 数据库之后的初始窗口如图 3.10 所示。

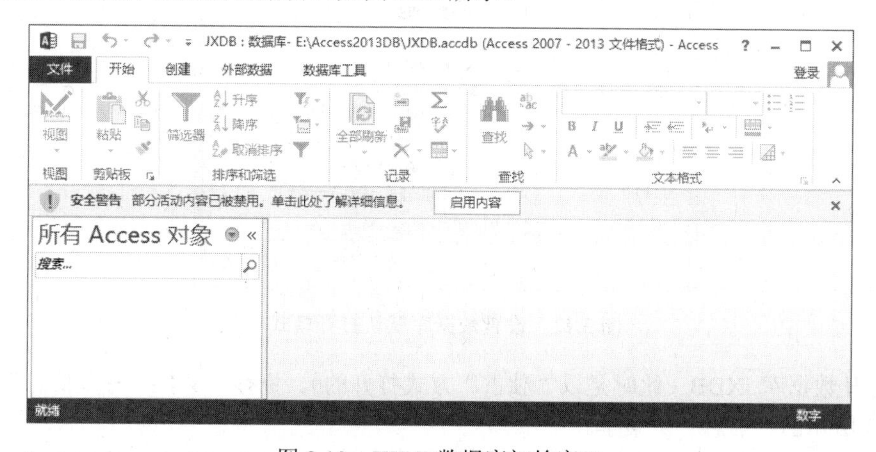

图 3.10　JXDB 数据库初始窗口

2. 关闭数据库

用以下方法可存储并关闭数据库。

方法 1：在已打开的数据库窗口中，单击右上角的“关闭”按钮，即可关闭当前打开的数据库，并退出 Access。

方法 2：在已打开的数据库窗口中，执行“文件”→“关闭”命令，即可关闭当前打开的数据库，退回到 Access 窗口。

3.1.5 设置与解除数据库密码

1. 设置数据库密码

要对数据库设置密码，必须以“独占”方式打开数据库。否则系统将打开如图 3.11 所示的提示对话框，要求重新以独占方式打开要设置密码的数据库。

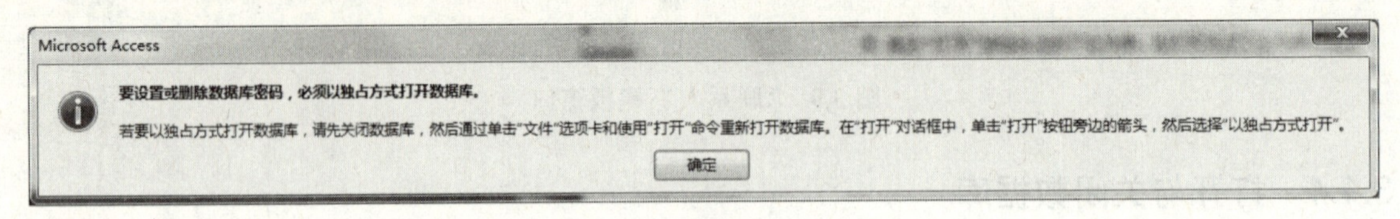

图 3.11　提示对话框

下面通过实例介绍对数据库设置密码的方法。

【例 3.4】 为 JXDB 数据库设置密码。

（1）设置数据库默认打开模式为“独占”方式。

启动 Access 2013，执行“文件”→“选项”命令，打开如图 3.12 所示的“Access 选项”对话框，选择“客户端设置”选项，在“默认打开模式”选项组中选中“独占”单选按钮，单击“确定”按钮。

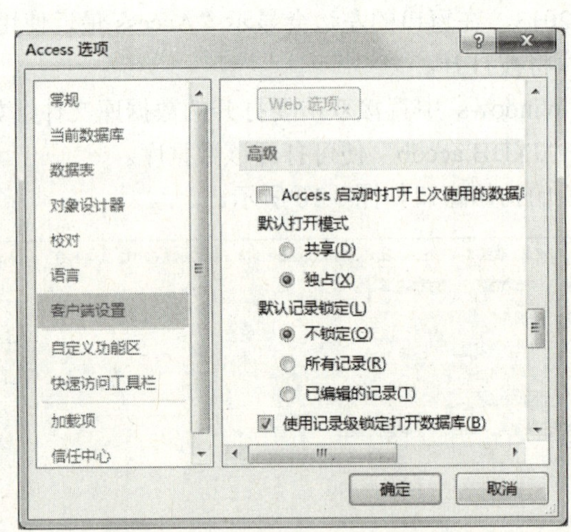

图 3.12　设置数据库默认打开模式

（2）打开数据库 JXDB（此时是以“独占”方式打开的）。执行“文件”→“信息”命令，打开如图 3.13 所示的“信息”子菜单。

（3）选择“用密码进行加密”选项，打开如图 3.14 所示的“设置数据库密码”对话框。

（4）在“密码”文本框中输入要设置的数据库密码，在“验证”文本框中输入和上面相同的密码，这里输入“123”，完成后，单击“确定”按钮，打开如图 3.15 所示的“Microsoft Access”对话框。

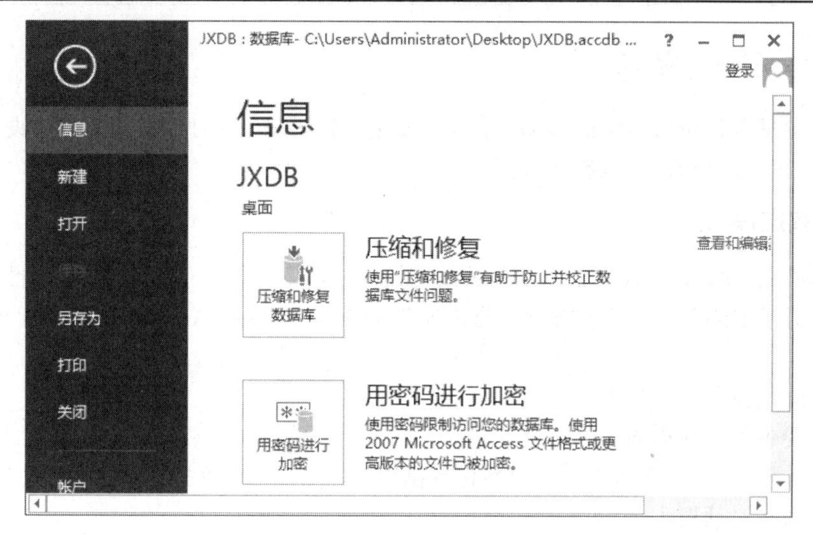

图 3.13　“信息”子菜单

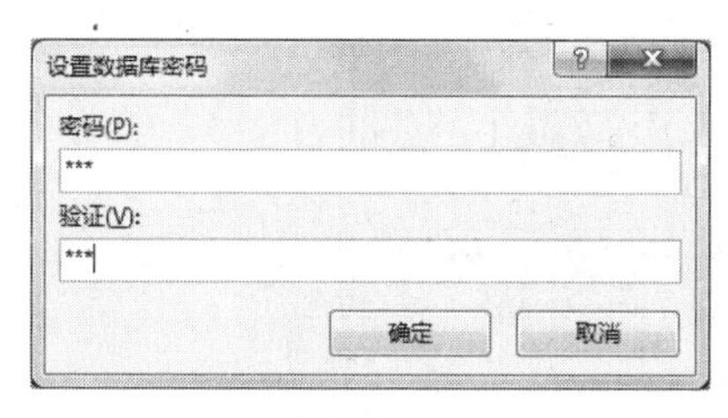

图 3.14　“设置数据库密码”对话框

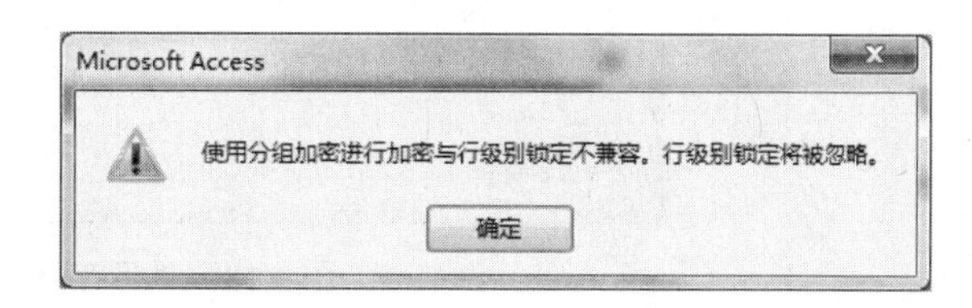

图 3.15　“Microsoft Access”对话框

（5）单击“确定”按钮，JXDB 数据库密码设置完成。

设置数据库密码后，每当打开该数据库时都将打开“要求输入密码”对话框，如图 3.16 所示，当用户输入正确的密码后，单击“确定”按钮，方可打开该数据库。

2．解除数据库密码

用户可以解除对数据库设置的密码，操作方法如下。

（1）以“独占”方式打开要解除密码的数据库。

（2）执行“文件”→“信息”→“解密数据库”命令，打开“撤销数据库密码”对话框，如图 3.17 所示。

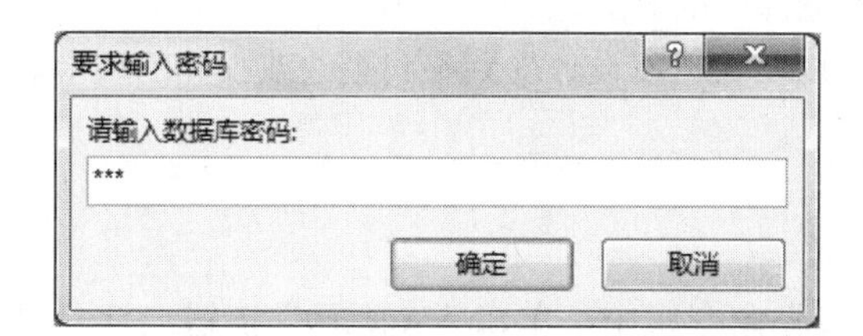

图 3.16　“要求输入密码”对话框

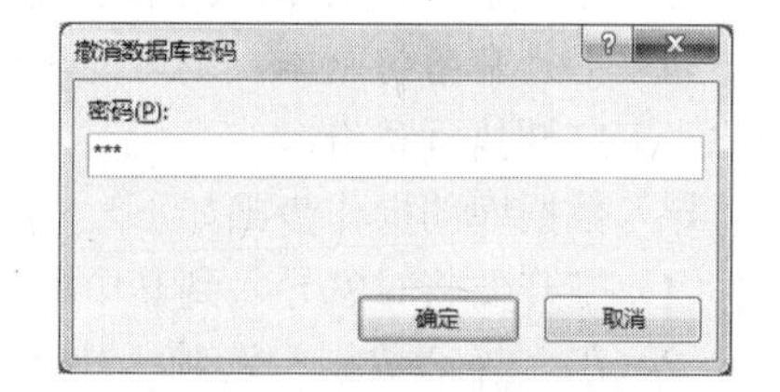

图 3.17　“撤销数据库密码”对话框

（3）在“密码”文本框中输入正确的密码，完成后，单击“确定”按钮。

若输入的密码不对，将无法解除数据库密码。

3.1.6 备份与导入数据库

用户应该定期备份所有活动的数据库，以免发生数据丢失，同时保护在数据库设计上的投资。通过使用备份，可以轻松地导入整个数据库。

1. 备份数据库

备份数据库时，Access 首先会保存并关闭在设计视图中打开的所有对象，接着压缩并修复数据库，然后使用指定的名称和位置保存数据库文件的副本。随后，Access 会重新打开它关闭的所有对象。

备份数据库的操作步骤如下。

（1）打开要备份的数据库。

（2）执行“文件”→“另存为”→“备份数据库”命令，单击“另存为”按钮，打开如图 3.18 所示的“另存为”对话框。

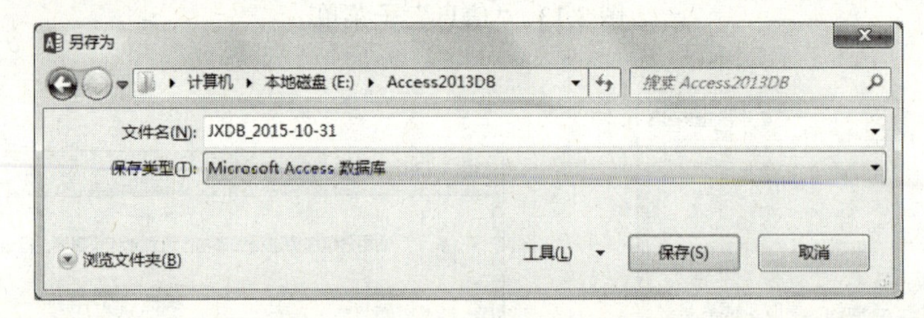

图 3.18 “另存为”对话框

在“文件名”文本框中，给出了默认的数据库备份的名称。默认名称既捕获了原始数据库文件的名称，也捕获了执行备份的日期。用户可根据需要更改该名称。不过在从备份还原数据或对象时，需要知道备份的原始数据库及备份时间。因此，一般建议使用默认文件名。

（3）在“另存为”对话框中，选择要保存数据库备份的位置，然后单击“保存”按钮。

2. 导入数据库

若要导入数据库，必须已经具有数据库的备份副本。

备份通常称为数据库文件的“已知良好副本”，这是一个数据完整性和设计均值得信任的副本。应该使用 Access 中的“备份数据库”命令创建备份，但可以使用任何已知的良好副本导入数据库。例如，可以从 USB 外部备份设备上存储的副本导入数据库。

可以导入整个数据库，也可以有选择地导入数据库中的对象。

如果不具有备份副本，则可能出现数据丢失，以及数据库设计受到不利更改或损坏的风险。因此，应定期执行备份。

导入数据库的操作步骤如下。

（1）打开要将对象导入到其中的数据库。

（2）在“外部数据”选项卡中的“导入并链接”命令组中，单击“Access”按钮，打开如图 3.19 所示的“获取外部数据-Access 数据库”对话框。

（3）在“获取外部数据-Access 数据库”对话框中，选中“将表、查询、窗体、报表、宏和模块导入当前数据库”单选按钮，单击“浏览”按钮来定位并选定要备份的数据库。

（4）单击“确定”按钮，打开“导入对象”对话框。单击“全选”按钮。单击“确定”按钮，数据库成功导入，关闭“获取外部数据-Access 数据库”对话框。

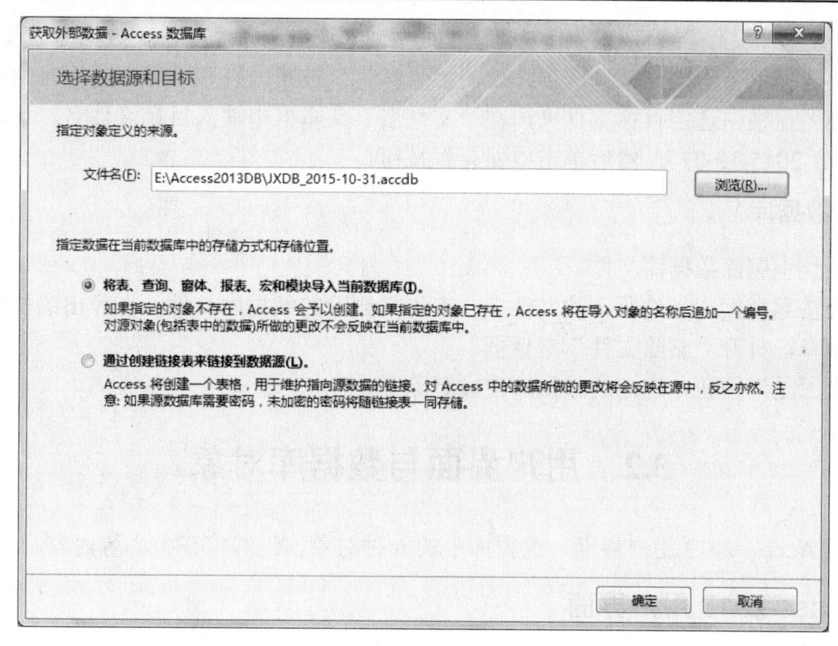

图 3.19 “获取外部数据-Access 数据库”对话框

3.1.7　复制与删除数据库

1．复制数据库

复制数据库有如下两种方法。

1）在操作系统（Windows）中复制

（1）在操作系统中先右击要复制的数据库文件，在弹出的快捷菜单中执行“复制”命令。

（2）在目标文件夹中右击，在弹出的快捷菜单中选择执行“粘贴”命令。

2）将数据库另存为其他格式

（1）执行“文件”→“另存为”命令，如图 3.20 所示。

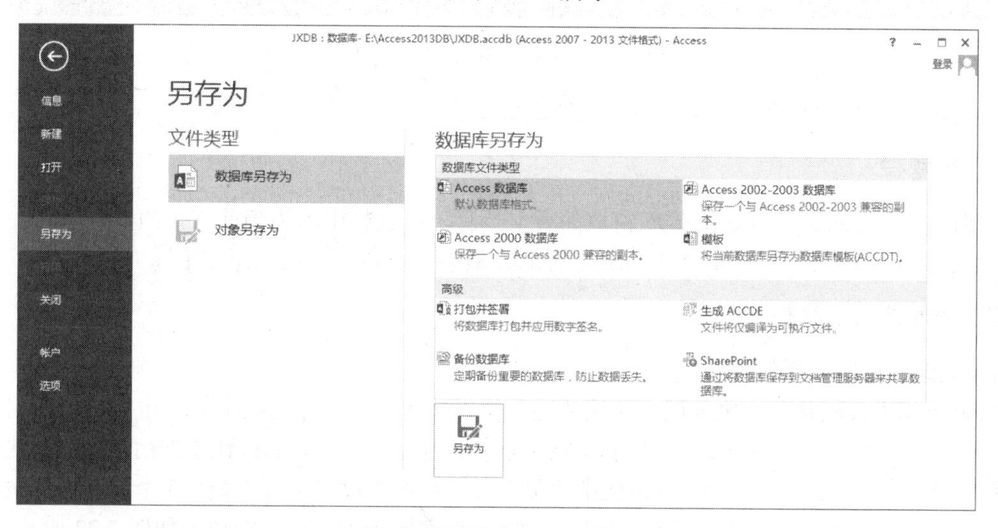

图 3.20 “另存为”子菜单

（2）在“数据库文件类型”选项组中选择一种格式，这里选择“Access 数据库”选项，在“高级”选项组中选择“备份数据库”选项，单击“另存为”按钮，打开“另存为”对话框。

（3）在导航窗格中选定目标文件夹，在“文件名”文本框中输入目标文件名，这里使用默认文件名“JXDB-2015-10-07”，然后单击“保存”按钮。

3. 删除数据库

在操作系统中删除数据库文件。

（1）打开待删数据库文件所在的文件夹，右击要删除的数据库文件，在弹出的快捷菜单中执行“删除”命令，打开“删除文件”对话框。

（2）单击“是”按钮，选定的数据库便被删除了。

3.2 用户界面与数据库对象

本节介绍 Access 2013 用户界面、数据库中的 6 种对象、设置信任中心等内容。

3.2.1 Access 2013 用户界面

Access 2013 中的新用户界面由多个元素构成，这些元素定义了用户与产品的交互方式。选择这些新元素不仅能帮助用户熟练运用 Access，还有助于更快速地查找所需命令。这项新设计还使用户能够轻松发现以不同方式隐藏在工具栏和菜单后的各项功能。

打开 JXDB 数据库，显示如图 3.21 所示的数据库窗口，即 Access 2013 用户界面。

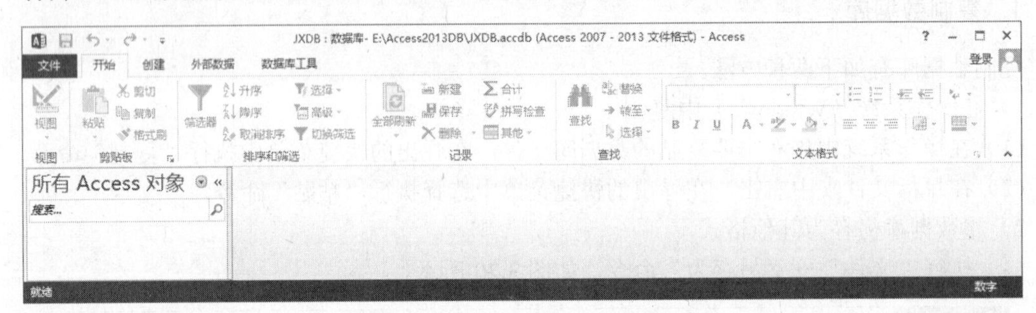

图 3.21 Access 2013 用户界面

Access 2013 用户界面主要由以下几部分组成。

1. 标题栏

标题栏位于 Access 2013 数据库窗口的最上一行。标题栏中间为当前打开的数据库名，最右边是对 Access 2013 窗口操作的 4 个按钮：帮助、最小化、最大化/还原、关闭。

2. 快速访问工具栏

1）快速访问工具栏的用途

快速访问工具栏是一小块区域，默认情况下位于功能区上方标题栏中的左边，通过设置可使其位于功能区下方，用于存放常用的按钮方便用户使用。默认命令集包括“保存”、“撤销”和“无法恢复”3 个最常用的按钮，最右边为“自定义快速访问工具栏”按钮，如图 3.22 所示。

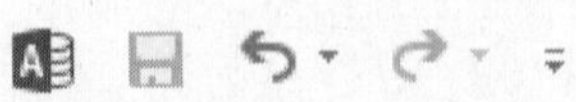

图 3.22 默认的快速访问工具栏

2）自定义快速访问工具栏

通过单击"自定义快速访问工具栏"按钮，可设置将快速访问工具栏放在功能区的下面，并将其从默认的小尺寸更改为大尺寸；也可通过设置增加或减少其中的按钮。

自定义快速访问工具栏的操作方法如下。

（1）单击"自定义快速访问工具栏"按钮，然后选择"其他命令"选项，打开如图 3.23 所示的对话框。

图 3.23　自定义快速访问工具栏

（2）在"从下列位置选择命令"下拉列表中选择要添加的一个或多个命令，然后单击"添加"按钮。

若要删除命令，在右侧的列表中选中该命令，然后单击"删除"按钮。或者，在列表中双击该命令。

（3）若勾选"在功能区下方显示快速访问工具栏"复选框，则快速访问工具栏将移至功能区下方。

（4）完成后单击"确定"按钮。

3．功能区

1）功能区的作用

功能区是一个位于标题栏下面横跨程序窗口顶部的条形带，是一个存放 Access 2013 中主要命令的单一位置，是菜单和工具栏的主要替代部分，是对数据库进行各种操作的命令集合。

为了方便用户操作，Access 2013 将所有操作命令按功能区、选项卡和命令组 3 层结构组织起来，顶层为功能区，第 2 层为选项卡，第 3 层为命令组，即功能区由多个选项卡组成，一个选项卡由多个命令组组成，一个命令组由多个命令按钮组成。

主要的功能区选项卡包含“文件”、“开始”、“创建”、“外部数据”、“数据库工具”4 个选项卡。例如，单击“创建”选项卡，显示“创建”选项卡中的多组相关命令按钮，如图 3.24 所示。

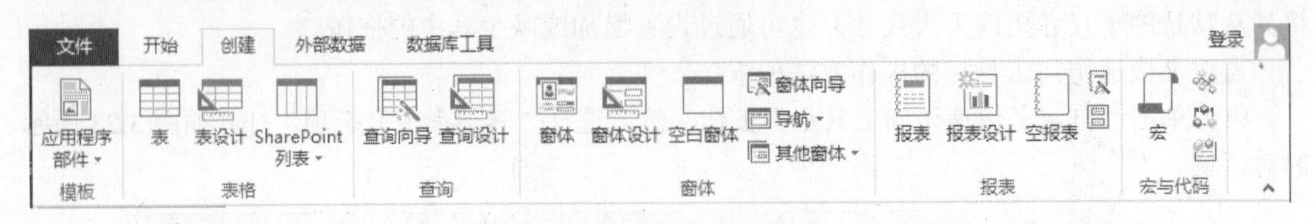

图 3.24 “创建”选项卡

为了减少屏幕混乱，一些选项卡只在需要时才显示。例如，当在打开的数据库里打开一个表后，将增加“表格工具”选项卡。

2）上下文命令选项卡

除标准命令选项卡之外，Access 2013 还采用了 Office Professional 2013 中一个名为上下文命令选项卡的新的 UI 元素。根据上下文（即进行操作的对象，以及正在执行的操作）的不同，标准命令选项卡旁边可能会出现一个或多个上下文命令选项卡。

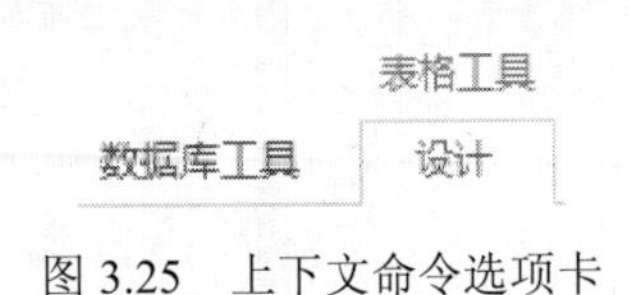

图 3.25 上下文命令选项卡

上下文命令选项卡包含在特定上下文中需要使用的命令按钮和功能。例如，如果打开表的设计视图，则在“数据库工具”选项卡旁边将显示一个名为“设计”的上下文命令选项卡，如图 3.25 所示。单击“设计”选项卡时，功能区将显示仅当对象处于设计视图中时才能使用的命令按钮。

3）功能区最小化与还原

有时用户需要将更多的屏幕空间作为工作区。功能区无法删除，但功能区可以进行折叠，即使功能区最小化以便只保留一个包含命令选项卡的条形。功能区最小化与还原有如下 3 种操作方法。

（1）单击折叠功能区图标 ^ 。

（2）双击活动选项卡的名称。再次双击此选项卡可还原功能区。

（3）键盘快捷方式：按快捷键【Ctrl+F1】可来回切换最小化或还原功能区。

4. 命令组

功能区的一个选项卡里含有多个命令组，如“创建”选项卡中含有“表格”、“查询”、“窗体”、“报表”、“宏与代码”、“模板”6 个命令组，每一个命令组又包含多个操作命令按钮供用户使用。

5. 导航窗格

导航窗格位于窗口左侧的区域，列出数据库中的所有对象，方便用户找到对象然后对其进行操作。

例如，打开 JXDB 数据库，导航窗格如图 3.26 所示，该窗格显示了在该数据库中建立起来的所有表、查询、窗体、报表等对象。将鼠标指针移到某对象上右击，将弹出快捷菜单，可以对该对象执行所需的命令。

6. 文档窗口

文档窗口位于数据库窗口右侧功能区下面的区域，占据整个窗口的大部分面积，是对数据库中各对象进行操作的场所。Access 2013 采用选项卡式文档代替重叠窗口来显示数据库对象。表、查询、窗体、报表和宏均显示为选项卡式文档。图 3.27 中打开了 4 个表，它们以选项卡式文档显示。

图 3.26　导航窗格

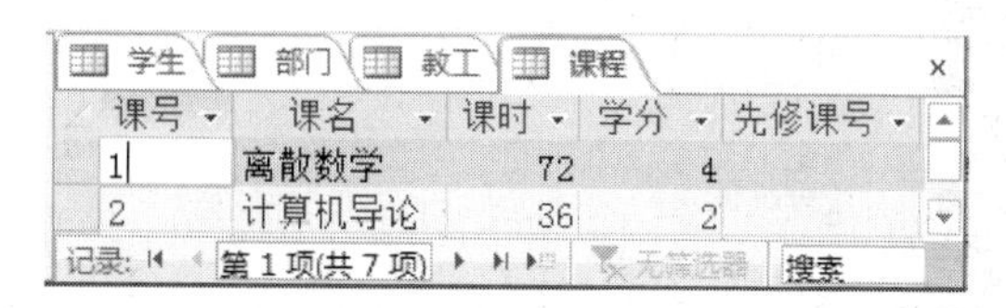

图 3.27　选项卡式文档

7．状态栏

状态栏位于程序窗口底部的条形区域，用于显示状态信息，并包括可用于切换视图的按钮。

3.2.2　Access 2013 数据库中的对象

作为一个数据库管理系统，Access 2013 通过各种数据库对象来管理信息。

Access 2013 数据库的结构是由如下 6 种数据库对象组成的：表、查询、窗体、报表、宏和代码。当打开一个 Access 数据库时，这些数据库对象在导航窗格中非常直观地列出。

Access 所提供的 6 种数据库对象都存放在同一个扩展名为.accdb 的数据库文件中，这种单一性方便了数据库文件的管理。

注释：某些 Access 数据库包含指向存储在其他数据库中的表的链接。例如，一个 Access 数据库可能只包含表，而另一个 Access 数据库包含指向这些表的链接，以及基于链接表的查询、窗体和报表。大多数情况下，无论表是链接的表还是实际存储在数据库中，都无关紧要。

在 Access 数据库文件中，用户可以使用：表来存储数据，查询来检索所需数据，窗体来查看、输入和更新表中的数据，报表来分析或打印特定布局中的数据。下面对数据库中 6 种对象的用途做简要介绍，使用户有一个初步的了解。

1．表

表（Table）是用来存储大量数据的，是数据库的核心。通过构建每个表的结构及建立表之间的关系，从而建立起数据库的结构。表是 6 种数据库对象中最重要的一种，另外 5 种数据库对象都是建立在表对象之上的。

表对象有 4 种视图：设计视图、数据表视图、数据透视表视图和数据透视图视图。表的设计视图用于建立表结构；表的数据表视图用于输入、编辑和显示数据；表的数据透视表视图与数据透视图视图用于对表中的数据进行某种统计计算，将结果分别以表格和图形的方式显示出来。图 3.28 为“学生”表的前两种视图。

2．查询

查询（Query）是数据库中应用最多的对象，可执行很多不同的功能。最常用的功能是从表中检索出满足指定条件的数据。要查看的数据通常分布在多个表中，通过查询就可以在一张数据表中查看这些数据。

某些查询是“可更新的”，这意味着，可以通过查询数据表来编辑基础表中的数据。如果使用的是可更新的查询，所做的更改实际上是在表中完成的，而不只是在查询数据表中完成的。

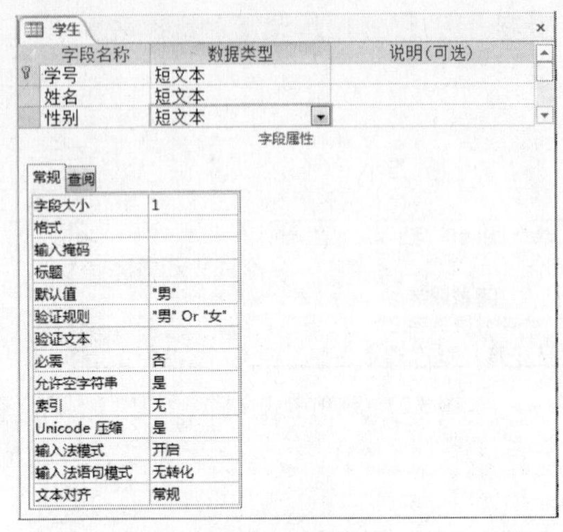

(a)“学生”表的设计视图

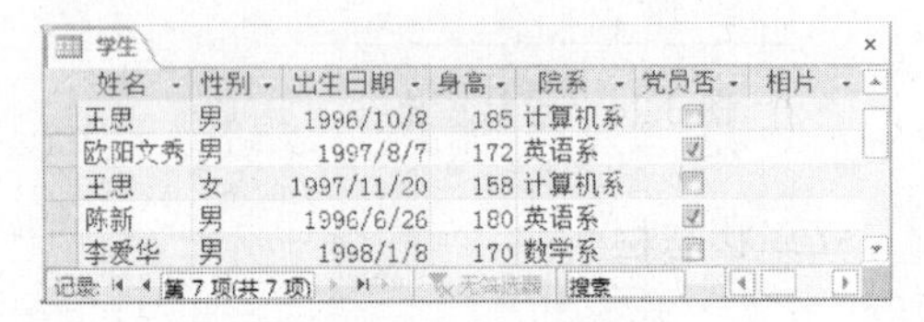

(b)“学生”表的数据表视图

图 3.28 “学生”表的设计视图和数据表视图

查询有两种基本类型：选择查询和动作查询。选择查询仅仅检索数据以供使用。可以在屏幕中查看查询结果或将结果打印出来。选择查询可以用作窗体或报表的记录源。顾名思义，动作查询可以对数据执行一项任务。动作查询可用来创建新表、向现有表中添加数据、更新数据或删除数据。

查询对象具有 3 种视图：设计视图、SQL 视图、数据表视图。

3. 窗体

窗体（Form）有时称为“数据输入屏幕”，是用来查看、输入和编辑表中数据的用户界面。

本来只需通过在数据表中编辑数据，就可以在不使用窗体的情况下使用数据库。但是，大多数用户更愿意使用窗体来处理数据。这是因为表同时显示了许多记录，当表中字段数较多时，需要水平滚动屏幕才能看到一条记录中的所有数据，并且无法同时查看和更新多个表中的数据。而窗体一次只侧重于一条记录，可以显示多个表中的字段，还可显示图片和其他对象，使用户处理数据十分清晰方便。

窗体中可添加一些命令按钮，可以对按钮进行编程来确定在窗体中显示哪些数据、打开其他窗体或报表或者执行其他各种任务。

窗体具有设计视图和布局视图。

4. 报表

报表（Report）可用来汇总、浏览和打印表中的数据，帮助用户快速分析数据。可以为每个报表设置格式，从而以最容易阅读的方式来显示信息。

报表可在任何时候运行，而且将始终反映数据库中的当前数据。通常将报表的格式设置为适合打印的格式，但是报表也可以在屏幕进行查看、导出到其他程序或者以电子邮件的形式发送。

报表具有设计视图和布局视图。

5. 宏

宏（Macro）可看作一种简化的编程语言，可用于向数据库中添加功能。可以通过从宏操作列表中进行选择来在数据库中创建宏。

如果将一个宏附加到窗体上的某一命令按钮，这样每次单击该按钮时，所附加的宏就会运行。

宏包括可执行任务的操作，如打开报表、运行查询或者关闭数据库。大多数手动执行的数据库操作都可以利用宏自动执行，因此宏是非常省时的方法。

6. 模块

与宏一样，模块（Module）是用于向数据库中添加功能的对象。可以用 Visual Basic编程语言编写模块。模块是声明、语句和过程的集合，它们作为一个单元存储在一起。一个模块可以是类模块也可以是标准模块。类模块可附加到窗体或报表，而且通常包含一些特定于所附加到的窗体或报表的过程。标准模块包括与任何其他对象无关的常规过程。

3.2.3　设置信任中心

设置信任中心的操作步骤如下。

（1）打开数据库。执行“文件”→“选项”命令，打开“Access 选项”对话框。

（2）选择“信任中心”选项，单击“信任中心设置”按钮，打开如图 3.29 所示的“信任中心”对话框。

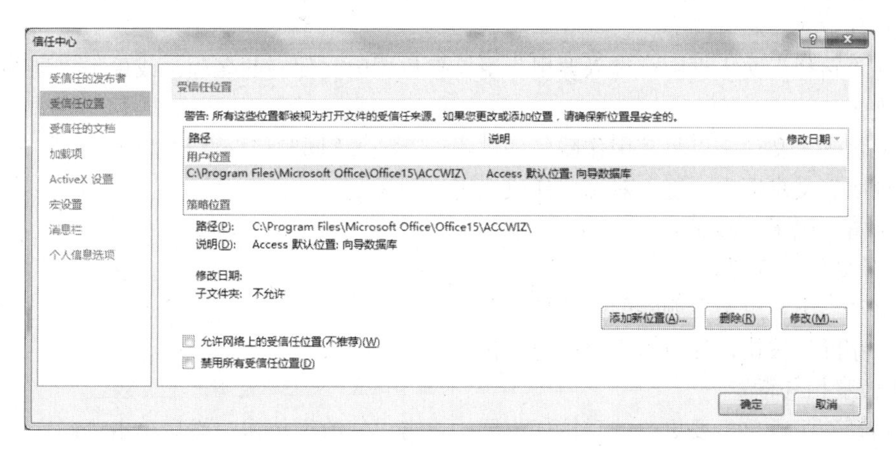

图 3.29 “信任中心”对话框

1. 创建、删除或更改文件的受信任位置

一般而言，受信任位置是硬盘或网络共享上的文件夹。可在未经信任中心安全功能检查的情况下打开放在受信任位置中的任何文件。以下介绍为何受信任位置是有用的，以及如何创建受信任位置，同时说明使用受信任位置之前应注意的事项。

1）使用受信任位置的情况

在打开某文件时，如果不希望信任中心安全功能检查该文件，则应使用受信任位置存储该文件。例如，用户可能想打开包含被信任中心禁用的宏的文档，因为信任中心认为该宏不安全。如果用户认为该文档及文档中的宏的来源可靠，则最好将该文档移动到受信任位置，而不要将信任中心的默认设置更改为安全级别较低的宏安全性设置。当用户打开受信任位置中的文件时，信任中心安全功能不会检查该文件，用户也不会收到任何安全警报，并且宏已启用。有关宏安全性的详细信息，请参阅启用或禁用 Office 文档中的宏。

（1）预定义的受信任位置。

如果用户在组织中工作，那么管理员可能已为您创建了受信任位置。请与管理员联系，以获得有关使用这些受信任位置的详细信息。

（2）默认受信任位置。

安装 Microsoft Office 2013 系统后，将自动创建若干受信任位置，如“Drive:\Program Files\Microsoft Office\Office15\ACCWIZ”。

2）安全的受信任位置

受信任位置可以是硬盘或网络共享上的文件夹。使用本地文件夹（如 Windows Vista 的“文档”文件夹或者 Microsoft Windows XP 的“我的文档”文件夹中的子文件夹）就更为安全。所有不在计算机上的位置（如网络共享）都不太安全。不应将网络共享上的公共文件夹指定为文件的受信任位置。

3）创建受信任位置

（1）选择“受信任位置”选项。

如果要创建的受信任位置不是计算机的本地位置，请勾选“允许网络上的受信任位置（不推荐）”复选框。

（2）单击“添加新位置”按钮。

建议不要将整个“文档”或“我的文档”文件夹指定为受信任位置。否则可能为黑客提供可利用的更大目标，并增加安全风险。应在“文档”或“我的文档”中创建子文件夹，仅指定该文件夹为受信任位置。

（3）在“路径”文本框中，键入要用作受信任位置的文件夹的名称，或单击“浏览”按钮查找该文件夹。

如果要包含子文件夹以将其用作受信任位置，请勾选“同时信任此位置的子文件夹”复选框。

在“说明”文本框中，键入对受信任位置用途的说明。

（4）单击“确定”按钮。

4）删除受信任位置

在“路径”下，单击要删除的受信任位置。

单击“删除”按钮，然后单击“确定”按钮。

5）更改受信任位置

在“路径”下，单击要更改的受信任位置。单击“修改”按钮，然后单击“确定”按钮。

以下操作与创建受信任位置步骤（3）、（4）相同。

6）宏设置

宏自动执行常用任务；许多宏是由软件开发人员使用 VBA 编写的。但是，一些 VBA 宏会引起潜在的安全风险。具有恶意企图的人员可以通过文档或文件引入恶意宏，该文档或文件可能在计算机上传播病毒（病毒：一种计算机程序或宏，通过在计算机文件中插入自身的副本而“感染”这些文件。“感染”文件被装入内存后，病毒还要“感染”其他文件）。

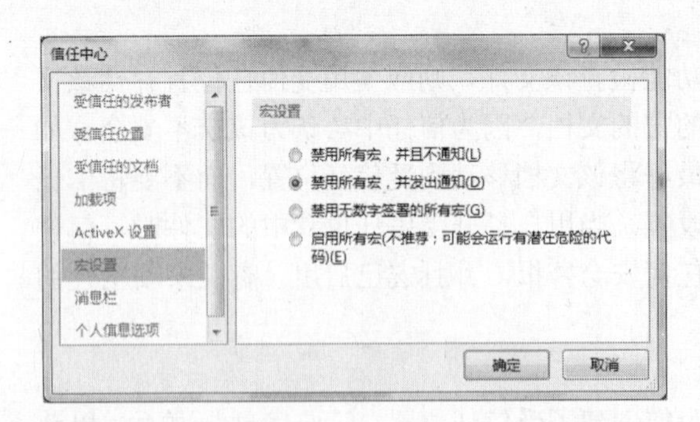

图 3.30　宏设置

（1）选择“宏设置”选项，如图 3.30 所示。

（2）选中所需的单选按钮。

① 禁用所有宏，并且不通知。如果用户不信任宏，请选中此单选按钮。此时，将禁用文档中的所有宏及有关宏的安全警告。如果有些文档包含的未签名宏确实是信任的，则可以将这些文档放入受信任位置。受信任位置中的文档无须经过信任中心安全系统的检查便可运行。

② 禁用所有宏，并发出通知。这是默认设置。如果希望禁用宏，但又希望存在宏时收到安

全警告，请选中此单选按钮。这样，用户就可以选择在各种情况下启用这些宏的时间。

③ 禁用无数字签署的所有宏。除了宏由受信任的发布者进行数字签名的情况之外，此设置与“禁用所有宏，并发出通知”选项相同，如果信任发布者，宏就可以运行。如果不信任该发布者，就会收到通知。这样，便可以选择启用那些已签名宏或信任发布者。将禁用所有未签名的宏，并且不发出通知。

④ 启用所有宏（不推荐；可能会运行有潜在危险的代码）。选中此单选按钮可允许所有宏运行。此设置会使计算机容易受到潜在恶意代码的攻击，因此不建议使用此设置。

（3）单击“确定”按钮。

习　题　3

一、选择题

1．利用 Access 2013 创建的数据库文件，其扩展名为（　　）。

A．dbf　　B．accdb　　C．mdf　　D．log

2．创建一个 Access 2013 数据库，将会在磁盘上创建（　　）个文件。

A．0　　B．1　　C．2　　D．3

3．以下不属于 Access 2013 数据库对象的是（　　）。

A．表　　B．窗体　　C．报表　　D．视图

4．Access 2013 在同一时间，可打开（　　）个数据库。

A．1　　B．2　　C．3　　D．4

5．Access 2013 数据库中存储和管理数据的基本对象是（　　），它是具有结构的某个相同主题的数据集合。

A．表　　B．窗体　　C．报表　　D．宏

二、填空题

1．Access 2013 提供了“建立一个________桌面数据库”及“利用________创建数据库”两种创建数据库的方法。

2．Access 2013 是一个功能强大的桌面型________数据库管理系统。

3. 在 Access 数据库文件中，________用来存储数据，________用来检索所需数据，________用来查看、输入和更新表中的数据，________用来分析或打印特定布局中的数据。

4. Access 2013 用户界面主要由以下 7 部分组成：________、________、________、________、________、________、________。

5．Access 2013 用户界面中，将所有操作命令按________区、________卡和________组 3 层结构组织起来。

三、操作题

1．在 E 盘新建一个文件夹“Access 2013DB”，然后将该文件夹设置为存储数据库文件的默认文件夹。

2．创建一个名为 ST 的空白桌面数据库，并将建好的数据库保存在“E:\Access 2013DB”文件夹中。

3．为 ST 数据库设置密码，密码为“123456”。

4．解除对数据库 ST 设置的密码。

第4章 表

表是Access数据库的基础，是存储数据的地方，其他数据库对象，如查询、窗体、报表等都是在表的基础上建立并使用的，因此，它在数据库中占有很重要的地位。为了使用Access管理数据，在空数据库建好后，要在库中建立相应的表。

表由行和列组成，表中的每一行称为一条记录，每一列称为一个字段。记录用来存储各条信息。每一条记录包含一个或多个字段。

本章将详细介绍建立表、设置字段的常规属性、建立表间关系、建立查阅列和操作表等内容。

4.1 建 立 表

本节介绍与表的建立相关的知识，包括Access数据类型，表结构的设计、建立与编辑，设置表的主键，表中数据的输入与编辑，表的打开与关闭，表的导入与导出等内容。

4.1.1 标识符与数据类型

1．Access标识符

创建表结构时，首先要为表中每一个字段命名，字段名是一个标识符。

Access标识符的命名规则如下。

（1）标识符由一个长度为1～64个字符的字符串组成，一个汉字占1个字符。

（2）标识符中的字符可以为字母、汉字、数字及其他特殊字符（如空格、+、–、*等）。

（3）标识符中不能使用ASCII码值为0～31的字符，不能包括句号（.）、叹号（!）、方括号（[ ]）、重音号（'）。

（4）标识符不能以前导空格开始。

以下都是合法的标识符：学生，student，学号，sno，姓名，sname，x1，c#，abc_1。

数据库名、数据库中的各种对象（如表、查询、窗体等）名、字段名等都是用Access中的标识符来表示的。

2．Access数据类型

创建表结构时，必须定义表中每一个字段的数据类型，每一个字段只能包含单一数据类型的数据。

Access中有12种不同的数据类型，如表4.1所示。

表4.1 Access 2013的数据类型

数据类型	用 法	大 小
短文本	文本和数字的组合，不需要计算的数字，如电话号码	最多255个字符
长文本	短文本的扩充，当字符个数超过255时使用长文本	最多63999个字符
数字	可进行数学计算的数值数据。大小6种：字节、整型、长整型、单精度型、双精度型、同步复制ID、小数	1、2、4、8、16个字节
日期/时间	100～9999年的日期与时间值	8个字节

续表

数据类型	用 法	大 小
货币	货币值或用于数学计算的带有 1～4 位小数的数值数据。精确到小数点左边 15 位和小数点右边 4 位	8 个字节
自动编号	每当向表中添加一条新记录时，由 Access 指定的一个唯一的顺序号（每次递增 1）或随机数。自动编号字段不能更新	4 个字节
是/否	“是”和“否”值，即只包含两者之一的字段（Yes/NO、True/False 或 On/Off）	1 位
OLE 对象	Access 表中链接或嵌入的对象（如 Excel 电子表格、Word 文档、图形、声音或其他二进制数据）	最多 1GB（受可用磁盘空间限制）
超链接	存储为文本且用作超链接地址的文本或文本和数字的组合。超链接地址最多包含 4 个部分。①要显示的文本：出现在字段或控件中的文本。②地址：文件的路径（UNC 路径）或页面的路径（URL）。③子地址：文件或页面中的位置。④屏幕提示：显示为工具提示的文本	每部分最多 2048 个字符
附件	任何支持的文件类型。可以将图像、电子表格文件、文档、图表和其他类型的支持文件附加到数据库的记录，这与将文件附加到电子邮件非常类似。还可以查看和编辑附加的文件，具体取决于数据库设计者对附件字段的设置方式	
计算	输入一个表达式以计算该计算列的值	
查阅向导	创建一个字段，通过该字段可以使用列表框或组合框从另一个表或值列表中选择值。选择该选项将启动“查阅向导”，它用于创建一个查阅字段。在向导完成之后，Access 将基于在向导中选择的值来设置数据类型	与用于执行查阅的主键字段的大小相同，通常为 4 个字节

说明：

1．附件、超链接和 OLE 对象字段不能进行索引。

2．通常应使用附件字段代替 OLE 对象字段。这是因为附件字段不用创建原始文件的位图图像，可以更高效地使用存储空间；附件字段比 OLE 对象字段支持的文件类型更多；OLE 对象字段不允许将多个文件附加到一条记录中。

3．如果要对字段中包含了 1～4 位小数的数据进行大量计算，请用货币数据类型。Single 和 Double 数据类型字段要求浮点运算。货币数据类型则使用较快的定点计算。

4.1.2 表结构的设计

表是 Access 数据库中的重要对象，建立表首先要建立表的结构，然后才能向表中输入数据。以下介绍 Access 中表结构的设计。

表结构设计就是将数据库的逻辑结构转换为在计算机中实现的物理结构，应遵循以下原则。

（1）为表中的每一个字段设置一个符合实际要求的数据类型并确定恰当的字段大小，字段大小值大了会浪费存储空间，小了有些数据将无法存储。

（2）设置主键字段实现数据库的实体完整性；设置有效性规则实现数据库的自定义完整性。

根据以上原则，JXDB 数据库中各个表结构的设计如表 4.2～表 4.7 所示。

表 4.2 “部门”表结构

字段名称	数据类型	字段大小	默认值	验证规则	主键
部门名	短文本	10			🔑
办公地点	短文本	12			
电话	短文本	12			

表 4.3 “学生”表结构

字段名称	数据类型	字段大小	默认值	验证规则	主键
学号	短文本	5			🔑
姓名	短文本	4			
性别	短文本	1	"男"	"男" Or "女"	

续表

字段名称	数据类型	字段大小	默认值	验证规则	主键
出生日期	日期/时间				
身高	数字	整型			
院系	短文本	10			
党员否	是/否				
相片	OLE 对象				

表 4.4 “课程”表结构

字段名称	数据类型	字段大小	默认值	验证规则	主键
课号	短文本	2			
课名	短文本	8			
课时	数字	整型			
学分	数字	字节			
先修课号	短文本	2			

表 4.5 “选修”表结构

字段名称	数据类型	字段大小	默认值	验证规则	主键
学号	短文本	5			
课号	短文本	2			
成绩	数字	单精度型	0	>=0 And <=100	

表 4.6 “教工”表结构

字段名称	数据类型	字段大小	默认值	验证规则	主键
职工号	短文本	7			
姓名	短文本	4			
性别	短文本	1	"男"	="男" Or ="女"	
出生日期	日期/时间				
工作日期	日期/时间				
学历	短文本	5			
职务	短文本	5			
职称	短文本	8			
工资	货币	小数位数:2			
配偶号	短文本	7			
部门	短文本	10			
相片	附件				

表 4.7 “教课”表结构

字段名称	数据类型	字段大小	默认值	验证规则	主键
教工号	短文本	7			
课号	短文本	2			
班级	短文本	9			
学年度	短文本	2			
学期	短文本	9			
考核分	数字	单精度数		>=0 And <=100	

4.1.3　建立表结构

表结构设计完成后，应将这些表的结构在数据库中一一建立起来。下面介绍建立表结构的各种操作方法。

在 Access 2013 中可采用以下 3 种方法建立表的结构。

方法 1：使用设计视图创建表，这是最常用的方法。

方法 2：使用数据表视图创建表。

方法 3：通过导入或链接创建表。

1. 使用设计视图创建表

【例 4.1】 在 JXDB 数据库中建立“学生”表，其结构参照表 4.3。

（1）打开“E:\Access2013DB\JXDB.accdb”数据库。

（2）单击“创建”选项卡，在“表格”命令组中单击“表”按钮，此时增加“表格工具”功能区并被选定。单击“视图”按钮，此时若是在数据库中首次创建表，将打开“另存为”对话框，如图 4.1 所示。

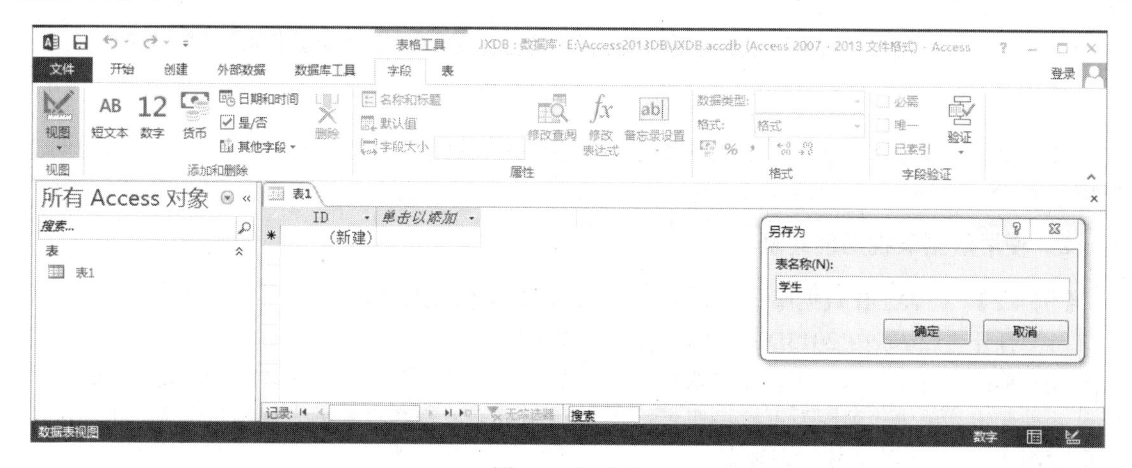

图 4.1　创建表

（3）在“另存为”对话框的“表名称”文本框中输入要创建的表名“学生”，单击“确定”按钮，“学生”表被存入 JXDB 数据库中，此时“表”选项卡替换为“设计”选项卡，单击“设计”选项卡，工作区中出现如图 4.2 所示的表设计视图。

表设计视图分为上下两部分。上半部分是字段输入区，从左至右分为 4 列：字段选定器、字段名称、数据类型和说明。下半部分是字段属性区，含“常规”和“查阅”两个选项卡，用于设置字段的属性值。

（4）依次输入各个字段的字段名、数据类型、说明及字段的属性值。

例如，定义“性别”字段的操作过程为：单击表设计视图的第三行“字段名称”列，输入字段名“性别”；单击“数据类型”列，并单击其右侧的下拉按钮，弹出一个下拉列表，列表中列出了 Access 提供的 12 种数据类型，这里选择“短文本”类型；在“说明”列中输入字段的说明信息，说明信息不是必须的，但它增加了数据的可读性。接着设置“性别”字段的各项属性值，如图 4.2 所示。

（5）确定主键（又称主关键字或主码）：单击第一个字段“学号”的字段选定器，单击“工具”命令组中的“主键”按钮，便为“学生”表定义了主键“学号”。

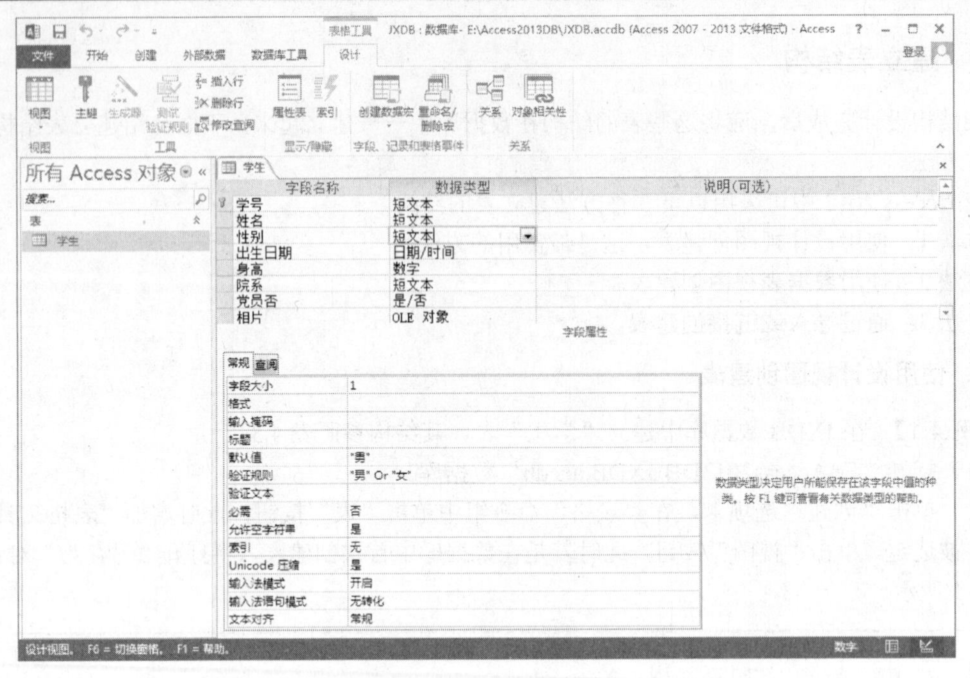

图 4.2 表设计视图

（6）全部字段输入完毕，单击快速访问工具栏中的“保存”按钮，至此“学生”表结构创建完毕。

2. 使用数据表视图创建表

【例 4.2】 在 JXDB 数据库中建立“部门”表，其结构参照表 4.2。

（1）打开“E:\Access2013DB\JXDB.accdb”数据库。

（2）单击“创建”选项卡，在“表格”命令组中单击“表”按钮，此时增加“表格工具”功能区并被选定。单击“视图”下拉按钮，弹出下拉列表，选择“数据表视图”选项，工作区中出现如图 4.3(a)所示的空数据表视图。

（3）在空数据表中，依次输入各字段名。具体操作为：单击“单击以添加”下拉按钮，在弹出的下拉列表中选择数据类型“短文本”，输入“部门名”；以同样的方法依次输入“办公地点”、“电话”等字段名，如图 4.3(b)所示。然后向表中输入若干记录，如图 4.4 所示。

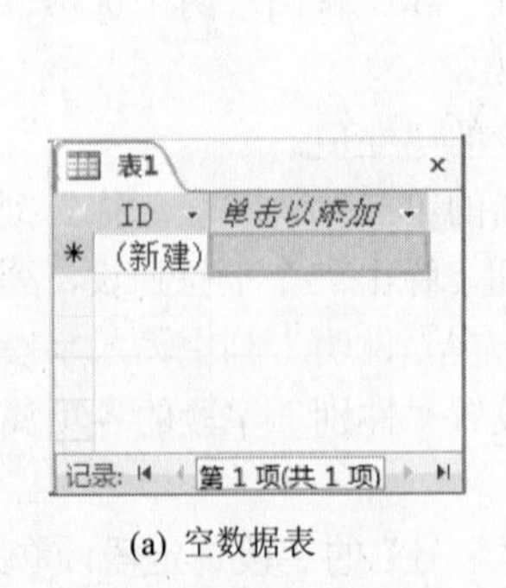

(a) 空数据表

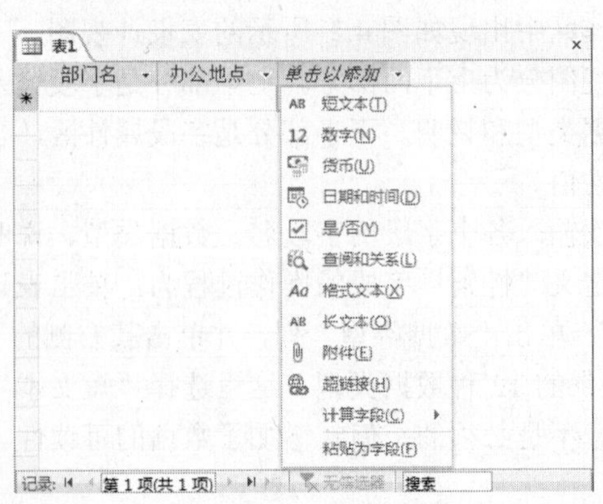

(b)“单击以添加”下拉列表

图 4.3 数据表视图

（4）单击快速访问工具栏上的“保存”按钮，打开如图4.5所示的“另存为”对话框，在“表名称”文本框中输入表名“部门”。

图4.4　数据表视图

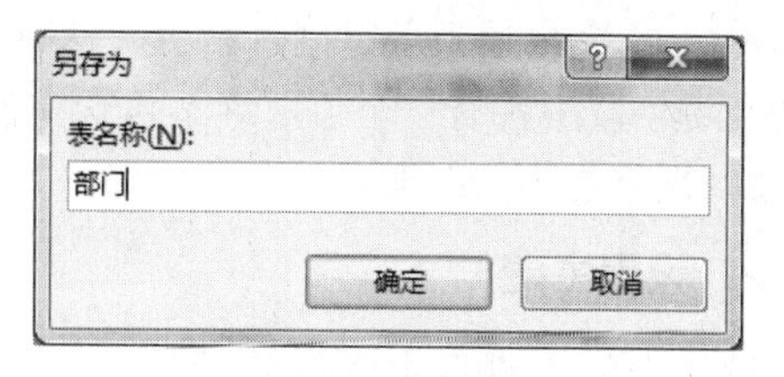

图4.5　“另存为”对话框

（5）单击“确定”按钮，“部门”表结构建立完毕。

使用数据表视图创建表这种方法只输入了表中的字段名、数据类型及其值，这样，建立的表结构中各字段的属性不一定符合用户的要求，需要经过再次修改表的结构才能完成表的建立。

通过导入或链接创建表其操作方法见4.1.9。

综上所述，只有使用设计视图创建表才是建立表结构最基本最重要的方法。

4.1.4　打开和关闭表

表建好以后，用户可以对表进行各种操作，如浏览表中的记录、修改表的结构、编辑表中的数据等。在进行这些操作之前，首先要打开相应的表，完成操作后要关闭表。

1．打开表

若要对表的结构进行编辑，则要打开设计视图；若要对表中的数据进行编辑，则要打开数据表视图。

打开表的设计视图的操作方法为：打开数据库，在导航窗格中，右击要打开的表，在弹出的快捷菜单中执行“设计视图”命令。

打开表的数据表视图的操作方法有两种。

方法1：打开数据库，在导航窗格中双击要打开的表。

方法2：打开数据库，在导航窗格中右击要打开的表，在弹出的快捷菜单中执行“打开”命令。

2．关闭表

表的操作结束后，应该将其关闭。不管表是处于设计视图状态，还是处于数据表视图状态，单击表窗口右上角的“关闭”按钮都可以将打开的表关闭。在关闭表时，如果曾对表的结构或布局进行修改，Access会显示一个提示框，询问是否保存所做的修改。单击“是”按钮保存所做的修改；单击“否”按钮放弃所做的修改；单击“取消”按钮取消关闭操作。

4.1.5　设置表的主键

数据库中的每个表一般有一个主键。以下将讨论主键的作用、设置和删除主键的方法。

1．主键的作用

表中用来唯一标识每条记录的字段或字段集称为该表的**主键**。含有两个或多个字段的主键又被称为**复合主键**。为表设置主键就是实现关系的实体完整性。

在关系数据库中，用户将信息分成不同的、基于主题的表，Access 使用主键字段将多个表中的数据迅速关联起来，并以一种有意义的方式将这些数据组合在一起。一旦定义了主键，就可以在其他表内使用它来引用具有该主键的表。

Access 会自动为主键创建索引，这有助于加快查询和其他操作的速度。Access 确保每条记录的主键字段中都有一个值，绝不包含空值或 Null 值，并且该值始终是唯一的。主键一般很少（理想情况下永不）改变。

2．设置主键

设置表的主键可由系统自动创建，也可由用户显式设置。要显式设置主键，必须使用设计视图。

1）使用表的设计视图设置主键

操作方法如下。

（1）打开数据库。在导航窗格中，右击要设置主键的表，然后在弹出的快捷菜单中执行“设计视图”命令。

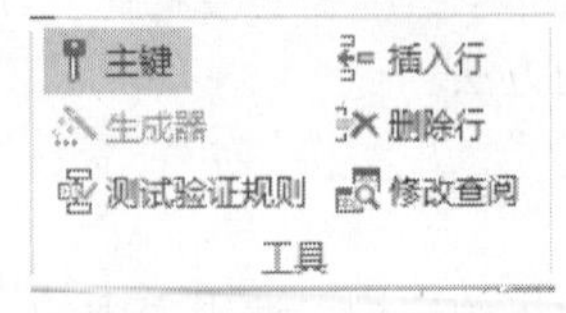

图 4.6 “工具”命令组

（2）选定要用作主键的一个或多个字段。单击所需字段的行选择器，若要选择多个字段，按住【Ctrl】键，然后单击每个字段的行选择器。

（3）在“设计”选项卡中的“工具”命令组中，单击“主键”按钮，如图 4.6 所示。这时主键所在字段的行选择器上显示“主键”图标，表明该表主键已设置。

2）自动创建主键

在数据表视图中创建新表时，Access 自动创建主键，并且为它指定“自动编号”数据类型。在设计视图中保存未设置主键的新表时，Access 会提示用户创建一个主键。如果单击“是”按钮，则系统创建一个 ID 字段，该字段使用“自动编号”数据类型为每条记录提供一个唯一值。如果表中定义了一个“自动编号”字段，Access 会将它用为主键。

3．消除主键

消除主键只是消除这些字段中的主键指定，不会删除主键中的字段。消除主键还会删除为该主键创建的索引。

（1）打开数据库。在导航窗格中，右击要消除主键所在的表，在弹出的快捷菜单中执行“设计视图”命令。

消除主键之前，必须确保该主键没有与任何表建立关系，否则 Access 会警告用户必须先删除该表间关系。

（2）单击当前主键中任一字段的行选择器。在“设计”选项卡中的“工具”命令组中，单击“主键”按钮。以前指定为主键的一个或多个字段中的键指示器被消除。

如果定义的主键不合适，可以重新定义。重新定义主键需要先消除原主键，再定义新的主键。

4.1.6 表结构的编辑

在创建数据库和表时，由于种种原因，表的结构设计可能不尽合理，有些内容不能满足实际需要。另外，随着数据库的不断使用，也需要增加一些内容或删除一些内容。为了使数据库中的表在结构上更加合理，内容更新，使用更有效，就需要经常对表进行维护。

修改表结构主要包括对字段进行插入、修改、移动和删除等操作。修改表结构只能在表的设计视图中完成。

1. 插入字段

在表中增加一个新字段不会影响其他字段和现有的数据。其操作如下。

（1）打开数据库，在导航窗格中，右击要插入字段的表，在弹出的快捷菜单中执行“设计视图”命令，这样便打开了表的设计视图。

（2）将光标移到要插入新字段的位置，单击“工具”命令组中的“插入行”按钮，则在当前字段之前插入一个空行。

（3）在空行的“字段名称”列中输入新字段的名称，单击“数据类型”列右侧的下拉按钮，在弹出的下拉列表中选择所需要的数据类型，设置字段属性。

（4）单击快速访问工具栏上的“保存”按钮，保存所做的修改。

2. 修改字段

修改字段包括修改字段的名称、数据类型、说明、属性等。其操作如下。

（1）打开表的设计视图。

（2）如果要修改某字段的名称，在该字段的“字段名称”列中单击，修改字段名；如果要修改字段的数据类型，单击该字段“数据类型”列右侧的下拉按钮，在弹出的下拉列表中选择所需要的数据类型，同样可修改字段的其他属性。

（3）单击快速访问工具栏上的“保存”按钮，保存所有修改。

3. 移动字段

（1）打开表的设计视图。

（2）单击要移动字段的字段选定器，将鼠标指针移到该字段选定器上，按住鼠标左键拖动至目标位置后松开鼠标左键，要移动的字段便移到了目标位置。

4. 删除字段

删除表中字段的操作方法有两种。

方法1：在设计视图中删除字段。

（1）打开表的设计视图。选中要删除的字段，单击“工具”命令组中的“删除行”按钮，或右击要删除的字段，在弹出的快捷菜单中执行“删除行”命令，所选字段即被删除。

（2）单击快速访问工具栏上的“保存”按钮，保存所做的修改。

方法2：在数据表视图中删除字段。

打开表的数据表视图，右击要删除的字段，在弹出的快捷菜单中执行“删除列”命令即可。

说明：如果所删除字段的表为空，就不会出现删除提示对话框；如果表中含有数据，不仅会出现提示对话框需要用户确认，还将删除利用该表所建立的查询、窗体或表报中的字段，即删除字段时，还要删除整个Access中对该字段的使用。

4.1.7 向表中输入数据

在建立了表结构之后，就可以向表中输入数据了。可以使用数据表视图直接向表中输入数据，也可以使用其他文件向表中导入或链接数据（见4.1.9）。

1. 使用数据表视图直接向表中输入数据

【例4.3】 向“学生”表中输入若干条记录。

（1）打开JXDB数据库，在导航窗格中，双击“学生”表，打开数据表视图，如图4.7所示。

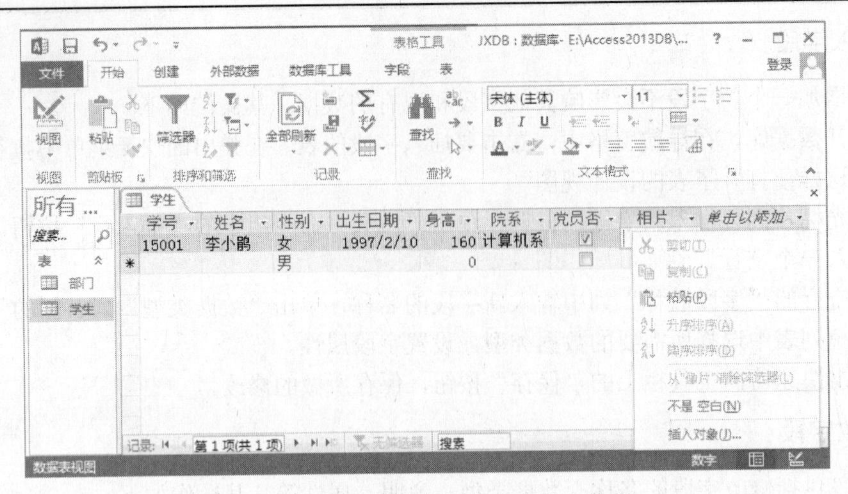

图 4.7 使用数据表视图向表中输入数据

（2）从第一个空记录的第一个字段开始分别输入各字段的值，具体内容如图 4.7 所示，每输入完一个字段值按【Enter】或【Tab】键转至下一个字段。

当输入“党员否”字段值时，在复选框内单击则显示“√”，表示是党员，再次单击去掉“√”，则不是党员。

字段为“OLE”类型数据的输入方法：当输入“相片”字段值时，若希望将文件“D:\李小鹃.jpg”存入该字段中，操作方法如下。

① 将鼠标指针指向该记录的“相片”字段列，右击，弹出快捷菜单，如图 4.7 所示。执行“插入对象”命令，打开“Microsoft Access”对话框，如图 4.8 所示。

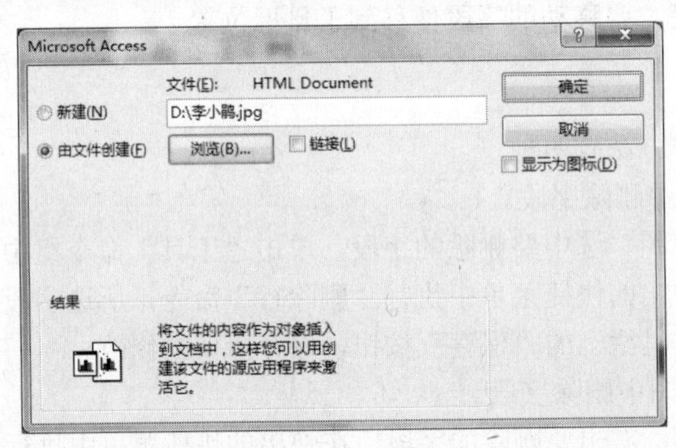

图 4.8 “Microsoft Access”对话框

② 选中“由文件创建”单选按钮，单击“浏览”按钮，选定相片文件所在的文件夹。

③ 单击“确定”按钮，此时第一条记录的“相片”字段已存有内容，显示“程序包”，如图 4.9 所示。

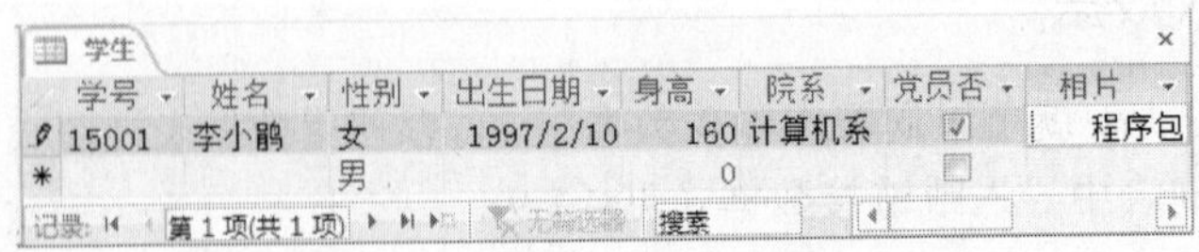

图 4.9 “学生”数据表视图

说明：双击 OLE 类型字段，则显示该字段的值。若要删除 OLE 类型字段的值，右击该字段，在弹出的快捷菜单中执行“剪切”命令即可。

（3）输入全部记录后，单击快速访问工具栏上的“保存”按钮或直接单击“学生”表右上角的“关闭”按钮，将保存录入的数据。

2．表中记录的存储顺序

表中数据的输入顺序：在一般情况下，向表中输入数据时，人们不会有意地去安排输入数据的先后顺序，而只考虑输入的方便性，按照数据到来的先后顺序输入。例如，在录入学生记录时，哪一个学生先到，就先录入哪一个，这符合实际情况和习惯。

表中记录的存储顺序情况如下。

（1）若表未设置主键，也未对任何字段进行排序，则记录的存储顺序与输入顺序一致。

（2）若未对表中任何字段进行排序，但设置了主键，Access会自动为主键建立唯一值索引，则表中记录按主键值从小到大（默认情况）或从大到小的顺序存储。

（3）表中记录按最后一次排序的顺序存储。

4.1.8 记录的编辑

编辑表中的内容是为了确保表中数据的准确性，使所建的表能够满足实际需要。编辑表中内容的操作主要包括定位记录、选择记录、修改数据、添加及保存记录、删除记录等。

1．定位记录

数据表中有了数据后，修改是经常要做的操作，其中定位和选择记录是首要的任务。常用的定位方法为：打开该表的数据表视图，单击要选定记录的最左端或使用窗口底部记录定位器选定记录。

2．选择记录

选择记录是指选择需要的记录。用户可以在数据表视图下用鼠标或键盘两种方法选择数据范围。

在数据表视图下打开相应表后，可以用鼠标选择数据范围。

选择字段中的部分数据：单击开始处，拖动到结尾处。

选择字段中的全部数据：将鼠标指针放在字段左边，待鼠标指针变成空心十字后，单击。

选择连续的多个字段中的全部数据：将鼠标指针放在字段左边，待鼠标指针变成空心十字后，拖动到选定范围的结尾处。

选择连续的多条记录：将鼠标指针放在第一条记录的记录定位器处，待鼠标指针变成实心右箭头后，拖动到选定范围的结尾处。

3．修改数据

在已建立的表中，如果出现了错误数据，可以对其进行修改。在数据表视图中修改数据的方法非常简单，只要将鼠标指针定位到要修改数据的相应字段直接修改即可。

4．添加及保存记录

在已建立的表中，如果需要添加新记录，其操作方法如下。

（1）打开表的数据表视图。将鼠标指针定位到记录定位器，右击，在弹出的快捷菜单中执行“新记录”命令，将鼠标指针定位到新记录上。

（2）输入数据。输完一个字段，按【Enter】键或按【Tab】键继续向右移动插入点。若已是最后一个字段，则下移至新记录内，继续输入记录。

（3）添加完记录后，可以使用以下两种方法保存记录。

① 移至下一条记录时，Access 会自动保存上一条记录。若记录选定器显示的状态为✎，表示该记录在编辑状态，且尚未保存。

② 单击快速访问工具栏中的“保存”按钮。

5. 删除记录

表中的信息如果出现了不需要的数据，就应将其删除。

【例 4.4】 删除“学生”表中的某两条记录。

（1）打开“学生”表的数据表视图，将鼠标指针移至欲删除记录的行选定器上，当鼠标指针变为➡时，按住左键不放，向下或向上拖动，选定两条记录。

（2）按【Delete】键，打开如图 4.10 所示的对话框。

（3）若要删除记录，单击“是”按钮。

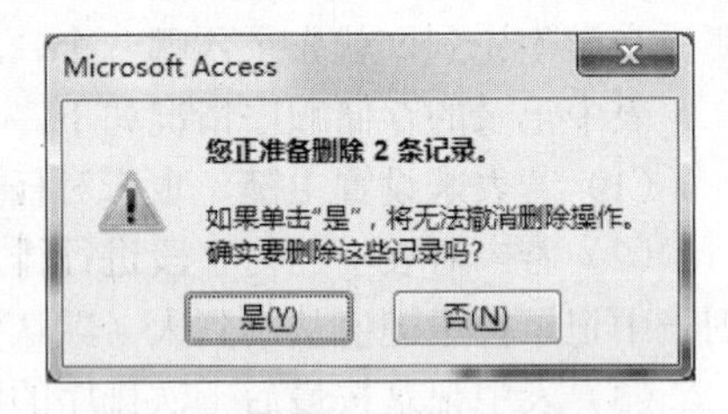

图 4.10 确定是否删除记录对话框

说明： 可以删除上下连续的多条记录，但无法同时选取多条不连续的记录。记录删除后即无法恢复，因 Access 不提供删除标记及恢复功能。

4.1.9 表的导入与导出

表的导入可以将外部数据导入或链接到数据库中以建立新的表，并根据数据的特征自动建立表的结构。表的导出可以将 Access 数据库中的表导出到外部数据里。因此，表的导入与导出是 Access 数据库与别的软件之间进行数据转换的重要工具。

1. 通过导入或链接创建表

可以将一个 Access 数据库中创建的表导入到另一个 Access 数据库中，也可以将别的软件创建的数据文件导入到 Access 数据库中。可以导入的数据源文件类型包括 Excel 工作表、SharePoint 列表、文本文件、XML 文件、其他数据源（如 Foxpro、SQL Server 等）中存储的信息。

导入信息时，将在当前数据库的一个新表中创建信息的副本。相反，链接至信息时，则是在当前数据库中创建一个链接表，代表指向其他位置所存储的现有信息的活动链接。因此，在链接表中更改数据时，也会同时更改原始数据源中的数据，在某些情况下，不能通过链接表对数据源进行更改，如数据源为 Excel 工作表时就是如此。通过其他程序在原始数据源中更改信息时，所做的更改在链接表中也是可见的。

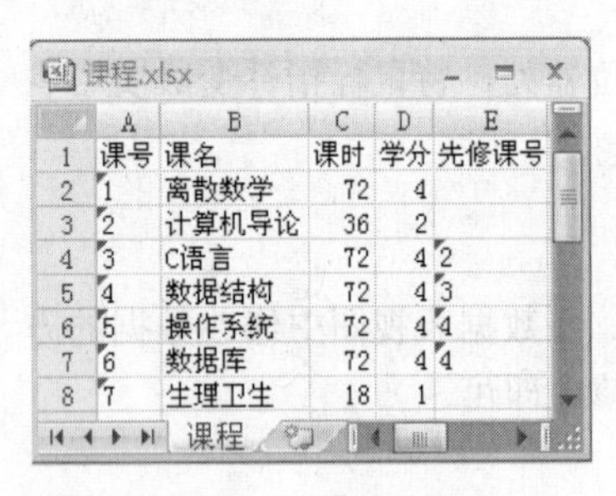

课号	课名	课时	学分	先修课号
1	离散数学	72	4	
2	计算机导论	36	2	
3	C语言	72	4	2
4	数据结构	72	4	3
5	操作系统	72	4	4
6	数据库	72	4	4
7	生理卫生	18	1	

图 4.11 Excel 文件“课程.xlsx”

【例 4.5】 将如图 4.11 所示的 Excel 文件“D:\课程.xlsx”导入到 JXDB 数据库之中创建“课程”表。

（1）打开 JXDB 数据库，单击“外部数据”选项卡，在“导入并链接”命令组中，单击某个可用的数据源，这里单击“Excel”按钮，打开如图 4.12 所示的“获取外部数据-Excel 电子表格”对话框。

（2）单击“浏览”按钮，在“打开”对话框中找到源文件的位置，单击要导入的 Excel 文件“课程.xlsx”，单击“打开”按钮。

（3）指定数据在当前数据库中的存储方式和存储位置，这里就选择默认的单选按钮。单击“确定”按钮，打开如图 4.13 所示的“导入数据表向导”第一个对话框。

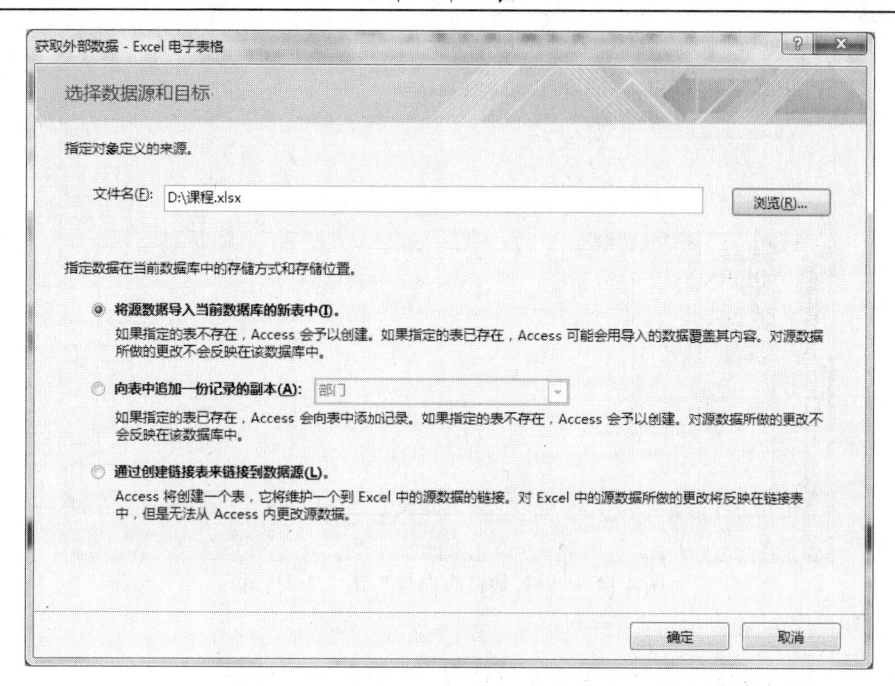

图 4.12 “获取外部数据-Excel 电子表格”对话框

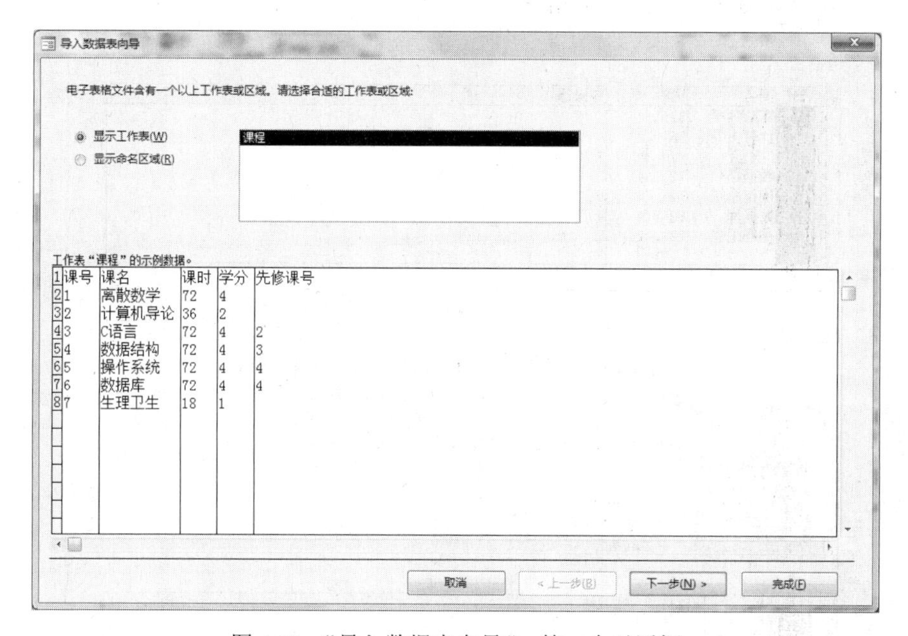

图 4.13 “导入数据表向导” 第一个对话框

（4）选中“显示工作表”单选按钮，单击“下一步”按钮，打开如图 4.14 所示的“导入数据表向导”第二个对话框。

（5）勾选“第一行包含列标题”复选框，单击“下一步”按钮，打开如图 4.15 所示的“导入数据表向导”第三个对话框。

（6）在“字段选项”选项组内可对字段信息进行必要的更改，更改完毕（这里未做更改），单击“下一步”按钮，打开如图 4.16 所示的“导入数据表向导”第四个对话框。

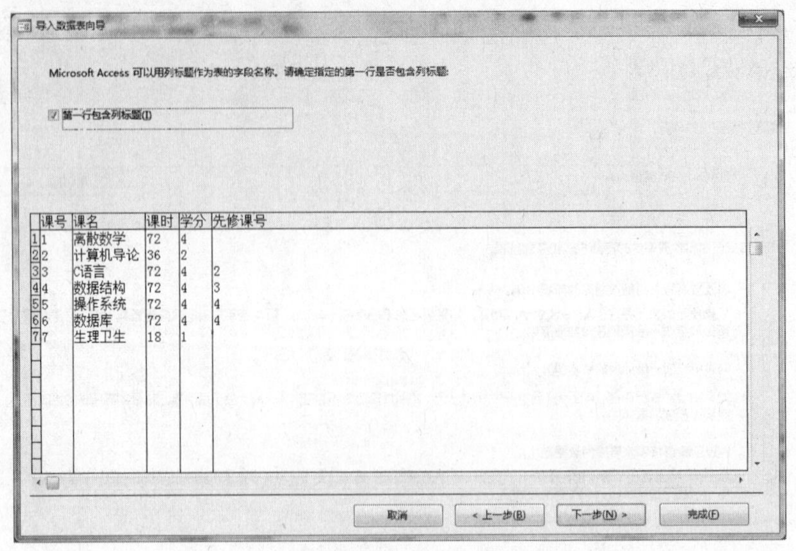

图 4.14 “导入数据表向导”第二个对话框

导入数据表向导

可以指定有关正在导入的每一字段的信息。在下面列表中选择字段，然后在“字段选项”框内对字段信息进行必要的更改。

字段选项

字段名称(M): 课号　数据类型(T): 文本

索引(I): 无　不导入字段(跳过)(S)

课号	课名	课时	学分	先修课号
1	离散数学	72	4	
2	计算机导论	36	2	
3	C语言	72	4	2
4	数据结构	72	4	3
5	操作系统	72	4	4
6	数据库	72	4	4
7	生理卫生	18	1	

取消　< 上一步(B)　下一步(N) >　完成(F)

图 4.15 “导入数据表向导”第三个对话框

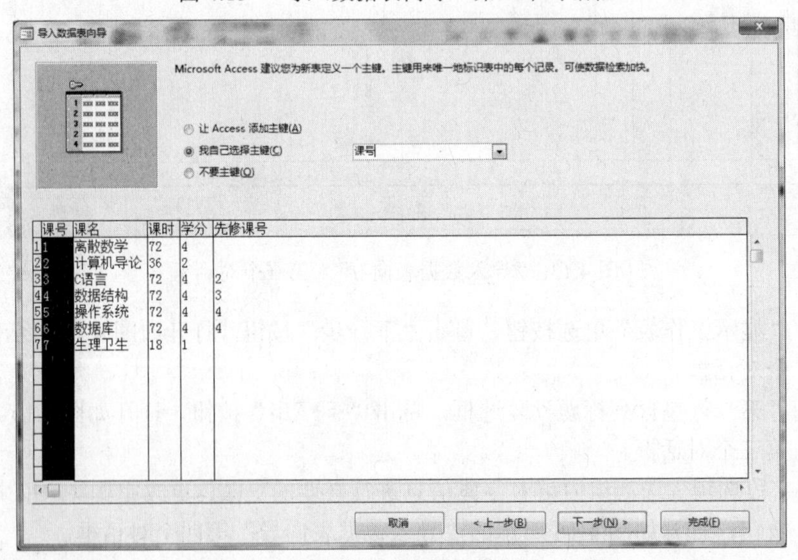

图 4.16 “导入数据表向导”第四个对话框

（7）选中“我自己选择主键”单选按钮，在下拉列表中选择“课号”作为主键，单击“下一步”按钮，打开如图4.17所示的“导入数据表向导”第五个对话框。

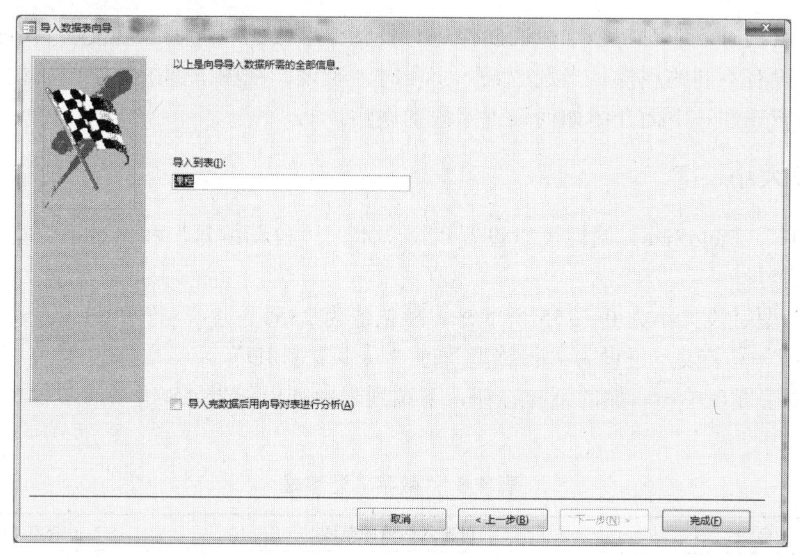

图4.17 “导入数据表向导”第五个对话框

（8）在“导入到表”文本框中输入目标表名“课程”，单击“完成”按钮，打开如图4.18所示的“获取外部数据-Excel电子表格”对话框。

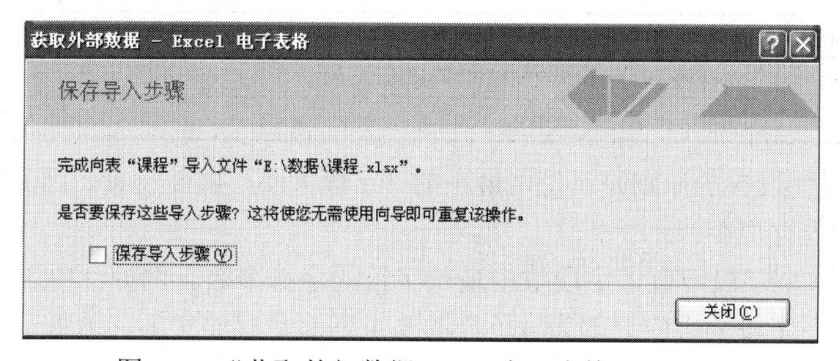

图4.18 “获取外部数据-Excel电子表格”对话框

（9）单击“关闭”按钮，导入数据表操作完成，回到数据库窗口，双击导航窗格中的“课程”表，显示如图4.19所示的结果表。

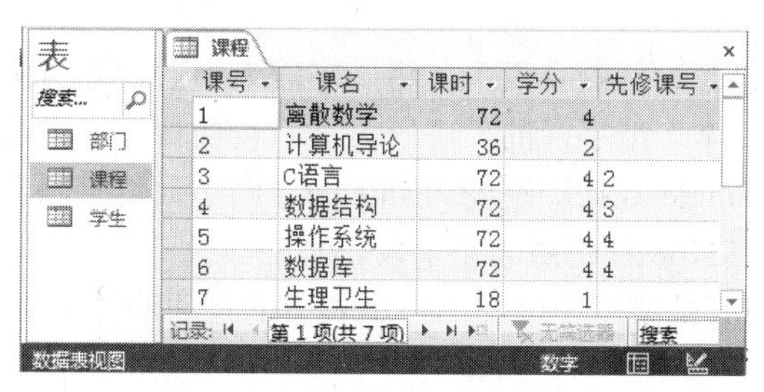

课号	课名	课时	学分	先修课号
1	离散数学	72	4	
2	计算机导论	36	2	
3	C语言	72	4	2
4	数据结构	72	4	3
5	操作系统	72	4	4
6	数据库	72	4	4
7	生理卫生	18	1	

图4.19 导入数据后的结果表

2．表的导出

Access数据库中创建的表可通过导出操作，转换为别的软件创建的数据文件。可以导出的文件类型包括Excel、SharePoint 列表、Word、文本文件、其他数据源（如Foxpro、SQL Server等）。

4.2 设置字段的常规属性

在创建表结构时，应对每个字段的属性进行设置。字段的属性表示字段所具有的特性，不同数据类型的字段有不同的属性，当选中某一字段时，表设计视图下部的“字段属性”区就会显示出该字段的相应属性。下面介绍如何设置字段的属性。

4.2.1 字段大小

“字段大小”（FieldSize）属性可以设置“短文本”、“自动编号”和“数字”类型字段中可保存数据的最大容量。

“短文本”型字段大小为0～255个字符。默认值为255。

“自动编号”型字段，可设为“长整型”或“同步复制ID”。

“数字”型字段，单击右侧的下拉按钮，下拉列表中列出如表4.8所示的7种类型，可从中选择1种。

表4.8 “数字”型字段

字段大小	标识	可输入数值的范围	小数位数	存储大小
字节	byte	0～225的整数	无	1字节
整型	Integer2	–32768～32767的整数	无	2字节
长整型	Integer4	–2147483648～+2147483647的整数	无	4字节
单精度型	Float4	-3.4×10^{38}～$+3.4\times10^{38}$	7	4字节
双精度型	Float8	-1.797×10^{308}～$+1.797\times10^{308}$	15	8字节
小数	Dec	$-9.999\cdots\times10^{27}$～$+9.999\cdots\times10^{27}$的数值	28	12字节
同步复制ID		全局唯一标识符（GUID）	N/A	16字节

“字段大小”属性设置的原则是：使用最小的“字段大小”属性设置，因为较小的数据处理的速度更快，需要的内存更少。

示例1：短文本型字段应取该字段值中最长字符的字符个数。例如，中国人的姓名最多4个汉字，因此“姓名”字段大小应设置为4，若超过4则浪费存储空间，若低于4则有些姓名发生存储溢出。

示例2：对于数值型字段，如“选修”表中的“成绩”字段，若允许有一位小数，则“字段大小”属性应设置为“单精度型”，且“小数位数”属性应设置为1。这样设置既满足存储数据的要求又节省存储空间。

注意：如果在一个已包含数据的字段中，将“字段大小”设置值由大转换为小，可能会丢失数据。例如，把某一“短文本”型字段的“字段大小”设置从255改变成50，则超过50个字符以外的数据都会丢失；将Single数据类型变为Integer，则小数值将四舍五入为最接近的整数，而且当值大于32767或小于–32768都将成为空字段。

提示：创建外键以便将某数字型字段与另一个表中的自动编号主键字段相关联时，请使用“长整型”数据类型。

4.2.2 格式

通过设置字段的“格式”（Format）属性，可按用户的期望对数据的显示格式进行控制，若不设置“格式”属性，则按系统默认的格式显示数据。“格式”属性只影响字段值的显示方式，不影响字段值在表中的存储方式。

格式分为预定义格式和自定义格式两种。Access 为“时间/日期”、“数字”、“货币”、“短文本”、“长文本”、“是/否”6种数据类型提供了预定义格式；可以使用格式符号创建自定义格式。

在任意数据类型的自定义格式中都可以使用表4.9所示的符号。

表4.9 自定义格式中可使用的符号及其意义

符号	意 义
空格	将空格显示为原义字符
"ABC"	将双引号内的字符显示为原义字符
!	实施左对齐而不是右对齐
*	用下一个字符填满可用的空格
\	将下一个字符显示为原义字符
[color]	在方括号之间用指定颜色显示已设置了格式的数据。可用的颜色有黑色、蓝色、绿色、青色、红色、洋红色、黄色、白色

不能将“数字”和“货币”型的数据类型的自定义格式符号与“日期/时间”、“是/否”、“短文本”和“长文本”格式符号混合使用。

对不同的数据类型使用不同的格式设置。

1.“日期/时间”数据类型

对于“日期/时间”数据类型，可将“格式”属性设置为预定义或自定义的格式。

1）预定义格式

（1）打开“学生”表的设计视图，单击“出生日期”字段的任一列，则在“字段属性”区中显示出该字段的所有属性。

（2）在“常规”选项卡中，单击“格式”右侧的下拉按钮，可看到系统为“日期/时间”数据类型提供了“常规日期”、“长日期”、“中日期”、“短日期”、“长时间”、“中时间”和“短时间”7种预定义格式，用户可从中任选一种格式。如若不选，默认为“短日期”格式。预定义格式名及数据示例如图4.20所示。

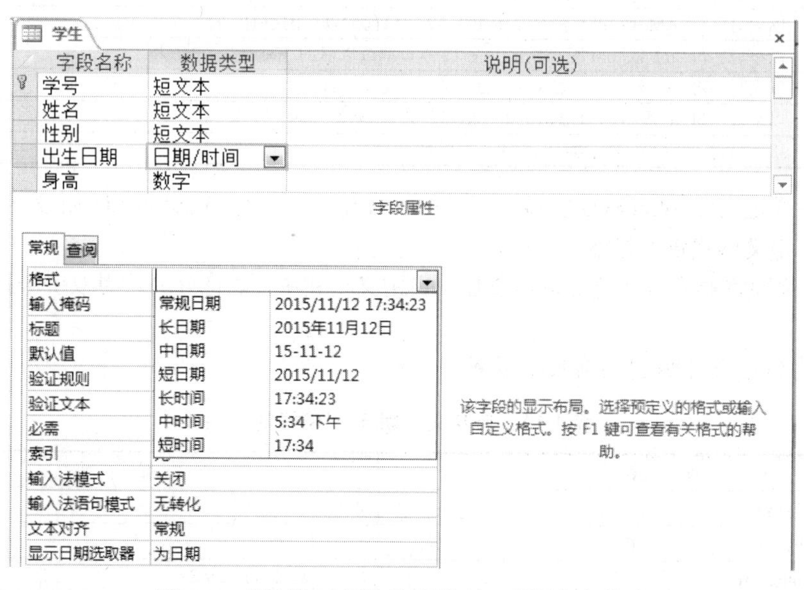

图4.20 “日期/时间”数据类型7种预定义格式

2）自定义格式

可以使用表 4.10 所示的符号为“日期/时间”类型创建自定义格式。

表 4.10 为“日期/时间”类型创建自定义格式的符号及说明

符号	说　明
:（冒号）	时间分隔符。用于分隔时、分、秒
/	日期分隔符。用于分隔年、月、日
c	与“常规日期”的预定义格式相同
d	以没有前导零的数字来显示日(1～31)
dd	以有前导零的数字来显示日(01～31)
ddd	星期名称的前 3 个字母（Sun 到 Sat）
dddd	星期名称的全称（Sunday 到 Saturday）
ddddd	与“短日期”的预定义格式相同
dddddd	与“长日期”的预定义格式相同
w	将一周中的日期以数值表示[1（表示星期日）～7（表示星期六）]
ww	将一年中的星期以数值表示(1～54)
m	以没有前导零的数字来显示月(1～12)
mm	以有前导零的数字来显示月(01～12)
mmm	月份名称的前 3 个字母（Jan 到 Dec）
mmmm	月份的全称（January 到 December）
q	将一年中的季以数值表示(1～4)
y	将一年中的日以数值表示(1～366)
yy	以年的最后两个数字表示年（00～99）
yyyy	以四位数来表示年（0100～9999）
h	以没有前导零的数字来显示小时(0～23)
hh	以有前导零的数字来显示小时(00～23)
n	分钟，以没有前导零的数字来显示分(0～59)
nn	分钟，以有前导零的数字来显示分(00～59)
s	以没有前导零的数字来显示秒(0～59)
ss	以有前导零的数字来显示秒(00～59)
ttttt	与“长时间”的预定义格式相同
AM/PM	以大写字母 AM 或 PM 配合显示中午 12 点以前或以后的小时
am/pm	以小写字母 am 或 pm 配合显示中午 12 点以前或以后的小时
A/P	以大写字母 A 或 P 配合显示中午 12 点以前或以后的小时
a/p	以小写字母 a 或 p 配合显示中午 12 点以前或以后的小时
AMPM	以适当的上午/下午指示器显示 24 小时时钟

自定义格式是按照 Windows 区域设置中的设置显示的。与 Windows 区域设置中所指定的设置不一致的自定义格式将被忽略。

注意：如果要将逗号或其他分隔符添加到自定义格式中，请将分隔符用双引号括起，如 mmm d","yyyy。

表 4.11 为自定义日期/时间格式的示例。

表 4.11 自定义日期/时间格式的示例

设　置	显　示
ddd", "mmm d", "yyyy	Mon, Jun 2, 1997
mmmm dd", "yyyy	June 02, 1997
"This is week number "ww	This is week number 22
"Today is "dddd	Today is Tuesday

【例 4.6】 将“学生”表中的“出生日期”字段设置为按“年.月.日”（如 2015.1.16）的格式显示。

（1）打开“学生”表的设计视图，单击“出生日期”字段的任一列，则在“字段属性”区中显示出该字段的所有属性。

（2）在“常规”选项卡的“格式”属性框中输入“yyyy\.m\.d”，如图 4.21 所示，单击“保存”按钮，关闭设计视图。

2.“数字”和“货币”数据类型

对于“数字”和“货币”数据类型，可以将“格式”属性设为预定义的数字格式或自定义的数字格式。

1）预定义格式

（1）打开“学生”表的设计视图，单击“身高”字段的任一列，则在“字段属性”区中显示出该字段的所有属性。

（2）在“常规”选项卡中，单击“格式”右侧的下拉按钮，显示“数字”数据类型的 7 种预定义格式，如图 4.22 所示。可以看到系统为“数字”数据类型提供了“常规数字”、“货币”、“欧元”、“固定”、“标准”、“百分比”和“科学记数”7 种预定义格式，用户可从中任选一种格式。

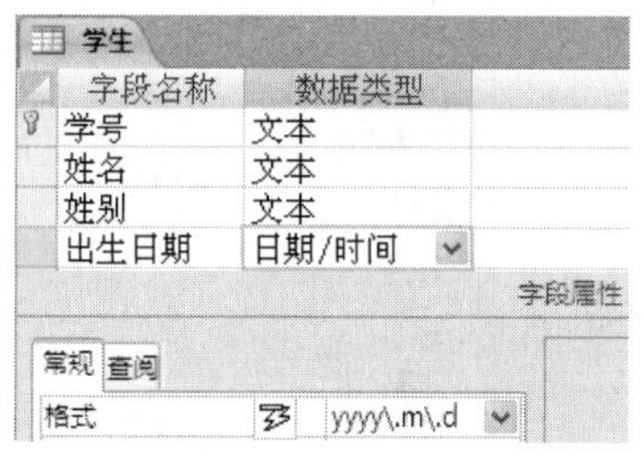

图 4.21 设置“日期/时间”数据类型自定义格式

图 4.22 “数字”数据类型的 7 种预定义格式

表 4.12 是“数字”数据类型“格式”属性设置预定义格式及示例。

表 4.12 “数字”数据类型“格式”属性设置预定义格式及示例

类型	说　明	输入的数据	显示的数据
常规数字	以输入该数字时的格式显示（这是数字数据字段的默认格式）	3456.789 −3456.789￥213.21	3456.789 −3456.789 ￥213.21
货币	使用千位分隔符，负数在括号中显示，小数点右边显示两位数字	3456.789 −3456.789	￥3,456.79 (￥3,456.79)
固定	至少显示一位数字，并且在小数点右边显示两位数字	3456.789 −3456.789	3456.79 −3456.79
标准	使用千位分隔符，并且在小数点右边显示两位数字	3456.789	3,456.79
百分比	乘以 100 再加上百分号(%)	3 0.45	300% 45%
科学记数	使用标准的科学记数法	3456.789 −3456.789	3.46E+03 −3.46E+03
欧元	在输入数据的前面加上欧元符号		

2）自定义格式

“数字”数据类型自定义格式可以有 1～4 个节，使用分号(;)作为列表项分隔符。每一节都包含了不同数字数据的格式设置，如表 4.13 所示。

可以使用表 4.14 中的符号来创建自定义“数字”类型格式。

表 4.13 “数字”数据类型的节

节	说明
第 1 节	正数的格式
第 2 节	负数的格式
第 3 节	零值的格式
第 4 节	Null值的格式

表 4.14 创建自定义“数字”类型格式的符号

符号	说　明
.（英文句号）	小数分隔符
,（英文逗号）	千位分隔符
0	数字占位符。显示一个数字或 0
#	数字占位符。显示一个数字或不显示
$	显示原义字符“$”
%	百分比。数字将乘以 100，并附加一个百分比符号
E–或 e–	科学记数法，在负数指数后面加上一个减号(–)，在正数指数后不加符号。该符号必须与其他符号一起使用，如 0.00E-00 或 0.00E00
E+或 e+	科学记数法，在负数指数后面加上一个减号(–)，在正数指数后面加上一个正号(+)。该符号必须与其他符号一起使用，如 0.00E+00

【例 4.7】 将“选修”表中的“成绩”字段显示格式设置为：正数按常用方式显示；负数在圆括号中显示，若数值为零则显示 0.0，若数值为空值 Null 则显示“缺考”。

（1）打开“选修”表的设计视图，单击“成绩”字段的任一列，则在“字段属性”区中显示出该字段的所有属性。

（2）在“常规”选项卡的“格式”属性框中输入“0;(0);0.0;"缺考"”，如图 4.23 所示，单击“保存”按钮，关闭设计视图。

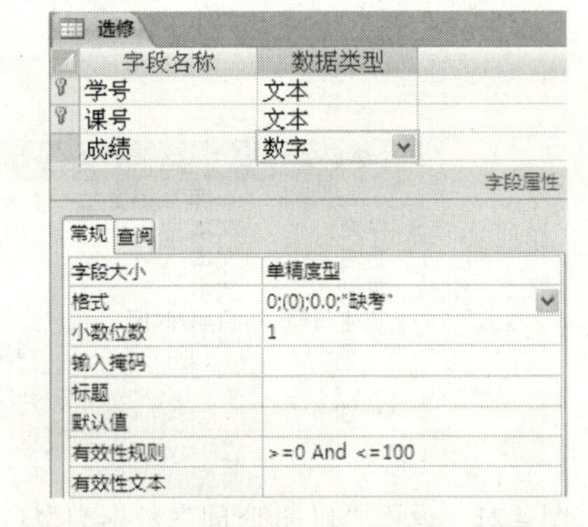

图 4.23 设置“成绩”字段自定义格式

3. “短文本”和“长文本”数据类型

对于“短文本”和“长文本”类型字段，可以使用表 4.15 所示的特殊的符号来创建自定义格式。

表 4.15 创建自定义“短文本”和“长文本”类型格式的符号

符号	说　明
@	要求文本字符（字符或空格）
&	不要求文本字符
-	强制向右对齐
<	强制所有字符为小写
>	强制所有字符为大写

“短文本”和“长文本”字段的自定义格式最多有两个节，每节都包含了字段中不同数据的格式指定，如表 4.16 所示。

表 4.16　“短文本”和“长文本”数据类型的节

节	说　明
第 1 节	有文本值字段的格式
第 2 节	有零长度字符串及Null值字段的格式

【例 4.8】 设置“部门”表中“电话”字段的显示格式，当字段中有电话号码时，按原样显示，当字段中没有电话号码时，显示字符串“没有”。

（1）打开“部门”表的设计视图，单击“电话”字段的任一列，则在“字段属性”区中显示出该字段的所有属性。

（2）在“常规”选项卡的“格式”属性框中输入“@;"没有"”，如图 4.24 所示，单击“保存”按钮，关闭设计视图。

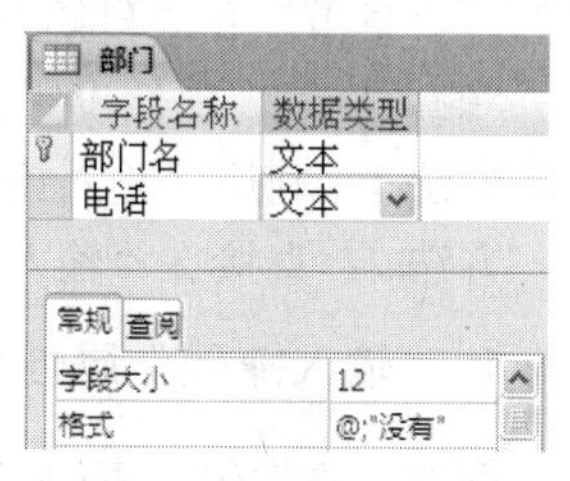

图 4.24　设置“电话”字段自定义格式

4．“是/否”数据类型

对于“是/否”数据类型，可以将“格式”属性设为“是/否”、“True/False”或“On/Off”预定义格式，或设为自定义格式。

1）预定义的格式

“是”、“True”及“On”是等效的，“否”、“False”及“Off”也是等效的。如果指定了某个预定义的格式并输入了一个等效值，则将显示等效值的预定义格式。例如，如果在一个格式属性设为“是/否”的文本框控件中输入了“True”或“On”，数值将自动转换为“是”。

2）自定义格式

“是/否”数据类型可以使用包含最多 3 个节的自定义格式，如表 4.17 所示。

表 4.17　“是/否”数据类型的节

节	说　明
第 1 节	该节不影响“是/否”数据类型。但需要有一个分号(;)作为占位符
第 2 节	在“是”、“True”或“On”值的位置要显示的文本
第 3 节	在“否”、“False”或“Off”值的位置要显示的文本

【例 4.9】 为“学生”表中的“党员否”字段设置自定义格式，其值显示为“是”或“否”。

（1）打开“学生”表的设计视图，单击“党员否”字段的任一列，则在“字段属性”区中显示出该字段的所有属性。

（2）单击“查阅”选项卡，单击“显示控件”右侧的下拉按钮，可看到系统提供了“复选框”、“文本框”、“组合框”3 种显示控件，这里选择“组合框”显示控件，如图 4.25(a)所示。

（3）单击“常规”选项卡，在“格式”属性框中输入“;\是;\否”，如图 4.25(b)所示。单击“保存”按钮，关闭设计视图。以后输入“1”则显示为“是”，“0”则显示为“否”。

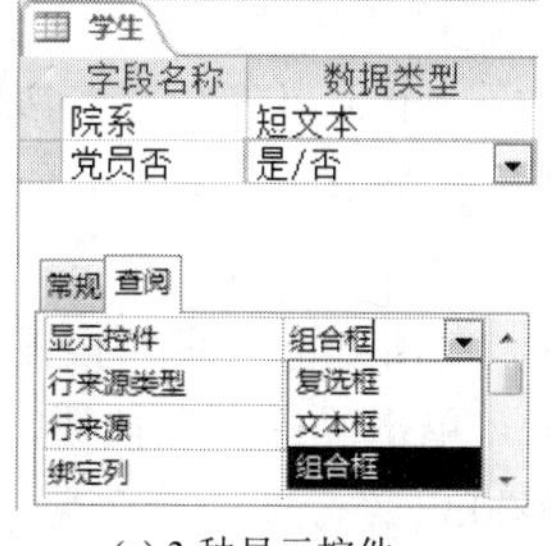

(a) 3 种显示控件

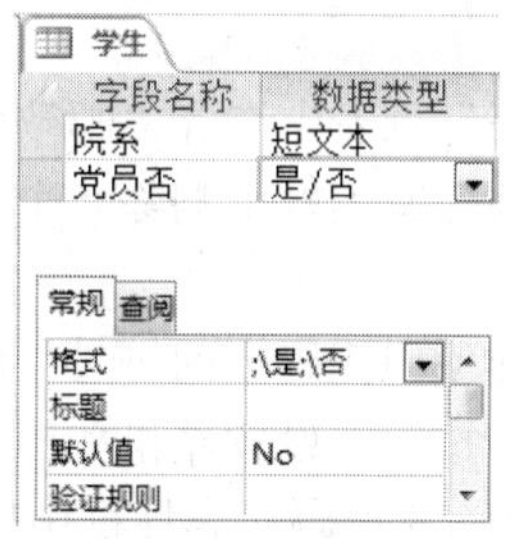

(b) 设置“格式”属性

图 4.25　“党员否”字段的“格式”属性设置

4.2.3 输入掩码

“输入掩码”（InputMask）属性是用来设置用户输入字段数据时的格式的，如果希望输入数据的格式标准保持一致，或希望检查输入时的错误。“输入掩码”属性可用于“短文本”、“数字”、“货币”和“日期/时间”4 种类型的字段。

“输入掩码”属性设置有两种方法。

方法 1：利用“输入掩码向导”设置。

方法 2：直接在“输入掩码”属性框中输入。

1. “输入掩码”属性设置应用举例

例如，“学生”表中“学号”字段定义为大小为 5 的文本型，为“学号”字段输入数据时凡长度不超过 5 的字符串（如“2 ab”）均可接受入库，若要求输入的学号必须由 5 位数字组成，否则不予接受，这就要为“学号”字段设置“输入掩码”属性。

【例 4.10】 设置“学生”表中“学号”字段的“输入掩码”属性，使其只能输入 5 位数字。

方法 1：利用“输入掩码向导”设置“输入掩码”属性。

（1）打开“学生”表的设计视图，单击“学号”字段的任一列，则在“字段属性”区中显示出该字段的所有属性。

（2）在“输入掩码”属性框中单击，这时右侧出现一个“生成器”按钮[...]，单击该按钮打开“输入掩码向导”，如图 4.26 所示。

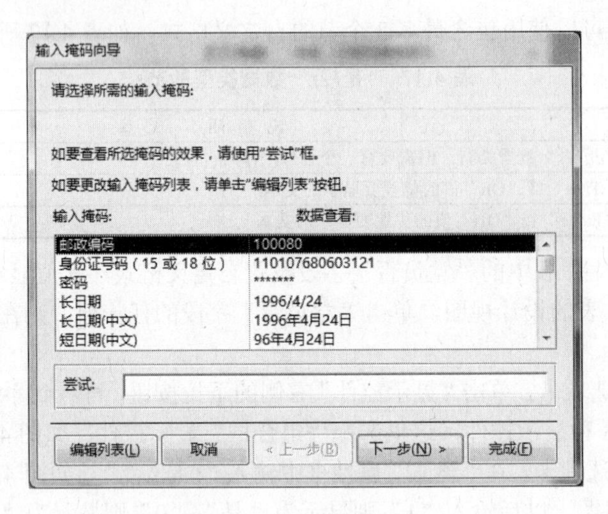

图 4.26 输入掩码向导 1

（3）在“输入掩码”列表中选择“邮政编码”选项，单击“下一步”按钮，如图 4.27 所示。

（4）在“输入掩码”文本框中删除一个 0，还剩下 5 个 0，单击“下一步”按钮，如图 4.28 所示。

（5）选中“像这样使用掩码中的符号”单选按钮，单击“下一步”按钮，如图 4.29 所示。

（6）单击“完成”按钮，设置结果如图 4.30 所示。单击“保存”按钮，关闭设计视图。

方法 2：直接在“输入掩码”属性框中输入“00000;0;_”。

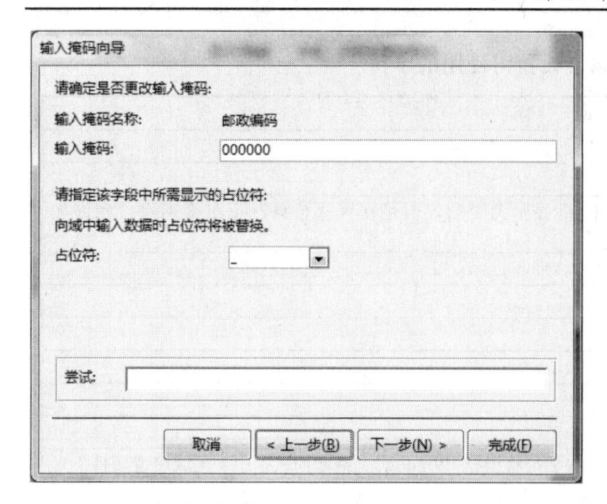

图 4.27　输入掩码向导 2

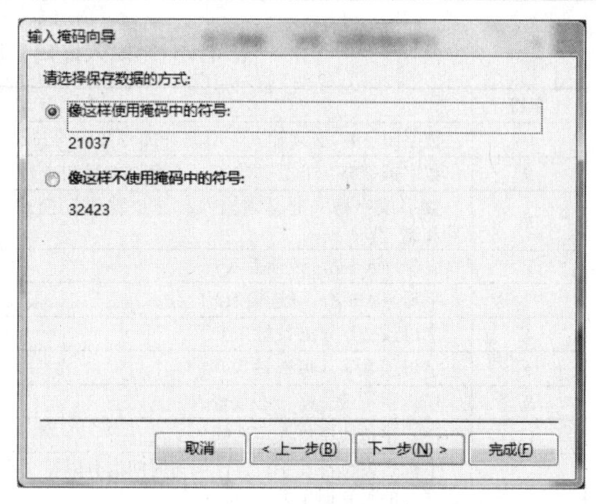

图 4.28　输入掩码向导 3

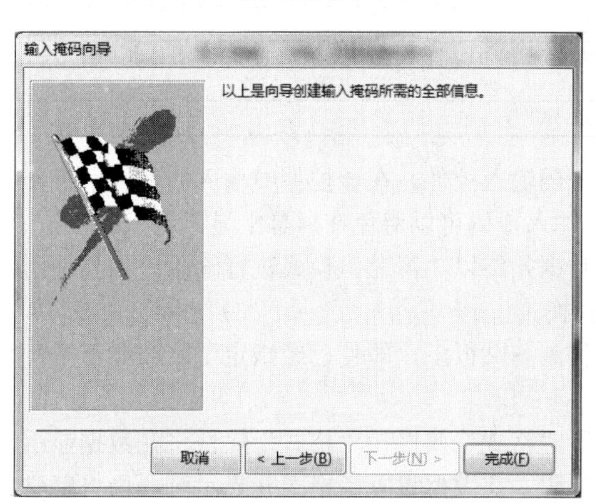

图 4.29　输入掩码向导 4

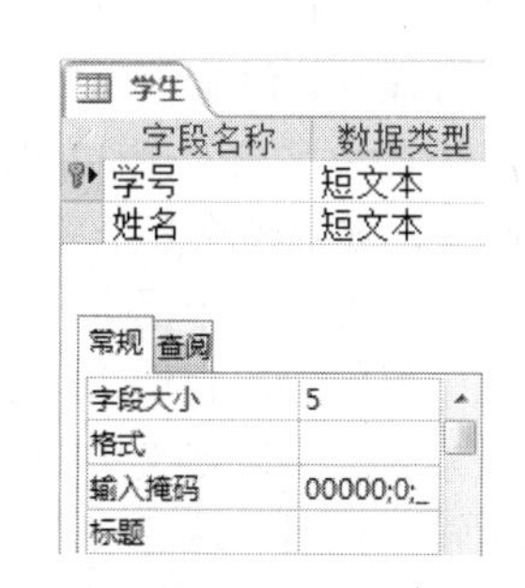

图 4.30“学号”字段“输入掩码”属性设置结果

2．“输入掩码”属性设置的格式及可使用的字符

“输入掩码”属性设置最多可包含 3 个用分号(;)分隔的节，每节的意义如表 4.18 所示。

表 4.18 “输入掩码”属性设置包含的节

节	说　明
第 1 节	指定输入掩码的本身，如“!(999) 999-9999”。定义输入掩码的字符如表 4.19 所示
第 2 节	在输入数据时，指定是否在表中保存字面显示字符。如果在该节使用 0，所有字面显示字符（如电话号码输入掩码中的括号）都与数值一同保存；如果输入了 1 或未在该节中输入任何数据，则只有输入到控件中的字符才能保存
第 3 节	指定为一个空格所显示的字符，而这个空格应该在输入掩码中输入字符的地方。对于该节，可以使用任何字符，如果要显示空字符串，则需要将空格用双引号(" ")括起

在创建输入掩码时，可以使用特殊字符来要求某些必须输入的数据（如电话号码的区号），而其他数据则是可选的（如电话分机号码）。这些字符指定了在输入掩码中必须输入的数据类型，如数字或字符。

“输入掩码”属性设置可使用的字符如表 4.19 所示。

表 4.19 “输入掩码”属性设置可使用的字符

字符	说　明
0	数字[0～9，必须输入，不允许加号（+）与减号（-）]
9	数字或空格（非必须输入，不允许加号和减号）
#	数字或空格（非必须输入；在“编辑”模式下空格显示为空白，但是在保存数据时空白将删除；允许加号和减号）
L	字母（A～Z，必须输入）
?	字母（A～Z，可选输入）
A	字母或数字（必须输入）
a	字母或数字（可选输入）
&	任一字符或空格（必须输入）
C	任一字符或空格（可选输入）
. : ; - /	小数点占位符及千位、日期与时间的分隔符（实际的字符将根据 Windows“控制面板”中“区域设置属性”对话框中的设置而定）
<	将所有字符转换为小写
>	将所有字符转换为大写
!	使输入掩码从右到左显示，而不是从左到右显示。输入掩码中的字符始终都是从左到右填入的。可以在输入掩码中的任何地方包括感叹号
\	使接下来的字符以字面字符显示（如“\A”只显示为“A”）

可将“输入掩码”属性设为“密码”，可创建密码输入控件。在该控件中输入的任何字符都将以原字符保存，但显示为星号（*）。使用“密码”输入掩码可以避免在屏幕上显示键入的字符。

在已经定义了输入掩码的字段中键入数据时，数据始终以“覆盖”模式进行输入。如果使用【Backspace】键来删除某个字符，字符将由空格来替换。

如果将文本从一个已定义了输入掩码的字段中移到剪贴板上，即使已经指定了字面显示字符不与数据一起保存，它们仍被复制。

如果为同一字段定义了输入掩码，同时又设置了“格式”属性，“格式”属性将在数据显示时优先于输入掩码。这意味着即使已经保存了输入掩码，在数据设置了格式并显示时，仍将忽略输入掩码。位于基础表的数据本身并没有更改，“格式”属性只影响数据的显示方式。

4.2.4　标题与默认值

1．“标题”属性

“标题”（Caption）属性是一个最多包含 2048 个字符的字符串表达式，其意义是字段名的别名。如果字段名是英文，可在“标题”属性框中输入中文，这样当打开表时该字段显示“标题”属性中的中文名称。若不设置“标题”属性，则标题为字段名自己。

2．“默认值”属性

“默认值”（DefaultValue）属性是一个字符串表达式，其最大长度是 255 个字符。可直接输入一个串表达式，也可单击“默认值”属性右边的按钮打开“表达式生成器”对话框设置串表达式。该值在新建记录时会自动输入到字段中。“默认值”属性应用于除“自动编号”或“OLE 对象”数据类型以外的所有表字段。

“默认值”属性仅应用于新增记录。如果更改了“默认值”属性，则更改不会自动应用于已有的记录。

例如，在“学生”表中可以将“性别”字段的默认值设为“男”。当用户在表中添加记录时，既可以接受该默认值，也可以输入其他值。可读写。

【例 4.11】 将“教工”表中“工作日期”字段的默认值设置为当前年份的前 1 年 9 月 1 日。

方法 1 的操作步骤如下。

（1）打开“教工”表的设计视图，单击“工作日期”字段的“默认值”属性右边的按钮打开“表达式生成器”对话框，如图 4.31 所示。

（2）双击“函数”选项，选择“内置函数”选项，选择“日期/时间”选项，双击“DateSerial”选项，窗口中显示“DateSerial(<(year)>,<(month)>,<(day)>)”，对“<(year)>,<(month)>,<(day)>”经过修改，替换为“Year(date())-1,9,1”。

（3）单击“确定”按钮，设置结果如图 4.32 所示。单击“保存”按钮，关闭设计视图。

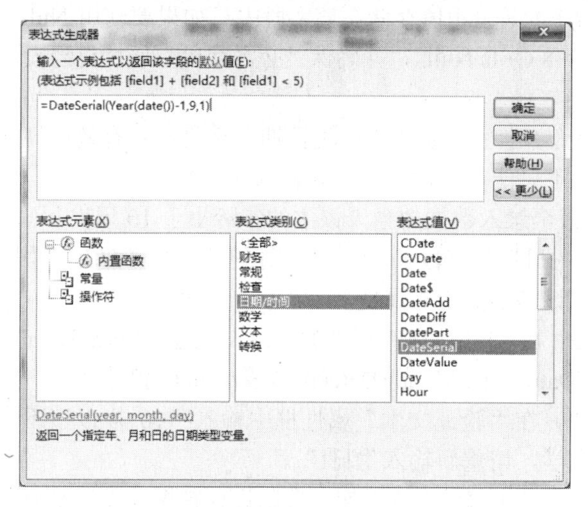

图 4.31 “表达式生成器”对话框

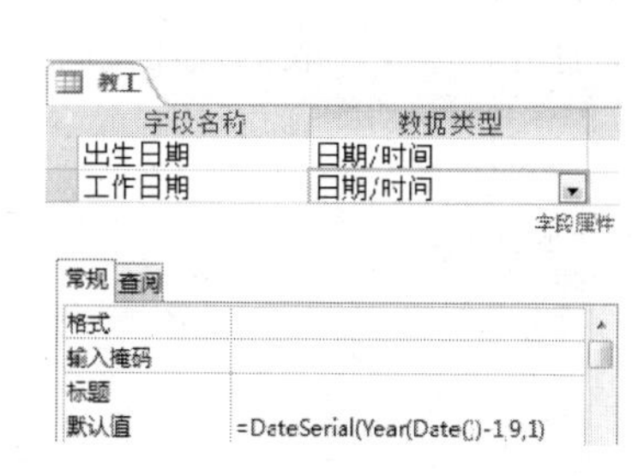

图 4.32 “工作日期”字段“默认值”属性设置结果

方法 2：打开“教工”表的设计视图，在“工作日期”字段的“默认值”属性框中直接输入表达式“DateSerial(Year(Date())-1,9,1)”。

4.2.5 有效性规则与有效性文本

1. “验证规则”属性

“验证规则”（ValidationRule）是自定义完整性约束条件的实现，是一个逻辑表达式，最大长度是 2048 个字符。是对输入到记录、字段或控件中的数据的约束条件。Access 将根据字段的数据类型，自动检查数据的有效性。当输入的数据违反了“验证规则”所设置的约束条件时，该数据将被拒绝接受。

设置“验证规则”的方法有两种。

方法 1：借助“表达式生成器”输入“验证规则”表达式。

方法 2：在“验证规则”属性框中直接输入表达式。

2. “验证文本”属性

使用“验证文本”（ValidationText）属性可以指定当输入的数据违反了记录、字段或控件的“验证规则”设置时，向用户显示的提示消息。如果只设置了“验证规则”属性但没有设置“验证文本”属性，当违反了验证规则时，Access 将显示标准的错误消息。如果设置了“验证文本”属性，所输入的文本将作为错误消息显示。

“验证文本”是 **String** 型，最大长度为 255 个字符，可读写。

表 4.20 包含了“验证规则”及“验证文本”属性的表达式示例。

表 4.20 “验证规则”及“验证文本”属性设置示例

“验证规则”属性	“验证文本”属性
<> 0	输入项必须是非零值
> 1000 Or Is Null	输入项必须为空值或大于 1000
Like "A????"	输入项必须是 5 个字符并以字母 A 打头
>= #1/1/96# And <#1/1/97#	输入项必须是 1996 年中的日期
"男" Or "女"	输入项必须是"男"或"女"

如果为某个字段创建验证规则，Access 通常不允许Null值存储在该字段中。如果要使用 Null 值，必须将“Is Null”添加到验证规则中，如“<> 8 Or Is Null”，并确保“必需字段”属性已经设置为“否”。

【例 4.12】 约定“10 岁以下不能上大学”，给“学生”表的“出生日期”字段设置有效性规则实现这一约定。并设置验证文本为“10 岁之内不可能上大学，请重新输入生日”。

分析：“10 岁之内不可能上大学”应理解为截至录入数据的当天该生的年龄小于 10 周岁。

（1）打开“学生”表的设计视图，单击“出生日期”字段的任一列，则在“字段属性”区中显示出该字段的所有属性。

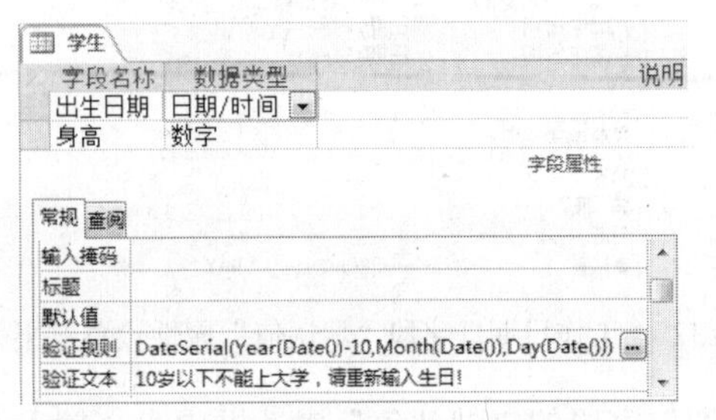

图 4.33 设置“验证规则”与“验证文本”

（2）在“验证规则”属性框中输入表达式“DateSerial (Year(Date())-10,Month(Date()), Day (Date()))”。

（3）在“验证文本”属性框中输入“10 岁以下不能上大学，请重新输入生日!”。

（4）单击“保存”按钮，关闭设计视图。设计结果如图 4.33 所示。

思考：若例 4.12 中的“验证规则”采用表达式“Year([出生日期])<Year(Date())-10”，则不完全符合题意，因为该表达式对日期的比较只精确到年份，未精确到月、日。请读者上机做对比分析。

4.2.6 必需字段与允许空字符串

1. “必需字段”属性

使用“必需字段”(Required) 属性可以指定字段中是否必须有值。如果该属性设为“是”，则在输入数据时，必须在该字段或绑定到该字段的任何控件中输入数值，而且该数值不能为Null。如果该属性设为“否”，则该字段可不输入数值，取值为Null。

“必需字段”属性的设置如表 4.21 所示。

表 4.21 “必填字段”属性的设置

设置	Visual Basic	说明
是	True (–1)	该字段需要值
否	False (0)	（默认值）该字段不需要值

注意：“必需字段”属性不能应用于“自动编号”字段。

2. “允许空字符串”属性

使用“允许空字符串”属性可以指定在表字段中零长度字符串(" ")是否为有效输入项。该属性仅应用于短文本、长文本和超链接类型的表字段。

“允许空字符串”属性的设置如表 4.22 所示。

表 4.22 “允许空字符串”属性的设置

设置	Visual Basic	说明
是	True	零长度字符串为有效输入项
否	False	（默认值）零长度字符串为无效输入项

当希望通过将字段留空，而使 Access 保存零长度字符串而不是Null值时，则将“允许空字符串”和“必需字段”两个属性都设为“是”。

4.2.7 索引

如果经常依据特定的字段查询表的中记录，则可以通过创建该字段的索引（Index）来加快执行查询操作的速度。Access 根据选择创建索引的字段来存储记录的位置。查找数据时，通过索引获得位置后，即可通过直接移到正确的位置来检索数据。这样一来，使用索引查找数据可以比扫描所有记录查找数据快很多。

以下介绍如何确定为哪些字段创建索引，以及如何创建、查看、编辑和删除索引。还说明 Access 在哪些情况下会自动创建索引。

1. 确定为哪些字段创建索引

可以根据一个字段或多个字段来创建索引。应为如下字段创建索引：经常搜索的字段、进行排序的字段，以及在多个表查询中连接到其他表中字段的字段。

索引可以加快查询速度，但在添加或更新数据时，索引可能会降低性能。如果在包含一个或更多个索引字段的表中输入数据，则每次添加或更改记录时，Access 都必须更新索引。如果目标表包含索引，则通过使用追加查询或通过追加导入的记录来添加记录也可能会比平时慢。

无法为数据类型为“OLE 对象”或“附件”的字段创建索引。

1）单字段索引

为表中一个字段建立的索引称为单索引。

对于一个字段，如果满足以下所有条件，则考虑为该字段创建索引。

（1）字段的数据类型是“短文本”、“长文本”、“数字”、“日期/时间”、“自动编号”、“货币”、“是/否”或“超链接”。

（2）预期会搜索存储在字段中的值。或者，预期会对字段中的值进行排序。

（3）预期会在字段中存储许多不同的值。如果字段中的许多值都是相同的，则索引可能无法显著加快查询速度。

2）多字段索引

依据两个或更多个字段创建的索引称为多字段索引。

如果经常同时依据两个或更多个字段进行搜索或排序，则可以为该字段组合创建索引。例如，如果经常在同一个查询中为“院系”和“姓名”字段设置条件，则在这两个字段上创建多字段索引就很有意义。

创建多字段索引时，要设置字段的次序。Access 会先依据为索引定义的第一个字段来进行排序。如果在第一个字段中的记录具有重复值，则 Access 会接着依据为索引定义的第二个字段来进行排序，依次类推。

在一个多字段索引中最多可以包含 10 个字段。

2．创建索引

Access 会自动为表的主键创建索引，非主键字段需要用户自己创建索引。

要创建索引，请先决定是创建单字段索引还是多字段索引。通过设置“索引”属性可创建单字段索引。表 4.23 列出了“索引”属性的可能设置。

表 4.23 “索引”属性的设置

“索引”属性的设置	含义
无	不在此字段上创建索引（或删除现有索引）
有（有重复）	在此字段上创建索引
有（无重复）	在此字段上创建唯一索引

1）创建单字段索引

创建单字段索引可以在表的设计视图的“常规”选项卡“索引”属性中进行，操作步骤如下。

（1）打开要创建索引的表的设计视图。

（2）单击要创建索引的字段。在“字段属性”下，单击“常规”选项卡。

（3）在“索引”属性中，如果想允许重复，则选择“有（有重复）”选项，否则选择“有（无重复）”选项以创建唯一索引。

（4）要保存更改，请单击快速访问工具栏上的“保存”按钮，或按快捷键【Ctrl+S】。

2）创建多字段索引

为表创建多字段索引，要在索引中为每个字段包含一行，并且仅在第一行中包含索引名称。Access 将所有行视为同一索引的一部分，直至它遇到包含另一个索引名称的行为止。

创建多字段索引要在表设计视图的“索引”窗口中进行，操作步骤如下。

（1）打开要创建索引的表的设计视图。

（2）在“设计”选项卡中的“显示/隐藏”命令组中，单击“索引”按钮。此时会打开“索引”窗口。调整窗口大小，以便显示一些空白行和索引属性。

（3）在“索引名称”列中，在第一个空白行内输入索引的名称。可以按照索引字段的名称来命名索引，也可以使用其他名称。

（4）在“字段名称”列中，单击下拉按钮，在弹出的下拉列表中选择用于索引的第一个字段。

在下一行中，将“索引名称”列留空，然后，在“字段名称”下拉列表中选择索引的第二个字段。重复此步，直至选择了要包含在索引中的所有字段为止。

注释：默认的排序次序是升序，要更改字段值的排序次序，请在“索引”窗口的“排序次序”列中选择“升序”或“降序”选项。

（5）在“索引”窗口中的“索引属性”下，为“索引名称”列中包含索引名称的行设置索引属性。请依据表 4.24 来设置属性。

表 4.24 索引属性的设置

标签	值
主索引	如果选择“是”，则该索引字段为主键
唯一索引	如果选择“是”，则该索引字段中的每个值必须唯一
忽略空值	如果选择“是”，则该索引字段中具有空值的记录被排除在索引之外

（6）要保存更改，单击快速访问工具栏上的“保存”按钮，或按快捷键【Ctrl+S】。

（7）关闭“索引”窗口。

【例 4.13】 要经常按“院系”及“身高”查找学生信息；又经常按“姓名”查找学生信息，请为之建立索引。

分析：应为“学生”表按“院系”及“身高”两个字段建立多字段索引。按“姓名”建立单字段索引。

（1）打开“学生”表的设计视图。

（2）在“设计”选项卡中的“显示/隐藏”命令组中，单击“索引”按钮。此时会打开“索引”窗口，如图 4.34 所示。调整窗口大小，以便显示一些空白行和索引属性。

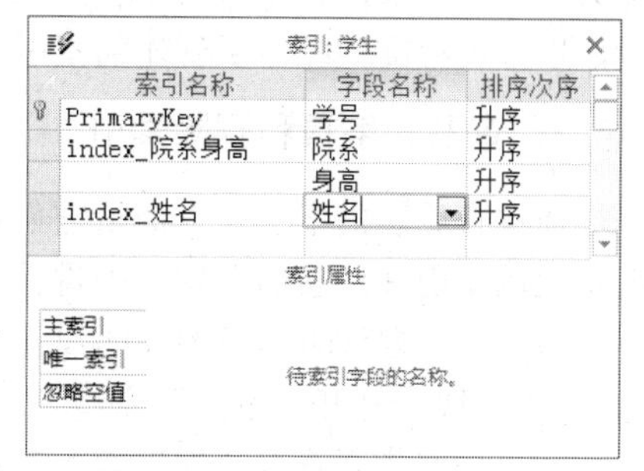

图 4.34 “索引”窗口

（3）建立多字段索引。

在“索引名称”列中，输入索引的名称“index_院系身高”。

在“字段名称”列中，单击下拉按钮，在弹出的下拉列表中选择用于索引的第一个字段“院系”。

在下一行“字段名称”下拉列表中选择索引的第二个字段“身高”。

为包含索引名称“index_院系身高”的行设置索引属性值。主索引：否；唯一索引：否；忽略空值：否。

（4）建立单字段索引。

在“索引名称”列中，输入索引的名称“index_姓名”。

在“字段名称”列中，单击下拉按钮，在弹出的下拉列表中选择用于索引的字段“姓名”。

为包含索引名称“index_姓名”的行设置索引属性值。主索引：否；唯一索引：否；忽略空值：否。

（5）单击快速访问工具栏中的“保存”按钮，关闭“索引”窗口。

3）自动创建索引

Access 会自动对指定为表的主键的任何字段创建索引。

自动创建索引的另一个来源是“Access 选项”对话框中的“在导入/创建时自动索引”选项。对于名称，以在“在导入/创建时自动索引”文本框中输入的字符（如 ID、key、code 或 num）开始或结束的任何字段，Access 都会自动为它们创建索引。

要查看或更改当前的设置，操作步骤如下。

（1）执行“文件”→“选项”命令，打开“Access 选项”对话框。

（2）选择“对象设计器”选项，在“表设计视图”下的“在导入/创建时自动索引”文本框中添加、编辑或删除值，使用分号 (;) 来分隔值，如图 4.35 所示。

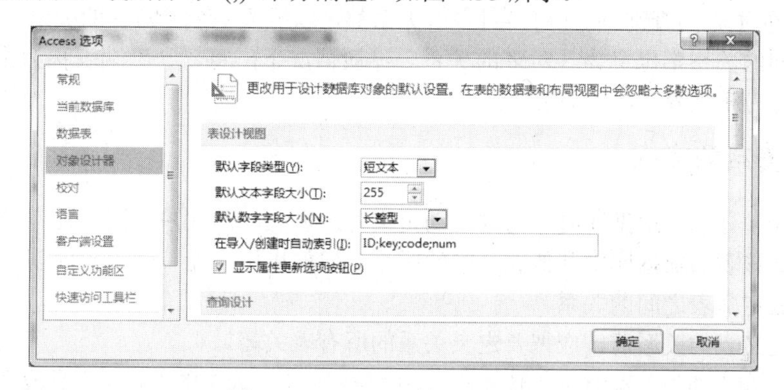

图 4.35 “Access 选项”对话框

注释：如果字段名以此框中列出的值开始或结束，则会自动为字段创建索引。

（3）单击“确定”按钮。

由于每一个额外的索引均需要 Access 执行额外的工作，因此，在添加或更新数据时性能会降低。这样一来，需要考虑更改在“在导入/创建时自动索引”文本框中显示的值，或减少值的数量，以最大程度地减少所创建的索引数量。

3．查看、编辑和删除索引

通过查看表的索引，以衡量它们对性能的影响，或者确保为特定的字段创建了索引。查看或编辑表的索引在“索引”窗口中进行。

（1）打开要编辑索引的表的设计视图，在“设计”选项卡中的“显示/隐藏”命令组中，单击“索引”按钮，打开“索引”窗口。

（2）按照需要查看或编辑索引及索引属性。

要插入一行，右击想插入一行的位置，然后在弹出的快捷菜单中执行“插入行”命令。

若要删除索引，选择包含要删除的索引的行，然后按【Delete】键。

（3）要保存更改，单击快速访问工具栏上的“保存”按钮。或按快捷键【Ctrl+S】。

（4）关闭“索引”窗口。

4.3 建立表间关系

在 Access 中要想管理和使用好表中的数据，就应建立表与表之间的关系，只有这样，才能将不同表中的相关数据联系起来，也才能为建立查询、创建窗体或报表打下良好的基础。

4.3.1 表间关系的概念

Access 中表与表之间的关系可分为一对一、一对多和多对多 3 种。

假设有 A、B 两个表，如果 A 表中的一条记录与 B 表中的一条记录相匹配，反之也一样，那么这两个表存在一对一的关系。

如果 A 表中的一条记录与 B 表中的多条记录相匹配，反之 B 表中的一条记录最多与 A 表中的一条记录相匹配，则这两个表存在一对多的关系。

如果 A 表中的一条记录与 B 表中的多条记录相对应，且 B 表中的一条记录也与 A 表中的多条记录相对应，则称 A 表与 B 表是多对多的关系。

实际上，一对一的关系并不常用，可以将一对一关系的两个表合并为一个表，这样既不会出现重复信息，又便于表的查询。而任何多对多的关系都可以拆成多个一对多的关系，因此，在 Access 数据库中，表间的关系都定义为一对多的关系。一般情况下，将“一”端表称为**主表**(或父表)，将“多”端表称为**相关表**（或子表）。

4.3.2 表间关系的建立

使用数据库向导创建数据库时，向导自动定义各个表之间的关系，同样使用表向导创建表的同时，也将定义该表与数据库中其他表之间的联系。但如果用户没有使用向导创建数据库或表，那么就需要自己定义表之间的关系。

注意：在定义表的关系前，应把要定义关系的所有表关闭。

【例 4.14】 在“部门”表中的“部门名”字段与“学生”表中的“院系”字段之间建立一对多

的关系；在“学生”表中的“学号”字段与“选修”表中的“学号”字段之间建立一对多的关系。

（1）打开 JXDB 数据库，单击“数据库工具”选项卡，在“关系”命令组中单击“关系”按钮，打开“关系”窗口。自动转到“设计”选项卡。

（2）单击“关系”命令组中的“显示表”按钮，打开如图 4.36 所示的“显示表”对话框。

（3）在“显示表”对话框中选中要建立关系的表。按住【Ctrl】键，与此同时依次单击“部门”表、“学生”表和“选修”表。单击“添加”按钮，将选中的表添加到“关系”窗口中。

关闭“显示表”对话框，显示如图 4.37 所示的“关系”窗口。

图 4.36 “显示表”对话框

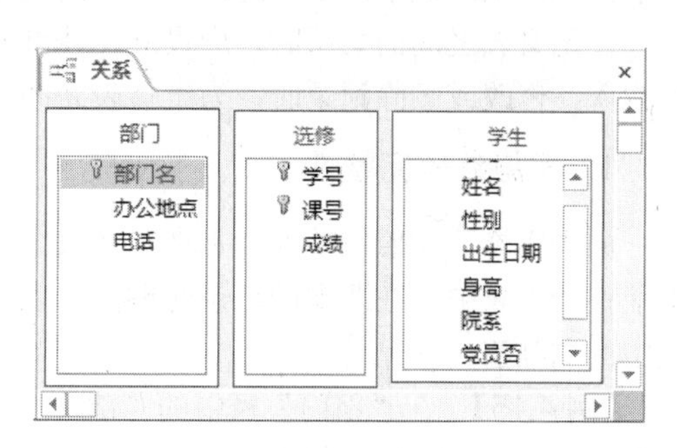

图 4.37 添加表之后的“关系”窗口

（4）建立表之间的关系。具体操作如下。

选中“部门”表中的“部门名”字段，按住鼠标左键并拖动到“学生”表中的“院系”字段上松开鼠标左键，打开“编辑关系”对话框，单击“创建”按钮。“部门名”与“院系”两字段之间有线相连。

将“学生”表中的“学号”字段拖动到“选修”表中的“学号”字段上，打开如图 4.38 所示的“编辑关系”对话框，单击“创建”按钮，结果如图 4.39 所示。

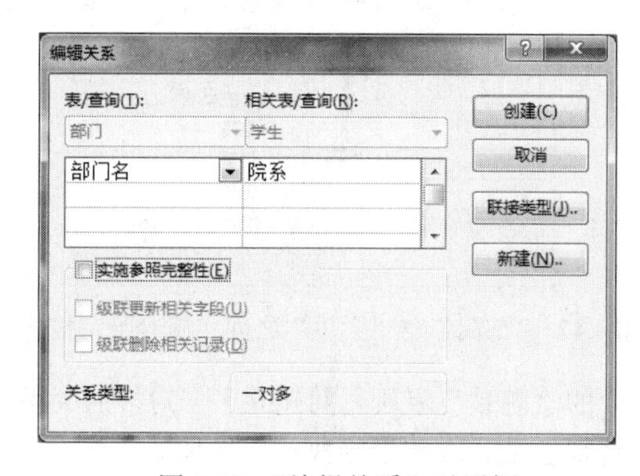

图 4.38 “编辑关系”对话框

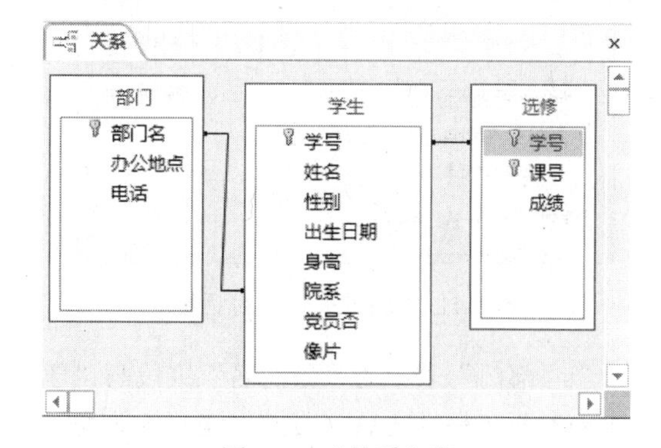

图 4.39 “关系”窗口

（5）单击“保存”按钮，单击“关系”命令组中的“关闭”按钮。

表间建立关系后，在主表的数据表视图中能看到左边新增了带“+”号的一列，这说明该表与另外的表建立了关系。通过单击“+”按钮可以看到子表中的相关记录，如图 4.40 所示。

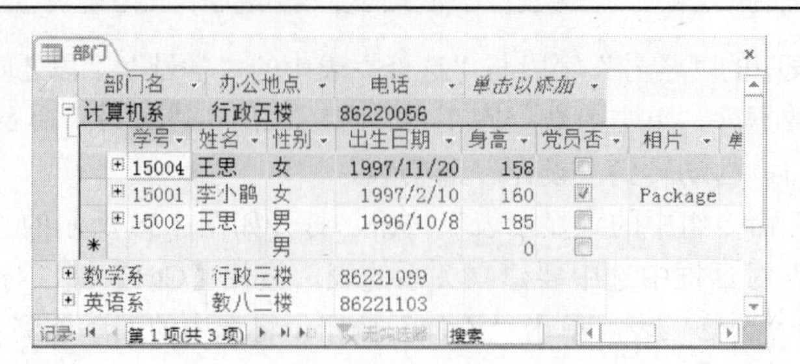

图 4.40　建立关系后的“部门”表

4.3.3　实施参照完整性

关系是通过两个表之间的公共字段建立起来的。一般情况下，由于一个表的主键是另一个表的字段，因此形成了两个表之间一对多的关系。

在定义表之间的关系时，应设立一些准则，这些准则将有助于数据的完整。参照完整性就是在输入、修改或删除记录时，为维持表之间已定义的关系而必须遵循的规则。

1. 实施参照完整性

如果实施了参照完整性，那么当主表中没有相关记录时，就不能将记录添加到相关表中，也不能在相关表中存在匹配的记录时删除主表中的记录，更不能在相关表中有相关记录时，更改主表中的主键值。

【例 4.15】 在“部门”表中的“部门名”字段与“学生”表中的“院系”字段之间建立一对多的关系并实施参照完整性。

（1）将“部门”表和“学生”表添加到“关系”窗口中。选中“部门”表中的“部门名”字段，按住鼠标左键并拖动到“学生”表中的“院系”字段上松开鼠标左键，打开如图 4.41 所示的“编辑关系”对话框。

（2）勾选“实施参照完整性”复选框，单击“创建”按钮，结果如图 4.42 所示。

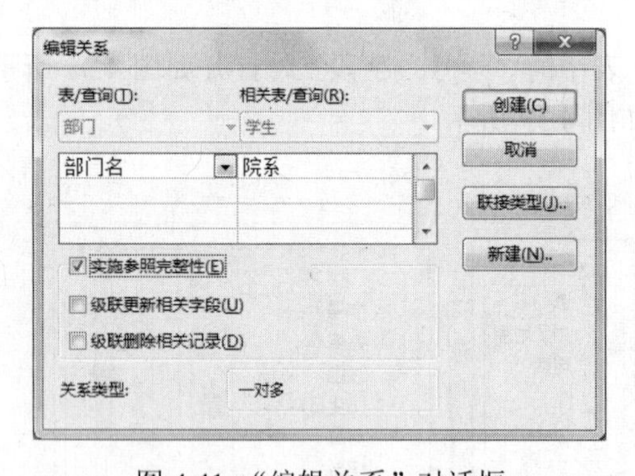

图 4.41 “编辑关系”对话框

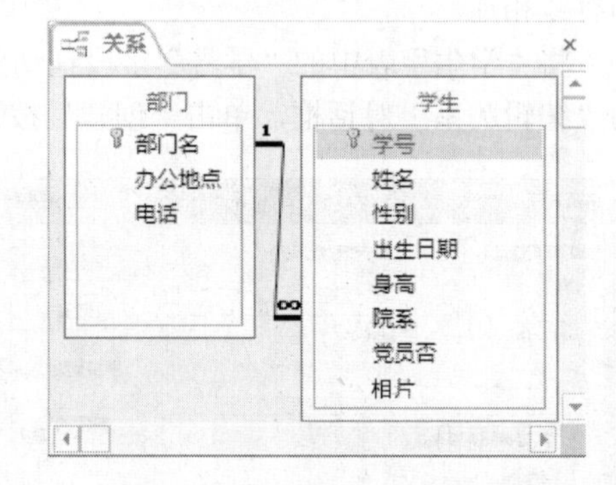

图 4.42 “部门”与“学生”之间实施参照完整性

当“部门”表中的“部门名”字段与“学生”表中的“院系”字段之间建立了一对多的关系并实施参照完整性之后，若操作违犯参照完整性约束规则，Access 将拒绝执行。具体作法如下。

（1）如果修改或删除主表“部门”中的主键“部门名”的某个值，Access 会到相关表中查找对应外键“院系”字段的值，若找到则拒绝执行，打开如图 4.43 所示的对话框，单击“确定”按钮，将取消修改或删除操作。

（2）如果在“学生”子表中添加或修改记录，对“院系”字段的新值 Access 会到主表中查找对应主键“部门名”的值，若找不到则**拒绝执行**，打开如图 4.44 所示的对话框。单击“确定”按钮，将取消添加或修改操作。

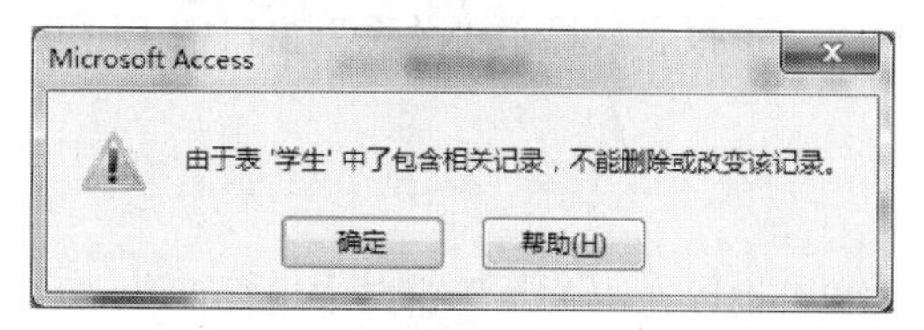

图 4.43 拒绝修改或删除对话框

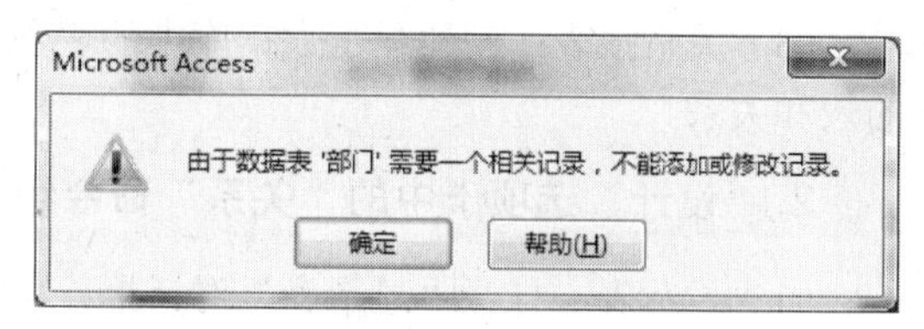

图 4.44 拒绝添加或修改对话框

2. 级联更新相关字段

如果两表之间建立关系时勾选了“实施参照完整性”复选框，同时勾选了“级联更新相关字段”复选框，则当修改了主表中的主键字段某个值时，与相关表中相匹配的外键字段的值均被自动修改。

3. 级联删除相关记录

如果两表之间建立关系时勾选了“实施参照完整性”复选框，同时勾选了“级联删除相关记录”复选框，则当删除主表中的某记录时，与相关表中相匹配的记录均被自动删除。

4.3.4 表间关系的编辑与删除

表间关系创建后，在使用过程中，如果不符合要求，可以重新编辑或删除表间关系。

使用命令编辑表间关系的操作如下。

打开数据库，单击“数据库工具”选项卡，单击“关系”命令组中的“关系”按钮，打开“关系”窗口，自动转到“设计”选项卡，如图 4.45 所示。

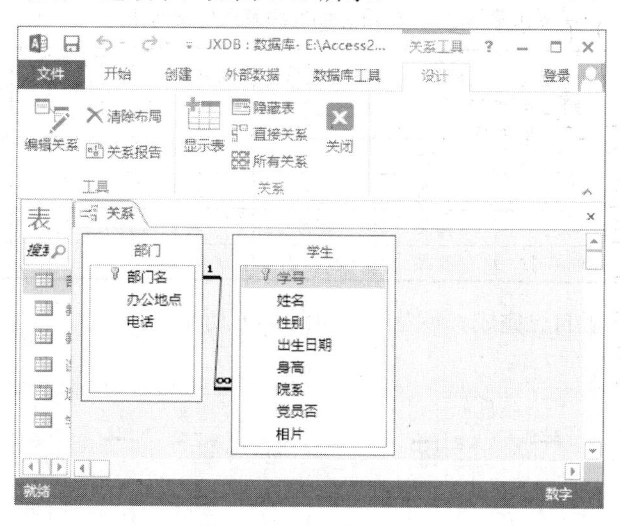

图 4.45 “关系”窗口

1. “设计”选项卡中的“工具”命令组

（1）编辑关系：打开“编辑关系”对话框。还可用以下方法打开它：右击要编辑的关系连线，在弹出的快捷菜单中执行“编辑关系”命令；或双击要编辑的关系连线。用户可在打开的“编辑关系”对话框中更改表间关系。

（2）清除布局：从“关系”窗口中删除所有显示的表和关系。该命令只隐藏这些表和关系，而不会删除它们。

（3）关系报表：创建显示数据库中的表和关系的报表。该报表只显示“关系”窗口中未隐藏的表和关系。

2. “设计”选项卡中的“关系”命令组

（1）显示表：打开“显示表”对话框，可以选择表和查询以在“关系”窗口中进行查看。

（2）隐藏表：隐藏“关系”窗口中选中的表。

（3）直接关系：在“关系”窗口中显示所选表的所有关系和相关表（如果尚未显示）。

（4）所有关系：在“关系”窗口中显示数据库中所有关系和相关表。

请注意，除非在“导航选项”对话框中勾选了“显示隐藏对象”复选框，否则不会显示隐藏的表（在表的“属性表”窗口中勾选“隐藏”复选框的表）及其关系。

（5）关闭：关闭“关系”窗口。如果对“关系”窗口的布局进行了任何更改，则会询问是否保存这些更改。

若要删除两个表之间的关系，右击所要删除的关系连线，在弹出的快捷菜单中执行“删除”命令，即可删除两个表之间的关系。

4.3.5 参照完整性应用举例

【例 4.16】 对 JXDB 数据库完成例 2.15 给出的参照完整性约束条件。

分析：经过对例 2.15 给出的约束条件的分析，其中参照完整性约束条件共有 8 个，其序号为：(6)、(8)、(11)、(12)、(16)、(17)、(18)和(19)。在 Access 2013 中能实现的只有如下 5 个：(6)、(11)、(12)、(18)和(19)。按表 4.25 的要求进行设置即可实现这些参照完整性约束条件。

表 4.25 参照完整性约束条件设置表

序号	主表	主键	相关表	外键	关系类型	实施参照完整性	级联更新	级联删除
(6)	部门	部门名	学生	院系	一对多	√	√	
(11)	学生	学号	选修	学号	一对多	√	√	√
(12)	课程	课号	选修	课号	一对多	√	√	
(18)	课程	课号	教课	课号	一对多	√	√	
(19)	教工	职工号	教课	教工号	一对多	√	√	√

具体操作过程由读者自己完成。参考结果如图 4.46 所示。

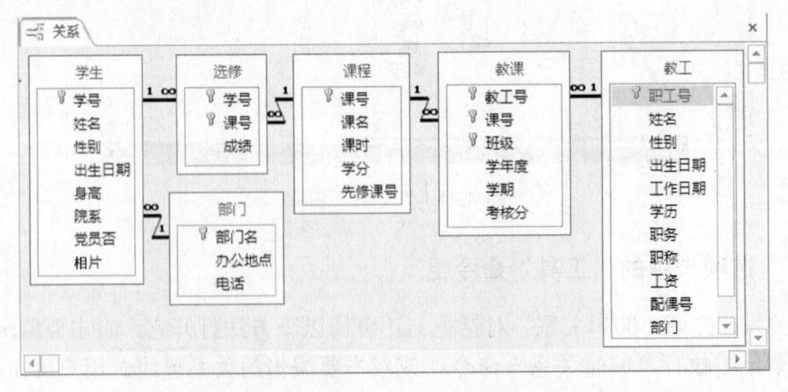

图 4.46 JXDB 数据库中表间关系及参照完整性约束条件

4.4　建立查阅列

在数据库中建立好表结构后，要大量向表中录入数据，如何尽可能方便用户提高数据的录入速度及数据的准确性，这是开发人员应考虑的一个重要问题。本节介绍的查阅列可在一定程度上解决这个问题。

4.4.1　查阅列的概念

查阅列是为表中的字段创建的当为该字段输入数据时供用户选择的一组值。这组值一种是从表或查询检索到的值列表，称为基于表或查询的查阅列；一种是预先设定的一个静态值列表，称为基于值列表的查阅列。

字段设置为“查阅列”，其意义在于：数据的录入只需在列表中单击，这样不仅提高了数据的录入速度，同时也提高了数据的规范度和准确性。

设置为“查阅列”的字段，其最终的数据类型为文本或数字，具体取决于用户在向导中所做的选择，一般与数据源的类型相同。

可以通过“查阅向导”自动创建查阅列，也可以通过设置字段的“查阅”字段属性手动创建查阅列。

4.4.2　使用“查阅向导”建立查阅列

在设计视图中选择“数据类型”列中的“查阅向导”时，“查阅向导”被启动。该向导将指导用户完成创建查阅列所需的步骤，并自动设置适当的字段属性以匹配用户的选择。

在该向导启动时，必须决定使查阅列基于表或查询，还是基于所输入的值列表。在大多数情况下，如果数据库设计正确并且用户的信息按主题拆分为不同的表，则应选择表或查询作为查阅列的数据源。

下面通过实例介绍在表的设计视图中使用“查阅向导”建立查阅列的操作方法。

1．建立基于值列表的查阅列

【例 4.17】 已知“教工”表中“职称”字段的取值集合为：{“教员”，“助教”，“讲师”，“副教授”，“教授”}，请予以实现。

分析：“教工”表中“职称”字段应设置为“查阅列”，且数据源为静态值列表。

（1）打开“E:\Access2013DB\JXDB.accdb”数据库，右击导航窗格中的“教工”表，在弹出的快捷菜单中执行“设计视图”命令，这样便打开了“教工”表的设计视图。

（2）单击“职称”行“数据类型”列右边的下拉按钮，然后在弹出的下拉列表中选择“查阅向导”选项，将打开如图 4.47 所示的“查阅向导”。

（3）选中“自行键入所需的值”单选按钮，单击“下一步”按钮，如图 4.48 所示。“查阅向导”中显示一个网格，可以在其中为查阅列键入值。

（4）首先，在“列数”文本框中输入希望查阅列包含的列数。接下来，在该网格中键入值。可以调整将显示在查阅列中的列的宽度。如果缩小某个字段的宽度使其不再可见，则该字段将不会显示在查阅列中。完成后，请单击“下一步”按钮。

这里列表中所需的列数，采用默认值“1”。输入静态值列表，每输入一个值，按【Tab】键移到下一个单元格。输入完毕，单击“下一步”按钮，如图 4.49 所示。

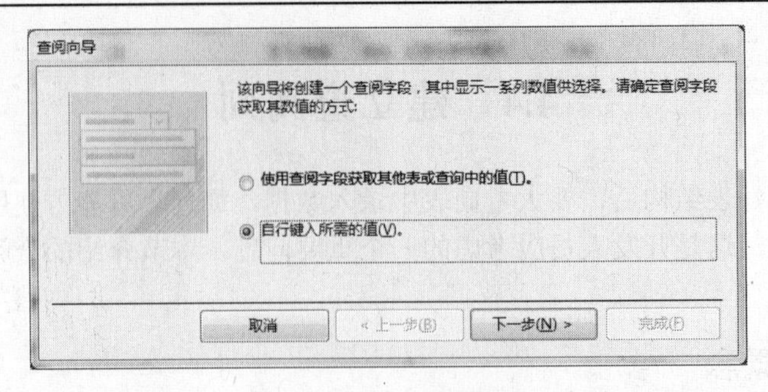

图 4.47　查阅向导 1

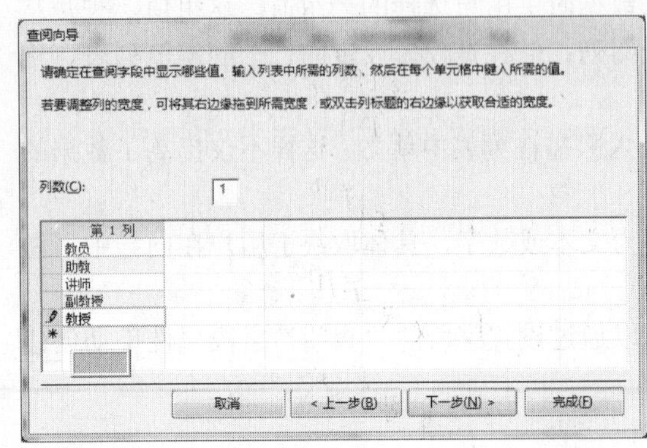

图 4.48　查阅向导 2

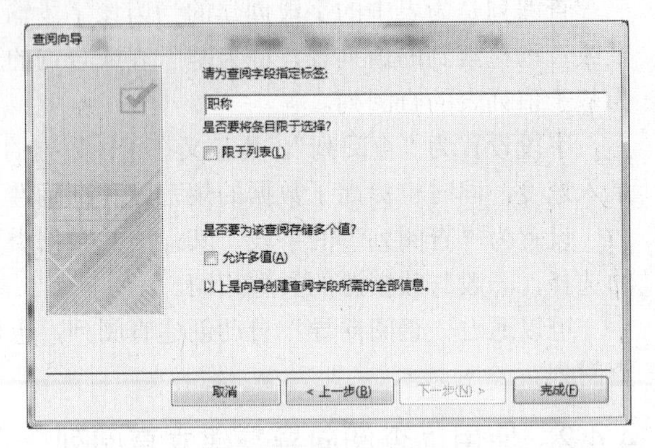

图 4.49　查阅向导 3

（5）单击“完成”按钮，将创建一个查阅列，其字段属性是根据在“查阅向导”中所做的选择设置的。关闭“查阅向导”，至此“查阅向导”使用完毕。

当打开“教工”表输入“职称”字段的数据时，可以选择下拉列表中的数据，如图 4.50 所示。也可以直接输入下拉列表中没有的值，如输入“会计师”。

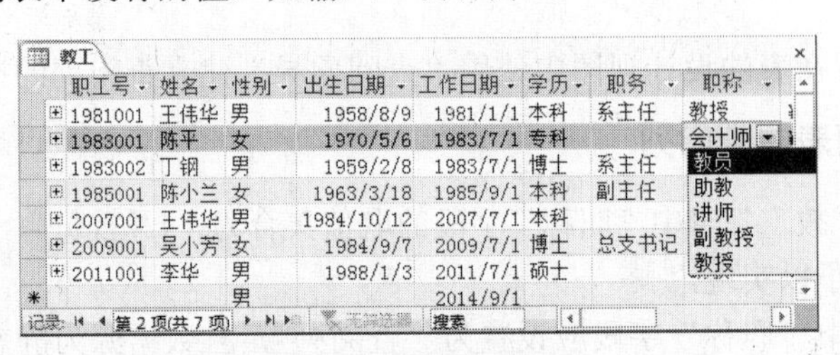

图 4.50　数据表视图

2. 建立基于表或查询的查阅列

【例 4.18】 对“学生”表中的“院系”字段进行设置，使得当输入该字段数据时，可以在“部门”表的“部门名”字段值下拉列表中进行选择。

分析：应将“学生”表中“院系”字段设置为“查阅列”，其数据源为“部门”表中的“部门名”字段值。

（1）打开“E:\Access2013DB\JXDB.accdb”数据库，右击导航窗格中的“学生”表，在弹出的快捷菜单中执行“设计视图”命令，单击“院系”行“数据类型”列右边的下拉按钮，在弹出的下拉列表中选择“查阅向导”选项，打开如图 4.51 所示的“查阅向导”。

提示：如果“学生”表中的“院系”字段已经与其他的表建立了关系，则系统会打开一个提示删除该关系的对话框，如图 4.52 所示。应根据提示先删除关系，再设置“查阅向导”。

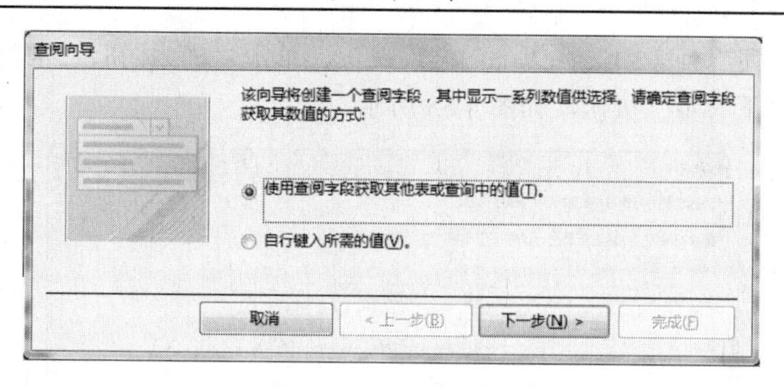

图 4.51　查阅向导 1

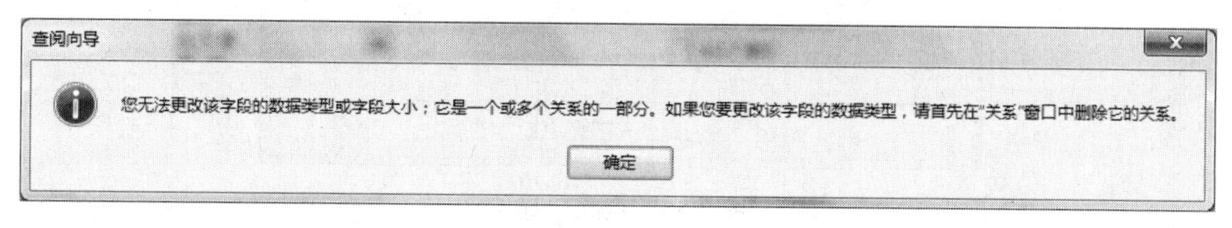

图 4.52　“查阅向导”提示对话框

（2）选中“使用查阅列查阅表或查询中的值”单选按钮，单击“下一步”按钮，如图 4.53 所示。

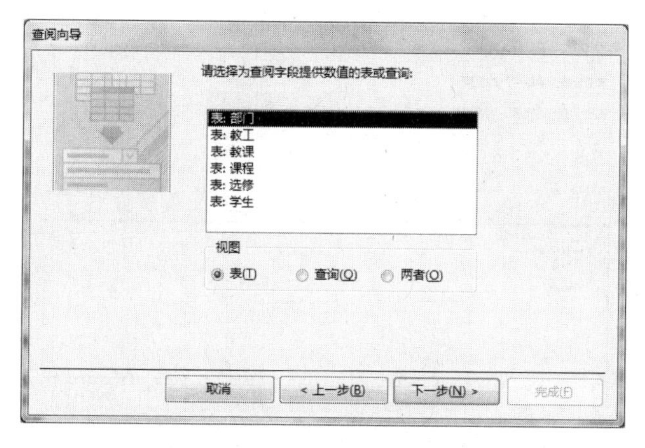

图 4.53　查阅向导 2

（3）根据需要选中“视图”选项组中的“表”、“查询”或“两者”单选按钮。这里选中“表”单选按钮，并选择“部门”表。单击“下一步”按钮，如图 4.54 所示。

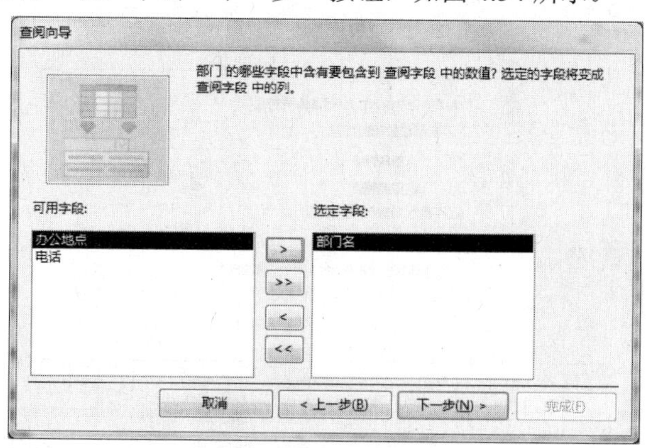

图 4.54　查阅向导 3

（4）在“可用字段”列表中选择“部门名”选项，单击“>”按钮，“部门名”移到“选定字段”列表中，单击“下一步”按钮，如图 4.55 所示。

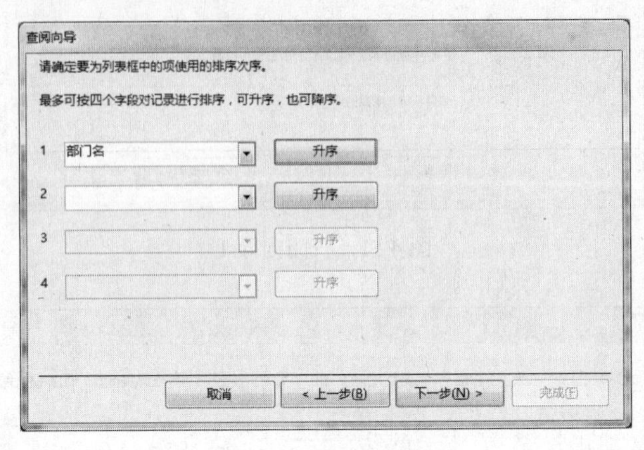

图 4.55　查阅向导 4

（5）从下拉列表中选择“部门名”选项，并按系统默认的“升序”排序。单击“下一步”按钮，如图 4.56 所示。

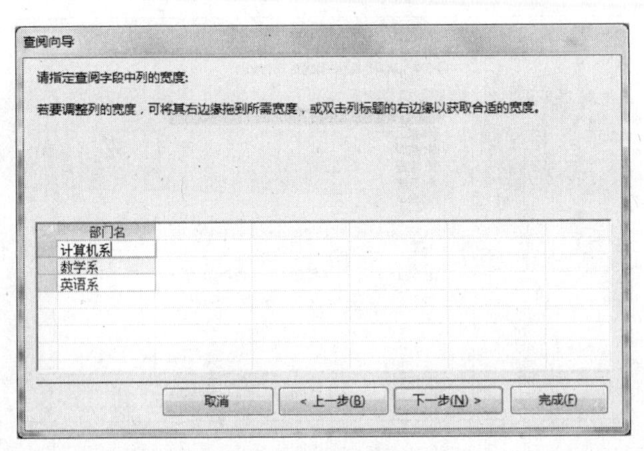

图 4.56　查阅向导 5

（6）单击“下一步”按钮，勾选“启用数据完整性”复选框，如图 4.57 所示。

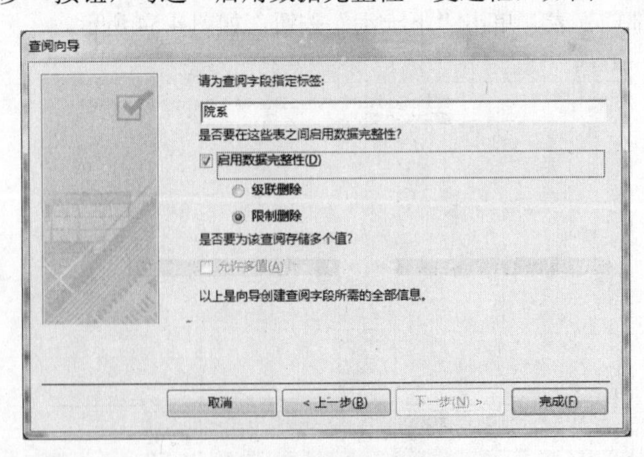

图 4.57　查阅向导 6

（7）单击“完成”按钮，打开如图 4.58 所示的“查阅向导”最后一个对话框，单击“是”按钮，至此查阅列创建完毕。

“学生”表中“院系”字段设置为“查阅列”后，当打开“学生”表输入“院系”字段的数据时，可以在下拉列表中选择数据，如图 4.59 所示。若查阅字段的“查阅”选项卡中的“限于列表”属性值设置为“否”时，也可以直接输入下拉列表中没有的值，如输入“物理系”。

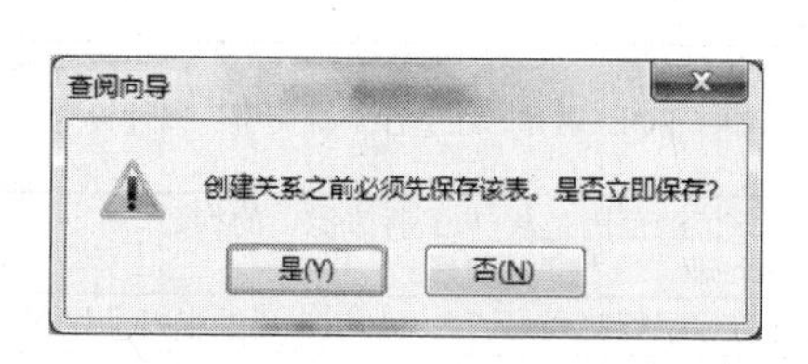

图 4.58 “查阅向导”最后一个对话框

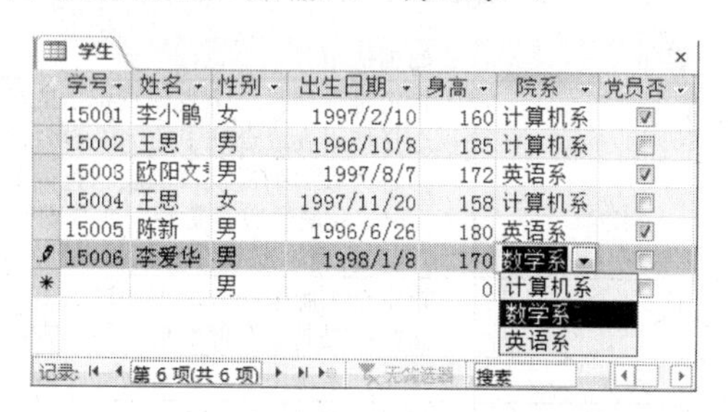

图 4.59 “学生”表中“院系”字段设置为“查阅列”

4.4.3 字段的查阅属性简介

1. 字段查阅属性的查看

可以在表的设计视图底部窗格中的“字段属性”下查看字段属性。要查看专用于查阅列的属性，单击“查阅”选项卡。具体操作步骤如下。

（1）打开表的设计视图。

（2）单击“字段名称”列中对应于查阅列的单元格。

（3）在“字段属性”下，单击“查阅”选项卡，将显示查阅字段属性。

图 4.60 为“学生”表“院系”字段“查阅”选项卡。

2. 查阅列的取消

在使用“查阅向导”创建查阅列时，由该向导设置查阅字段属性。可以通过设置查阅字段属性来更改查阅列的行为。

要取消查阅字段，只需将其“显示控件”的属性值设置为“文本框”即可。

例如，取消“学生”表中“院系”字段的查阅列。将其“显示控件”的属性值设置为“文本框”，如图 4.61 所示。单击“保存”按钮，便完成取消了“院系”字段的查阅列。

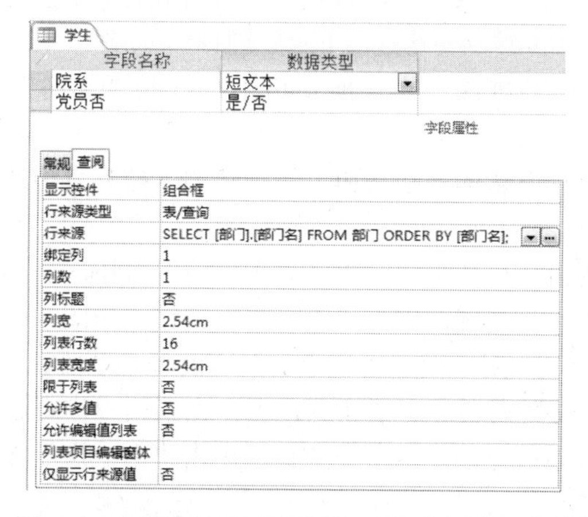

图 4.60 “学生”表“院系”字段“查阅”选项卡

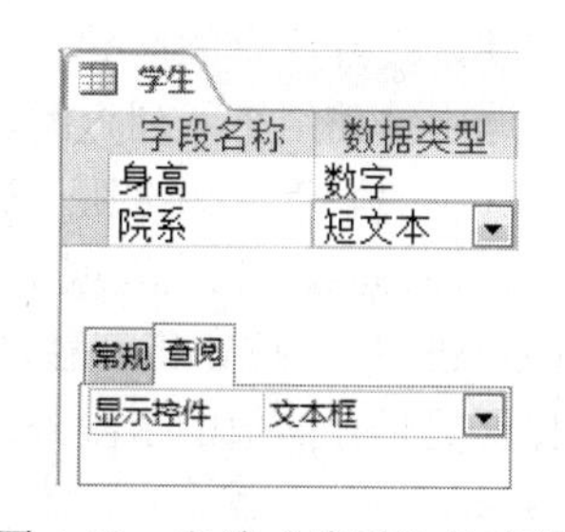

图 4.61 取消“院系”的查阅列

3. 字段查阅属性简介

字段的查阅属性共有 14 项，如表 4.26 所示。

表 4.26 字段查阅属性

设置属性	目 的
显示控件	将控件类型设置为“复选框”、“文本框”、“列表框”或“组合框”。“组合框”是最常见的查阅列选项
行来源类型	指定是使用另一个表或查询中的值填充查阅列，还是使用指定的值列表中的值填充查阅列。也可以选择使用表或查询中的字段的名称来填充列表
行来源	指定为查阅列提供值的表、查询或值列表。在“行来源类型”属性设置为“表/查询”或“字段列表”时，此属性应设置为表或查询的名称或者代表查询的 SQL 语句。在“行来源类型”属性设置为“值列表”时，此属性应包含分号分隔的值列表
绑定列	指定行来源中的列，该列提供由查阅列存储的值。该值的范围是从 1 到行来源中的列数。注释：提供要存储的值的列不一定与显示列是同一个列
列数	指定行来源中可以在查阅列中显示的列数。要选择将显示哪些列，请在“列宽”属性中提供列宽
列标题	指定是否显示列标题
列宽	输入每个列的列宽。如果不希望显示某列（如 ID 号），请将宽度指定为 0
列表行数	指定在显示查阅列时出现的行数
列表宽度	指定在显示查阅列时出现的控件的宽度
限于列表	选择用户是否可以输入列表中没有的值
允许多值	指定查阅列是否使用多值字段并允许选择多个值
允许编辑值列表	指定是否可以编辑基于值列表的查阅列中的项。在此属性设置为“是”时，如果右击基于单列值列表的查阅字段，用户将看到“编辑列表项目”菜单选项。如果查阅字段中包含多个列，则忽略此属性
列表项目编辑窗体	指定一个现有窗体，用于编辑基于表或查询的查阅列中的列表项目
仅显示行来源值	在“允许多值”设置为“是”时，仅显示与当前行来源匹配的值

4.4.4 查阅列中的绑定值和显示值

数据库表中的字段可以创建两种不同的查阅列：一种是绑定值和显示值合二为一无区分的查阅列；一种是绑定值和显示值不同的查阅列。

1. 创建绑定值和显示值不同的查阅列

在以上例题中创建的查阅列其绑定值就是显示值，下面通过举例说明如何创建绑定值和显示值不同的查阅列。

【例 4.19】 为“部门”表添加“联系人”字段，其取值源自现有教工。

分析：可在数据表视图中为“部门”表创建“联系人”查阅列，查阅列中的绑定值为“职工号”，显示值为“姓名”。

（1）打开“E:\Access2013DB\JXDB.accdb”数据库，在导航窗格中，打开“部门”表的设计视图。

（2）单击“数据类型”列最后一行的下一行右边的下拉按钮，在弹出的下拉列表中选择“查阅列”选项，打开“查阅向导”。

（3）选中“使用查阅列查阅表或查询中的值”单选按钮，单击“下一步”按钮。

（4）选中“表”单选按钮，选择“表：教工”选项，单击“下一步”按钮，如图 4.62 所示。

（5）“查阅向导”列出表或查询中的可用字段。对于要包含在查阅列中的每个字段，单击该字段，然后单击“>”按钮将其移动到“选定字段”列表中。请注意，当在查阅列中进行选择时，除了选择要提供存储值的字段外，还应选择希望可见的字段。完成后，单击“下一步”按钮，如图 4.63 所示。

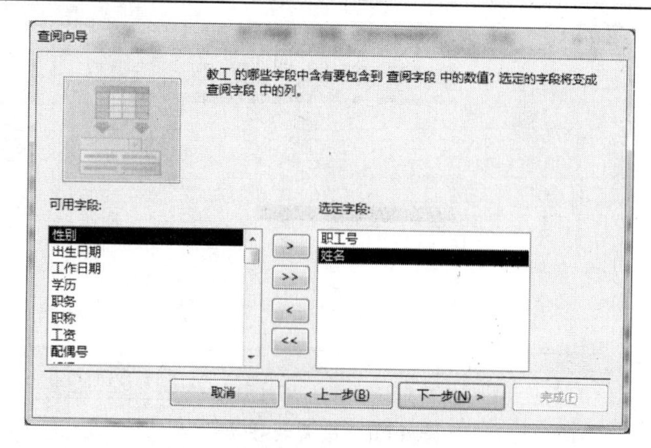

图 4.62　查阅向导 3

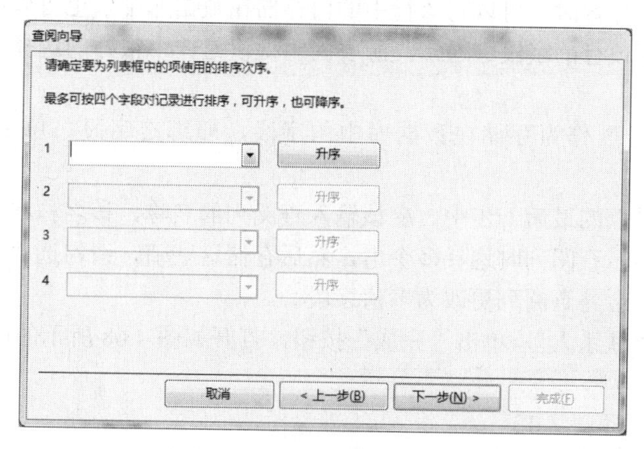

图 4.63　查阅向导 4

这里两次单击“>”按钮，将“职工号”、“姓名”从可用字段移到选定字段。

（6）允许指定可用于对查阅列进行排序的字段。该排序是可选的。完成后，单击“下一步”按钮。这里不选择排序字段，直接单击“下一步”按钮，取消勾选“隐藏键列（建议）”复选框，如图 4.64 所示。

（7）调整将显示在查阅列中的列的宽度。如果缩小某个字段的宽度使其不再可见，或勾选“隐藏键列（建议）”复选框，则该字段将不会显示在查阅列中。

这里缩小“职工号”列宽度使其不再可见。单击“下一步”按钮，如图 4.65 所示。再单击“下一步”按钮，如图 4.66 所示。

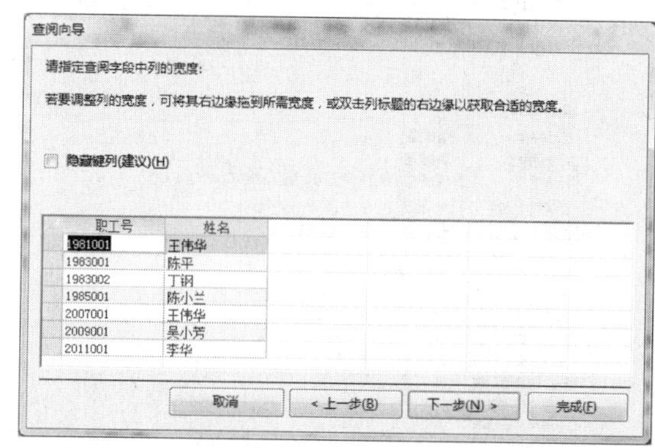

图 4.64　查阅向导 5

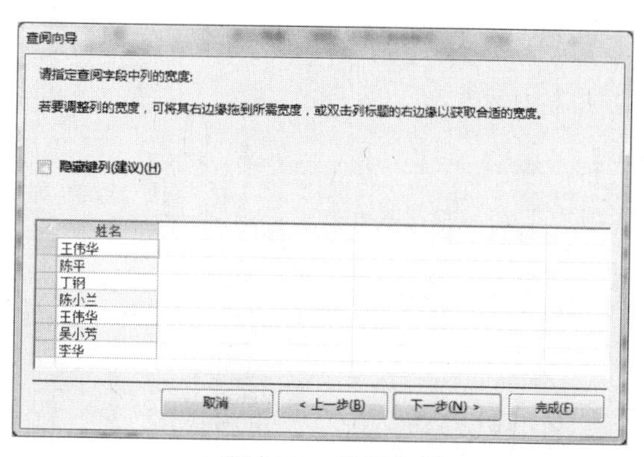

图 4.65　查阅向导 6

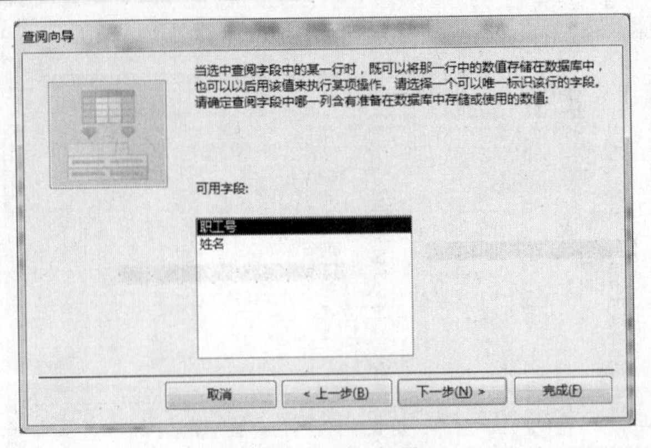

图 4.66　查阅向导 7

（8）在查阅列中选择行时，可以将该行中的值存储在数据库中，也可以以后使用该值执行操作。应该选择唯一标识该行的字段。通常，源表的主键值是一个很好的选择。完成后，单击“下一步”按钮。

这里选择“职工号”作为存储在数据库中的字段，即绑定字段。单击“下一步”按钮，如图 4.67 所示。

（9）在“查阅向导”的最后一步中，应该输入查阅列的名称，该名称将成为表中该字段的名称。如果希望允许在显示查阅列时选择多个值，然后存储这些值，请勾选“允许多值”复选框。请注意，勾选该复选框会将查阅列更改为多值字段。

这里输入字段名“联系人”，单击“完成”按钮，打开如图 4.68 所示的确认对话框。

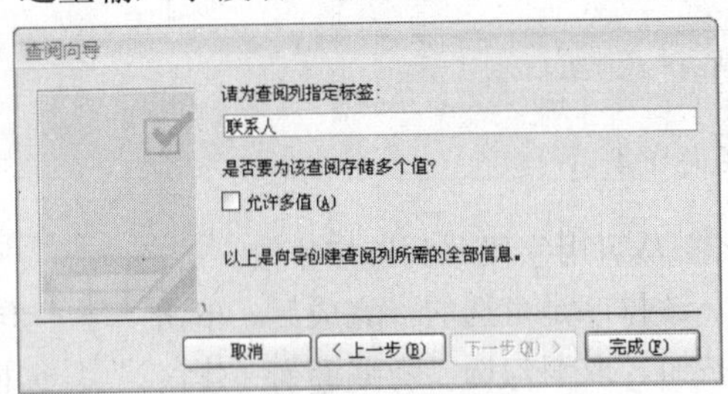

图 4.67　查阅向导 8

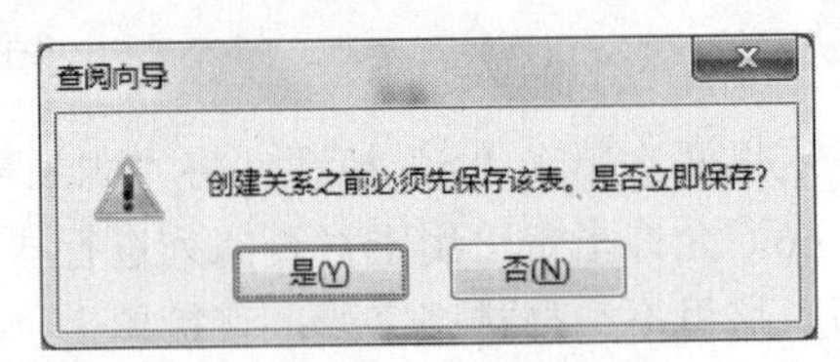

图 4.68　确认对话框

单击“是”按钮，查阅列创建完毕，“部门”表的数据表视图如图 4.69 所示。

“部门”表中“联系人”字段的查阅属性如图 4.70 所示。

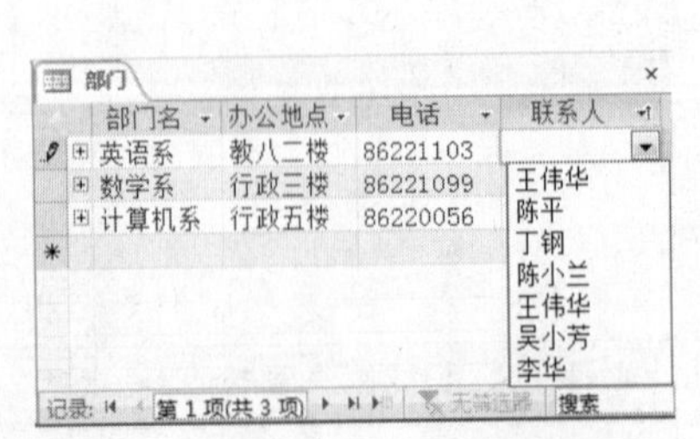

图 4.69　“部门”表的数据表视图

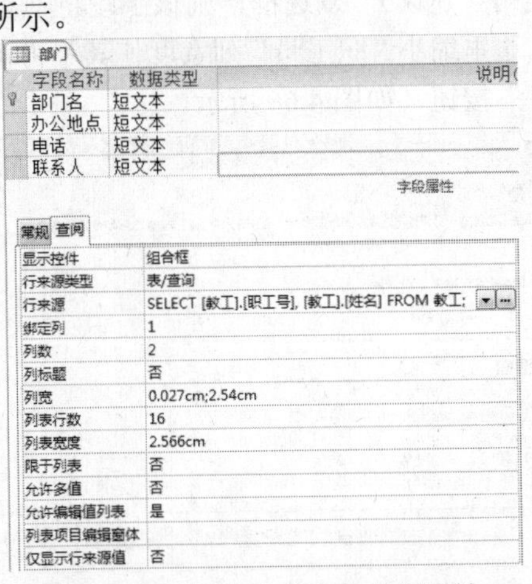

图 4.70　“联系人”字段的查阅属性

2. 查阅列中的绑定值和显示值

使用查阅列的目的是用名称等更有意义的内容替换 ID（或其他外键值）等数字显示。例如，“部门”表中可以显示联系人姓名，而不显示联系人外键值“职工号”。联系人外键值“职工号”是绑定值。通过在源表或查询中自动查找联系人外键值“职工号”来查找联系人姓名。联系人姓名是显示值。

查阅列具有显示在数据录入界面中的**显示值**，以及存储在控件中的**绑定值**。显示值是基于绑定值“查找”的。这意味着 Access 通常会显示与存储在字段中的绑定值不同的查阅到的显示值。例如，在“部门”表示例中，“教工”表中的“职工号”值存储在“部门”表内的“联系人”字段中，这是绑定值。但是，由于“联系人”字段是查阅字段，因此 Access 显示找到的值，在此例中为教工姓名。教工姓名是显示值。

查阅列中的绑定值由“绑定列”属性确定。查阅列中的显示值是“列宽”属性中表示的具有非零宽度的列。

4.4.5 编辑值列表

要更改查阅列，可以在设计视图中打开表，然后修改查阅字段属性。如果查阅列基于值列表，并且“允许编辑值列表”属性设置为“是”，则可以在数据表视图或窗体视图中编辑列表项目。

在数据表视图或窗体视图中编辑列表项目的操作步骤如下。

（1）打开数据库，在导航窗格中双击包含基于值列表的查阅字段表或窗体，将在数据表视图中打开表，或在窗体视图中打开窗体。

（2）右击查阅列，在弹出的快捷菜单中执行“修改查阅”命令。

（3）更改值列表，然后单击“确定”按钮。

【例 4.20】 编辑“教工”表中“职称”查询字段的值列表。

（1）打开“教工”表的数据表视图。

（2）右击查阅列“职称”，在弹出的快捷菜单中执行“修改查阅”命令。

（3）更改值列表，修改完毕，单击“确定”按钮。

4.5 操 作 表

创建好数据库和表后，需要对它们进行必要的操作。对数据表的操作可以在数据库窗口中对表进行重命名、复制和删除等操作，也可以在数据表视图中对表进行查找、替换指定的文本、对表中的记录排序及筛选指定条件的记录等操作。

4.5.1 设置表的常规属性

除了字段属性外，还可以设置应用于整个表和全部记录的属性。可以在表的“属性表”窗口中设置这些属性。

1. 表属性窗口的打开

在设计视图中打开表。

在“设计”选项卡中的“显示/隐藏”命令组中，单击“属性表”按钮，此时将打开“属性表”窗口，如图 4.71 所示。

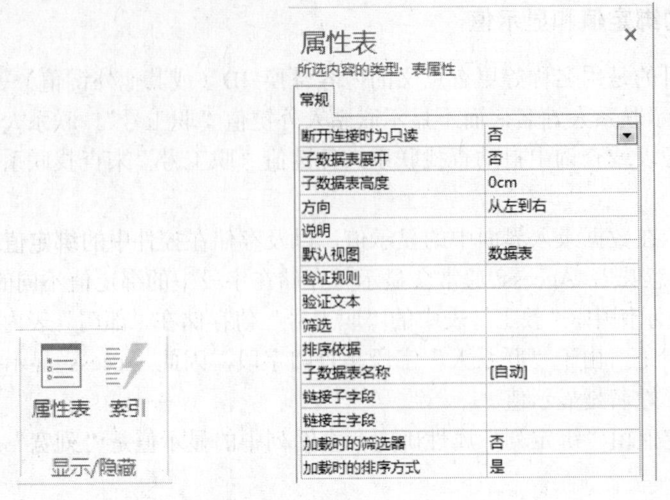

图 4.71 “属性表”窗口

单击与要设置的属性对应的属性框，设置属性。

2. 表属性简介

表 4.27 列出了可用的表属性。

表 4.27 表属性

表属性	目的
断开连接时为只读	取值为“是”或“否”
子数据表展开	设置在打开表时是否展开所有的子数据表
子数据表高度	指定在打开时是展开以显示所有可用的子数据表行（默认设置），还是设置要在打开时显示的子数据表窗口的高度
方向	请根据语言阅读方向是从左到右，还是从右到左来设置查看方向
说明	提供表的说明
默认视图	设置在打开表时是将数据表、数据透视表还是数据透视图作为默认视图
验证规则	提供在添加记录或更改记录时必须为真的表达式
验证文本	输入当记录与有效性规则表达式冲突时显示的文本
筛选	定义条件以仅在数据表视图中显示匹配行
排序依据	选择一个或多个字段，以指定数据表视图中的行的默认排序顺序
子数据表名称	可为当前数据表（父表）指定需要级联显示的子数据表的名称
链接子字段	列出在用于该子数据表的表或查询中与此表的主键字段匹配的字段
链接主字段	列出此表中与子数据表的子字段匹配的主键字段
加载时的筛选器	若设置为“是”，则在数据表视图中打开表时，自动应用“筛选”属性中的筛选条件
加载时的排序方式	若设置为“是”，则打开表的数据表视图时，自动应用“排序依据”属性中的排序条件

如果需要更多的空间以便在属性框中输入或编辑设置，请按快捷键【Shift+F2】来显示“显示比例”属性框。如果将“验证规则”属性设置为表达式，并希望在生成过程中得到帮助，则请单击“验证规则”属性框旁边的 ··· 按钮，以打开“表达式生成器”。

要保存所做的更改，请单击快速访问工具栏上的“保存”按钮。

3. 表级完整性设置

字段属性的验证规则不能包含对其他字段的引用。表属性中的有效性规则，可以包含对该表中字段的引用。

【例 4.21】 实现完整性约束条件：教授及具有博士学历的副教授，他们的工资不得低于 3000 元。

分析：依题意应对“教工”表中的“工资”字段设置自定义完整性约束条件，该条件涉及“职称”、“学历”、“工资”3 个字段，因此应设置为表级验证规则。

（1）打开“教工”表的设计视图。在“设计”选项卡中的“显示/隐藏”命令组中，单击“属性表”按钮，此时将打开如图 4.72 所示的窗口。

（2）在“验证规则”属性框中输入表达式“([职称]="教授" Or ([职称]="副教授" And [学历]="博士")) And [工资]>=3000”。

在“验证文本”属性框中输入“教授及具有博士学历的副教授工资不得低于 3000 元!”。

（3）单击快速访问工具栏上的“保存”按钮。

（4）关闭“属性表”窗口。

属性表

所选内容的类型：表属性

常规

属性	值
断开连接时为只读	否
子数据表展开	否
子数据表高度	0cm
方向	从左到右
说明	
默认视图	数据表
验证规则	([职称]="教授" Or ([职称]="副教授" And [学历]="博士")) And [工资]>=3000
验证文本	教授及具有博士学历的副教授工资不得低于3000元!
筛选	
排序依据	
子数据表名称	[自动]
链接子字段	
链接主字段	
加载时的筛选器	否
加载时的排序方式	是

图 4.72 “属性表”窗口

4.5.2 表的复制、重命名及删除

1．表的复制

复制表可以对已有的表只复制表的结构、全部复制，以及把表的数据追加到另一个表的尾部。

【例 4.22】 将“学生”表的结构复制一份，并命名为“学生备份”。

（1）打开数据库“E:\Access2013DB\JXDB.accdb”。

（2）在导航窗格中，右击“学生”表，在弹出的快捷菜单中执行“复制”命令。或直接按快捷键【Ctrl+C】。

（3）在导航窗格的空白处右击，在弹出的快捷菜单中执行“粘贴”命令。或直接按快捷键【Ctrl+V】，打开如图 4.73 所示的“粘贴表方式”对话框。

（4）在“表名称”文本框中输入“学生备份”，并在“粘贴选项”选项组中选中“仅结构”单选按钮，最后单击“确定”按钮，执行粘贴操作。

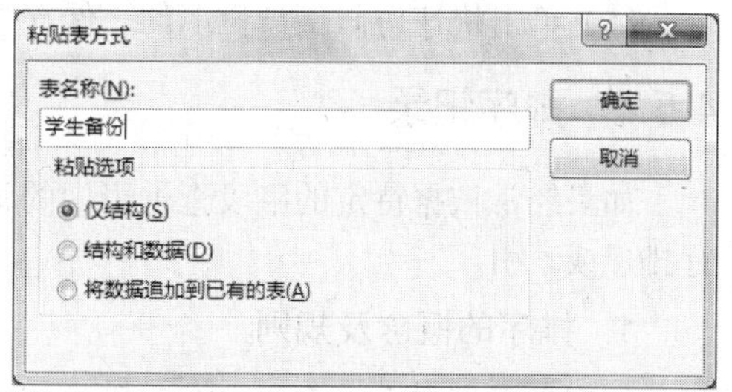

图 4.73 “粘贴表方式”对话框

说明：“粘贴选项”选项组中的“仅结构”单选按钮表示只复制表的结构而不复制记录；“结构和数据”单选按钮表示复制整个表；“将数据追加到已有的表”单选按钮表示将记录追加到另一个表的尾部，这对数据表的合并很有用。

2．表的改名与删除

【例 4.23】 将“学生备份”表重命名为“学生信息”表，然后将其删除。

（1）打开数据库“E:\Access2013DB\JXDB.accdb”。

（2）在导航窗格中，右击“学生备份”表，在弹出的快捷菜单中执行“重命名”命令。

（3）输入新表名“学生信息”，按【Enter】键更名完成。

（4）选中“学生信息”表，按【Enter】键，或右击“学生信息”表，在弹出的快捷菜单中执行“删除”命令，打开确定删除表的对话框，单击“是”按钮执行删除操作。

4.5.3 数据的查找与替换

如果要查找表中的某个数据，Access 提供了非常方便的查找功能，使用它可以快速地定位到查找数据所在的记录。

如果要修改表中多处相同的数据，可以使用替换功能，自动将查找到的数据更新为新数据。

【例 4.24】 查找“教工”表中“职称”为“讲师”的所有记录，并将其值改为“副教授”。

（1）打开“教工”表的数据表视图。在“开始”选项卡的“查找”命令组中，单击“查找”按钮，打开如图 4.74 所示的“查找和替换”对话框。

（2）在“查找内容”文本框中输入“讲师”。单击“替换”选项卡，在“替换为”文本框中输入“副教授”，其他参数设置如图 4.47 所示。

（3）一次替换一个，单击“查找下一个”按钮，找到后，如果要替换当前找到的内容，单击“替换”按钮，否则继续单击“查找下一个”按钮。

如果要一次性全部替换，则单击“全部替换”按钮，这时打开一个如图 4.75 所示的对话框，要求确认是否要完成替换操作。

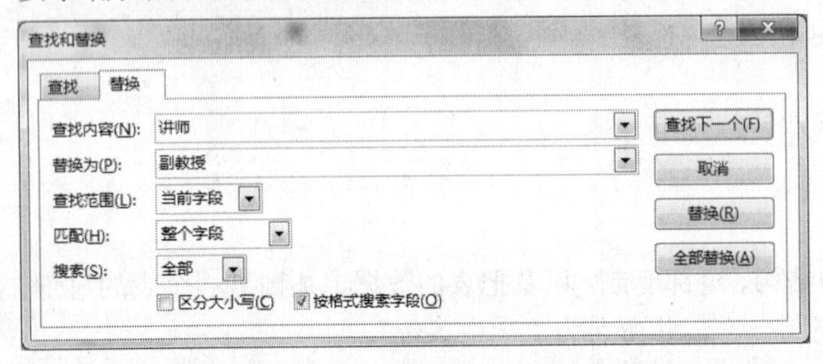

图 4.74 “查找和替换”对话框

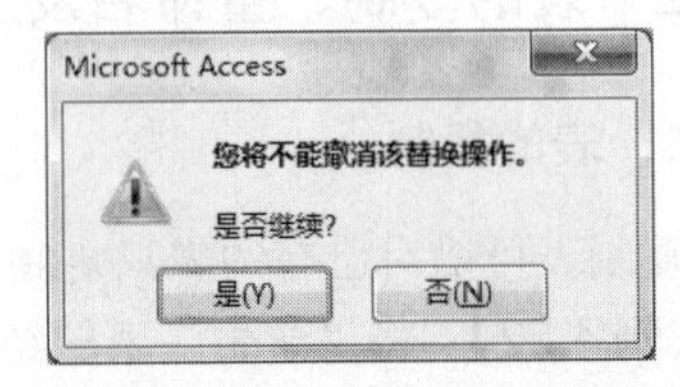

图 4.75 确认是否要完成替换操作对话框

（4）单击“是”按钮。

（5）单击快速访问工具栏上的“保存”按钮。关闭“查找和替换”对话框。

4.5.4 排序记录

如果经常依据特定的字段查询表中的记录，为了提高查找效率，最有效的方法是按该字段进行排序或索引。

1．排序的概念及规则

排序是根据表中一个或多个字段的值对表中所有记录按从小到大或从大到小的顺序进行重新排列。对数据按从小到大的顺序排列称为**升序**，按从大到小的顺序排列称为**降序**。

排序记录时，不同的字段类型，排序规则有所不同，具体有以下规则。

（1）英文按字母顺序排序，大小写视为相同，升序时按 A 到 Z 排序，降序时按 Z 到 A 排序。

（2）中文按拼音字母的顺序排序。升序时按 A 到 Z 排序，降序时按 Z 到 A 排序。

（3）数字按数字的大小排序。升序时由小到大，降序时由大到小。

（4）日期和时间字段，按日期的先后顺序排序。升序时按从前到后的顺序排序，降序时按从后向前的顺序排序。

排序时，要注意以下几点。

（1）对于“文本”型的字段，如果它的取值有数字，那么 Access 将数字视为字符串。因此排序时是按照 ASCII 码值的大小来排序的，而不是按照数值本身的大小来排序的，如果希望按其数值大小排序，应在较短的数字前面加上零。例如，希望将以下文本字符串“5”、“6”、“12”按升序排序，排序的结果是“12”、“5”、“6”，这是因为“1”的 ASCII 码小于“5”的 ASCII 码。要想实现升序排序，应将 3 个字符串改为“05”、“06”、“12”。

（2）按升序排列字段时，如果字段的值为空值，则将包含空值的记录排列在列表的第一条。

（3）数据类型为“超链接”、“OLE 对象”的字段不能排序。

（4）排序后，排序次序将与表一起保存。

2. 排序操作

排序操作在表的数据表视图中进行，操作步骤如下。

（1）打开表的数据表视图。

（2）使用“开始”选项卡中的“排序和筛选”命令组中的排序命令按钮。

“升序”：将鼠标指针定位到要排序字段列的任一单元格，单击该按钮。

“降序”：将鼠标指针定位到要排序字段列的任一单元格，单击该按钮。

“清除所有排序”：单击该按钮将清除对表所做的所有排序。

（3）单击快速访问工具栏上的“保存”按钮，将排序结果存盘。

【例 4.25】 对“学生”表中的记录先按“性别”降序，再按“身高”升序进行排列。

（1）打开“学生”表的数据表视图。

（2）单击“性别”字段右边的下拉按钮，在弹出的下拉列表中选择“降序”选项。或单击“开始”选项卡中的“排序和筛选”命令组中的“降序”按钮。

（3）单击“身高”字段右边的下拉按钮，在弹出的下拉列表中选择“升序”选项。或单击“开始”选项卡中的“排序和筛选”命令组中的“升序”按钮。

（4）单击快速访问工具栏上的“保存”按钮，即把排序后的结果存盘。排序结果如图 4.76 所示。

学生

学号	姓名	性别	出生日期	身高	院系	党员否	相片
15004	王思	女	1997/11/20	158	计算机系	☐	
15001	李小鹃	女	1997/2/10	160	计算机系	☑	Package
15006	李爱华	男	1998/1/8	170	数学系	☐	
15003	欧阳文秀	男	1997/8/7	172	英语系	☑	
15005	陈新	男	1996/6/26	180	英语系	☑	
15002	王思	男	1996/10/8	185	计算机系	☐	

记录：第 1 项(共 6 项)　无筛选器　搜索

图 4.76 “学生”表按“性别”降序、按“身高”升序排序的结果

说明： 选择多个字段排序时，必须注意字段的先后顺序。Access 先对最左边的字段进行排序，然后依次从左到右进行排序。

4.5.5 筛选记录

本节先对什么是筛选做简要介绍，然后详细说明：按选定内容筛选、按窗体筛选、高级筛选 3 种筛选记录的方法，最后介绍筛选的清除与保存。

1. 筛选简介

筛选就是在表、查询、窗体或报表等数据库对象中查找出满足特定条件的记录。应用筛选时，只有与条件匹配的记录才会出现在视图中，其余记录会隐藏起来，直到将筛选移除。

Access 2013 提供了 3 种筛选记录的方法：按选定内容筛选、按窗体筛选及高级筛选。按选定内容筛选是一种最简单的筛选方法，使用它可以找到同时满足一组条件，每个条件包含各字段值的记录；按窗体筛选是一种快速的筛选方法，使用它可以检索满足多组条件中的任一组条件的所有记录；高级筛选可以选择出符合多重条件的记录，并且可以对筛选的结果进行排序。

如果对已经筛选过的列应用筛选，则在应用新筛选之前，将移除上一个筛选。也就是说，在任何时候对于任何一个字段只有一个筛选有效。但可以为出现在视图中的每个字段指定不同的筛选。在一个视图中筛选多个字段时，Access 用 AND 运算符将各个筛选组合起来。

处理筛选结果的方式与处理初始视图完全相同，如可以编辑数据，还可以定位到其他记录。

2. 按选定内容筛选

在 Access 2013 中，按选定内容筛选是最常用的筛选，已内置到每个显示数据的视图中，包括布局视图。其操作方法如下。

（1）在下面的任一视图中打开表、查询、窗体或报表：数据表、窗体、报表或布局。

确保视图尚未经过筛选。在记录选择器栏上，确认可以看到灰显的“无筛选器”图标。

（2）单击与要筛选字段对应的列或控件中的任意位置，若要基于部分内容进行筛选，选定字段中所需要的部分内容。

（3）右击字段；或在“开始”选项卡中的“排序和筛选”命令组中，单击“选择”下拉按钮，或单击“筛选器”按钮，弹出下拉列表。

（4）在弹出的下拉列表中选择所需要的选项。

若要按选定内容继续筛选其他字段，重复步骤（2）～（4）。

下拉列表随着所选定值的数据类型不同而变化，也随着所选定字段值的多大部分而变化。

【例 4.26】 筛选所有姓“李”的 1 月 8 日出生的学生。

（1）打开“学生”表的数据表视图。

（2）分别进行以下操作：选定“姓名”列中姓“李”的字符，右击，在弹出的快捷菜单中执行“开头是"李"”命令，如图 4.77 所示；选定“出生日期”列中的月日部分“1/8”，右击，在弹出的快捷菜单中执行“结尾是 1/8”命令，如图 4.78 所示。筛选结果如图 4.79 所示。

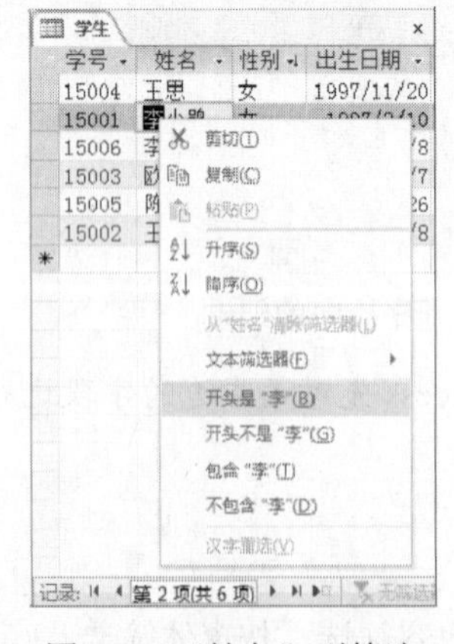

图 4.77 “姓名”列筛选

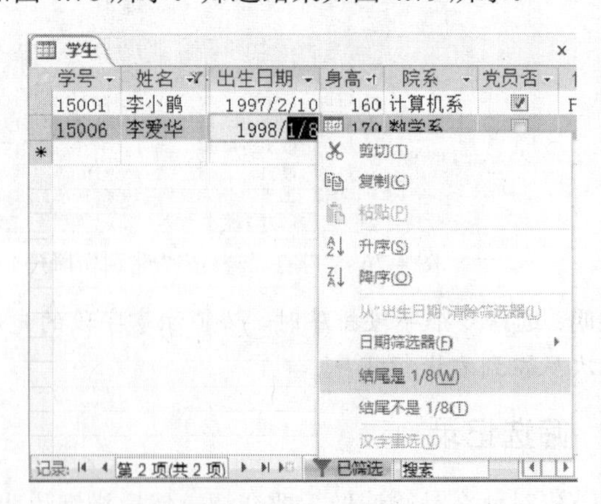

图 4.78 “出生日期”列筛选

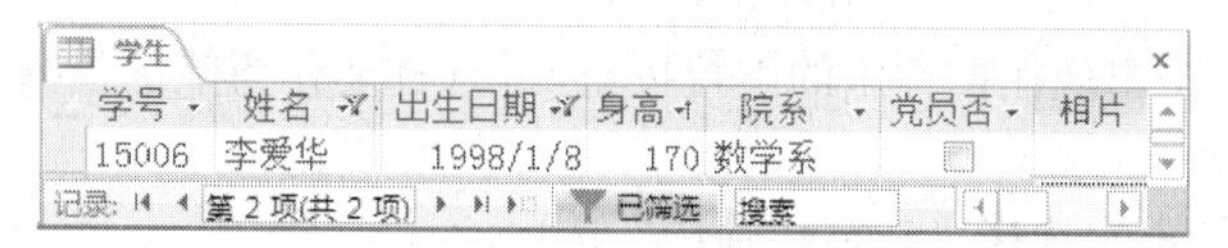

图 4.79　姓“李”的 1 月 8 日出生的学生筛选结果

【例 4.27】 筛选所有身高 170～180cm 的学生。

单击“身高”列中任意一个单元格，右击，在弹出的快捷菜单中执行“数字筛选器”→“介于”命令，如图 4.80 所示，打开“数字范围”对话框，输入最小值“170”，最大值“180”，单击“确定”按钮。

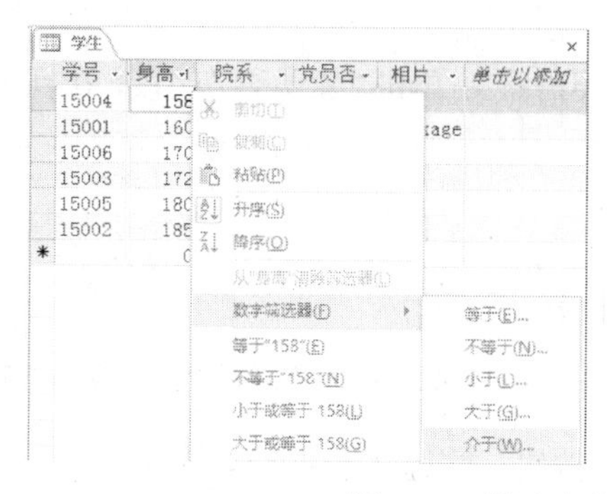

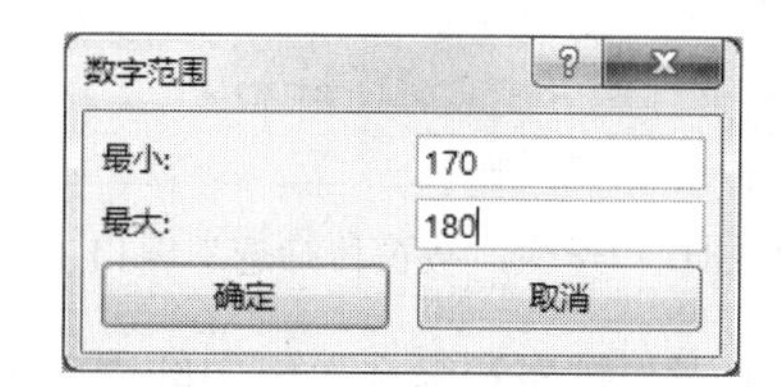

图 4.80　筛选身高 170～180cm 的学生

【例 4.28】 筛选所有第四季度出生的男生。

（1）选定“出生日期”列中任意一个月份值，右击，在弹出的快捷菜单中执行“日期筛选器”→“期间的所有日期”→“第四季度”命令。

（2）选定“性别”列中任一值为“男”的单元格，右击，在弹出的快捷菜单中执行“等于"男"”命令。

当打开了多个表时，单击“开始”选项卡中的“排序和筛选”命令组中的“切换筛选”按钮，可以在筛选视图和未筛选视图之间来回切换。即使切换到对象的其他视图，筛选设置也将一直有效，直到关闭对象。

注意：多值字段不能使用基于部分选定内容的筛选。“选择”命令对附件不可用。

3．按窗体筛选

按窗体筛选记录的操作方法如下。

（1）在数据表视图中打开表或查询，或者在窗体视图中打开窗体。

确保视图尚未经过筛选。在记录选择器栏上，确认可以看到“无筛选器”图标。

（2）在“开始”选项卡中的“排序和筛选”命令组中，单击“高级”下拉按钮，在弹出的下拉列表中选择“按窗体筛选”选项。

（3）根据当前视图（数据表视图或窗体视图），执行下面相应的操作。

在数据表视图中，Access 将数据表变成一个空白记录，每个字段是一个下拉列表，可以从每个下拉列表中选取一个值作为筛选的条件。

在“查找”选项卡中可以根据需要设定多个同时满足的字段值；若要检索满足多组条件中的任一组条件的所有记录，则需要单击数据表底部的“或”选项卡，选择另一组值。每次向“或”选项卡添加字段条件时，Access 都会创建另一个“或”选项卡。筛选返回的记录包含“查找”选项卡及所有“或”选项卡上指定的所有值。

在窗体视图中，单击出现在控件中的下拉按钮，并选择要作为筛选依据的值。窗体底部的“或”选项卡操作同上。

若要修改筛选，请再次选择“按窗体筛选”选项。

【例 4.29】 在“学生”表中筛选出“计算机系”和“英语系”所有“党员”学生记录。

（1）打开“学生”表的数据表视图。

（2）在“开始”选项卡中的“排序和筛选”命令组中，单击“高级”下拉按钮，在弹出的下拉列表中选择“按窗体筛选”选项，打开如图 4.81 所示的“学生：按窗体筛选”窗口。

（3）单击窗口左下角的“查找”选项卡，单击“院系”字段，选择“计算机系”；单击“党员否”字段，在框中打“√”。

单击“或”选项卡，单击“院系”字段，选择“英语系”；单击“党员否”字段，在框中打“√”，如图 4.82 所示。

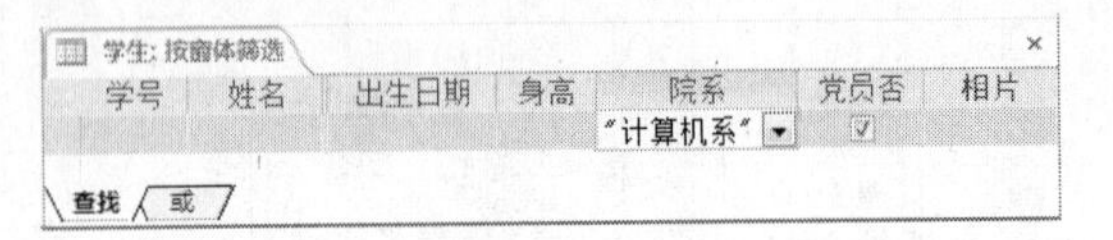

图 4.81 “学生：按窗体筛选”窗口

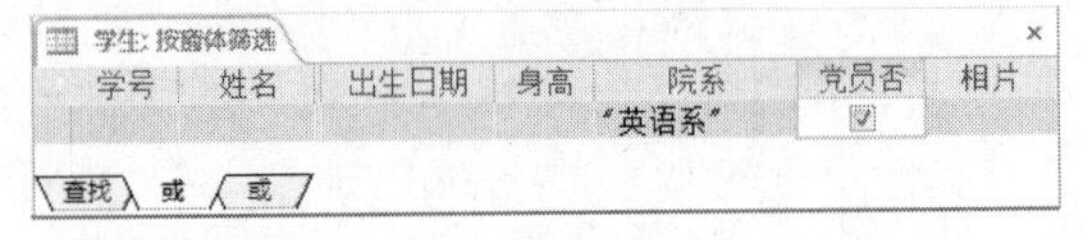

图 4.82 按“英语系”的“党员”筛选

（4）单击“排序和筛选”组中的“应用筛选”按钮，筛选结果如图 4.83 所示。

（5）关闭“学生”表，打开如图 4.84 所示的是否保存提示对话框。若单击“是”按钮，则保存筛选。

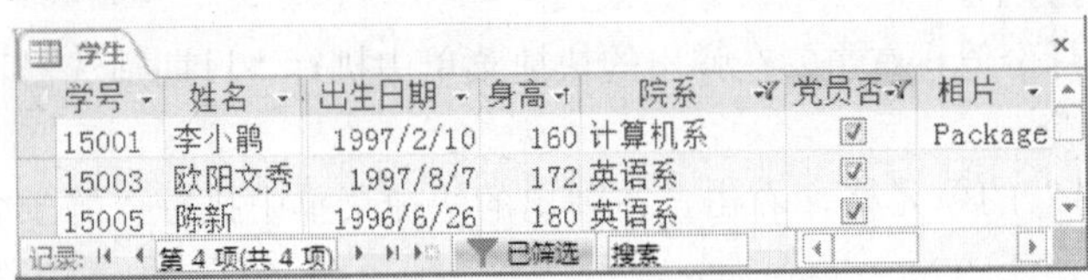

图 4.83 “计算机系”和“英语系”所有“党员”学生记录

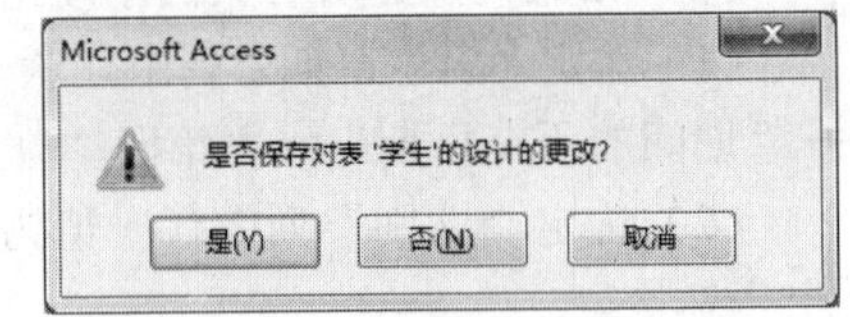

图 4.84 是否保存提示对话框

说明：在图 4.81 中，窗口底部有“查找”和“或”两个选项卡。在“查找”选项卡中输入的各条件表达式之间是“与”操作，表示各条件必须同时满足；在“或”选项卡中输入的各条件表达式之间是“或”操作，表示只要满足其中之一即可。

若再次打开保存有筛选的表时，处于“开始”选项卡，底行会出现“未筛选”按钮，单击此按钮可以在“未筛选”视图和“已筛选”视图之间来回切换。

4. 高级筛选/排序

使用“高级筛选/排序”功能，可以很容易实现较复杂的筛选条件，还可以对筛选的结果进行排序。具体操作如下。

（1）在下面的任一视图中打开表、查询、窗体或报表：数据表、窗体、报表或布局。

确保视图尚未经过筛选。在记录导航器栏上，确认“不筛选”灰显（不可用）。如果未显示记录导航器栏，在“开始”选项卡中的“排序和筛选”命令组中，单击“高级”下拉按钮，在弹出的下拉列表中选择“清除所有筛选器”选项（如果“清除所有筛选器”灰显，则说明没有生效的筛选）。

（2）在“开始”选项卡中的“排序和筛选”命令组中，单击“高级”下拉按钮，在弹出的下拉列表中选择“高级筛选/排序”选项。

（3）将要作为筛选依据的字段添加到设计网格中。

在每个字段的“条件”行中指定条件。条件将按组应用，并且只有与“条件”行中的所有条件都匹配的记录才会显示。若要为单个字段指定或然条件，在“条件”行中输入第一个条件，在“或”行中输入第二个条件，依次类推。“或”行中的整组条件作为“条件”行中的一组或然条件应用。

（4）单击“切换筛选”按钮以查看筛选出的行。

提示：学习编写条件的最佳方法：首先，应用一个公用筛选器或基于选定内容的筛选，该筛选生成的结果应该与所希望的效果十分接近；然后，在“开始”选项卡中的“排序和筛选”命令组中，单击“高级”下拉按钮，在弹出的下拉列表中选择“高级筛选/排序”选项；检查结果，修改在“条件”行中显示的条件，以产生所需要的结果。

在“筛选”文档选项卡上，有两个特殊命令可供使用。在选项卡上右击设计网格上方的任何位置时，“从查询加载”和“另存为查询”命令将出现在快捷菜单中，如图4.85所示。

执行“从查询加载”命令会将所选查询的设计加载到设计网格中。这样，就可以使用查询条件作为筛选条件。执行“另存为查询”命令可以用来将筛选另存为新查询。

【例4.30】 在“学生”表中查找所有女生及身高170～175cm的男生，并按“出生日期”升序排序。

（1）打开“学生”表的数据表视图。

（2）在“开始”选项卡中的“排序和筛选”命令组中，单击“高级”下拉按钮，在弹出的下拉列表中选择“高级筛选/排序”选项，打开如图4.86所示的“高级筛选/排序”设计视图。

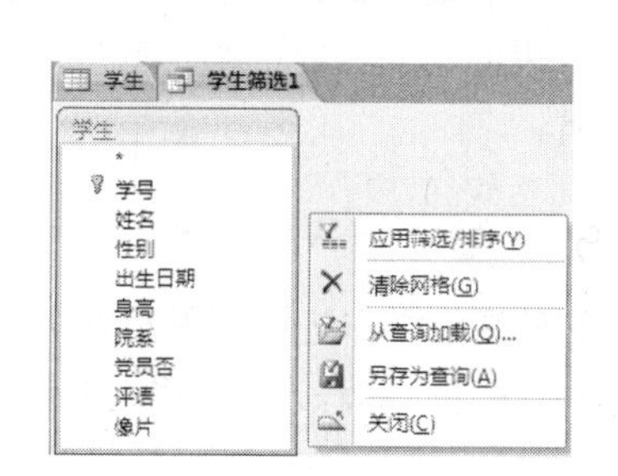

图4.85　“筛选”文档选项卡上的命令

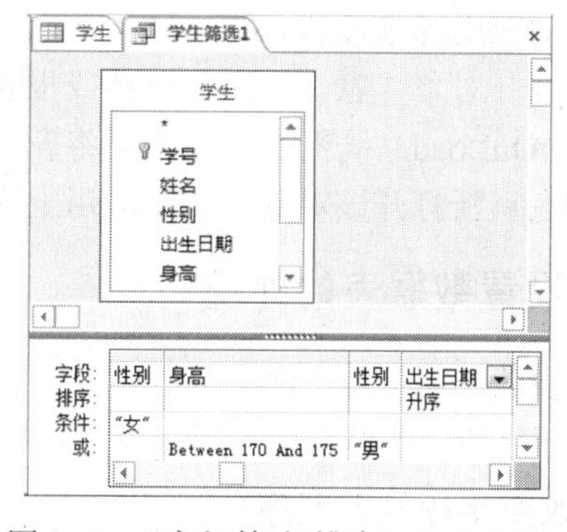

图4.86　“高级筛选/排序”设计视图

（3）单击设计网格中第一列“字段”行右侧的下拉按钮，在弹出的下拉列表中选择“性别”字段，用同样的方法在第二列的“字段”行上选择“身高”字段，在第三列的“字段”行上选择“性别”字段，在第四列的“字段”行上选择“出生日期”字段。

（4）在“性别”的“条件”单元格中输入条件“"女"”。

在“身高”的“或”单元格中输入条件“Between 170 And 175”。

在“性别”的“或”单元格中输入条件“"男"”。

在“出生日期”的“排序”单元格中，选择“升序”选项。

（5）对以上筛选设置可按以下两种方法之一进行保存。

方法1：在“开始”选项卡中的“排序和筛选”命令组中，单击“高级”下拉按钮，在弹出的下拉列表中选择“应用筛选/排序”选项，显示如图4.87所示的筛选结果。单击快速访问工具栏上的“保存”按钮，关闭筛选窗口。

方法2：将筛选设置另存为查询。单击快速访问工具栏上的“保存”按钮，打开“另存为查询”对话框，在“查询名称”文本框中输入“女生及身高170至175的男生”，单击“确定”按钮，关闭筛选窗口。

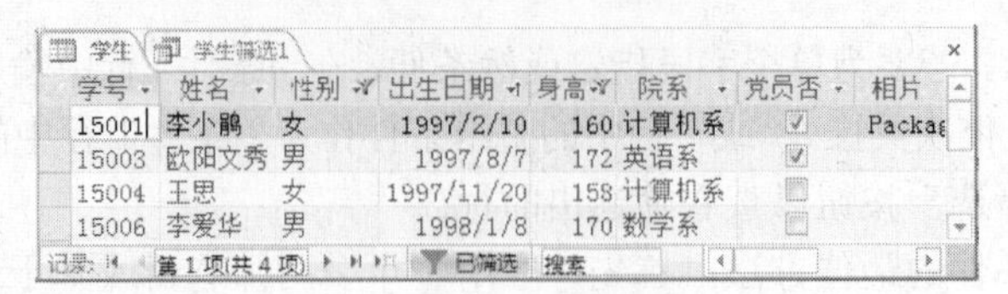

图 4.87 筛选结果

5. 筛选的清除与保存

不再需要筛选时应予以清除。清除筛选时，将会从视图中永久删除，并且不能再通过单击状态栏上的“未筛选”按钮来重新应用它。对于要重新应用的筛选设置应予保存。

（1）清除筛选。

若要从单个字段中清除单个筛选，右击已筛选列的某个值或控件，在弹出的快捷菜单中执行“从"<field name>"清除筛选器”命令。

若要从所有字段中清除所有筛选：在“开始”选项卡中的“排序和筛选”命令组中，单击“高级”下拉按钮，在弹出的下拉列表中选择“清除所有筛选器”选项。

（2）保存筛选。

可以很轻松地保存筛选以供将来使用。在关闭表、查询、窗体或报表时，当前应用的筛选设置将自动与对象一起保存，可以重新应用这些筛选设置。但是，默认情况下，下一次打开该对象时不会自动应用筛选设置。

下次打开对象（表、查询、窗体或报表）时筛选设置是否有效，取决于对象“加载时的筛选器”(FilterOnLoad）属性设置。如果将表、查询、窗体或报表的“加载时的筛选器”属性设置为“是”，则在重新打开该对象时，将应用上次应用的筛选设置。

4.5.6 设置数据表的外观

设置表的外观是为了使表看上去更清楚、美观。设置表的外观的操作包括改变表字段显示顺序，隐藏与显示字段，冻结与解冻列，设置表的行高和列宽，设置字体、对齐方式、颜色与网格线。

1. 改变字段显示顺序

在缺省设置下，通常 Access 显示数据表中的字段顺序与它们在表或查询中出现的顺序相同。但是，在使用数据表视图时，往往需要移动某些列来满足查看数据的需要。此时，可以改变字段的显示顺序。

【例 4.31】 将“选修”表中的“学号”字段移到“课号”字段的右边。

（1）打开“选修”表的数据表视图。

（2）将鼠标指针定位在“学号”字段名上，这时鼠标指针会变成一个粗体黑色向下的箭头↓，单击，然后按住鼠标左键并拖动到“课号”字段，当右表格线变粗后[图 4.88(a)]释放鼠标左键，结果如图 4.88(b)所示。

(a) 表格线变粗

(b) 位置互换结果

图 4.88 “选修”表中的“学号”和“课号”字段位置互换

说明： *移动数据表视图中的字段，不会改变设计视图中字段的排列顺序，而只是改变字段在数据表视图下的显示顺序。*

2．隐藏与显示字段

在数据表视图中，为了便于查看表中的主要数据，可以将某些字段暂时隐藏起来，需要时再将其显示出来。

1）隐藏字段

【例4.32】 将“学生”表中的“性别”及“院系”字段隐藏起来。

（1）打开“学生”表的数据表视图。

（2）将鼠标指针移到“性别”字段名上单击，右击“性别”列任一位置，弹出的快捷菜单如图4.89所示，执行“隐藏字段”命令，“性别”字段被隐藏。

（3）将鼠标指针移到“院系”字段名上单击，右击“院系”列任一位置，在弹出的快捷菜单中执行“隐藏字段”命令，“院系”字段被隐藏。

2）显示隐藏的字段

将隐藏字段的重新显示出来，操作步骤如下。

（1）打开“学生”表的数据表视图。

（2）在任一字段名上右击，在弹出的快捷菜单中执行“取消隐藏字段”命令，打开如图4.90所示的“取消隐藏列”对话框。

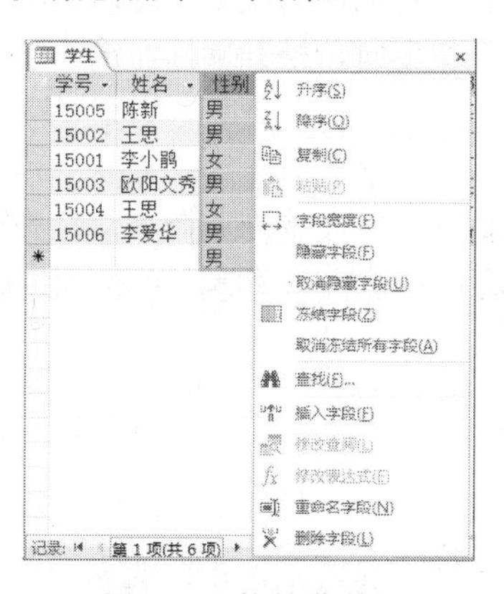

图4.89 快捷菜单

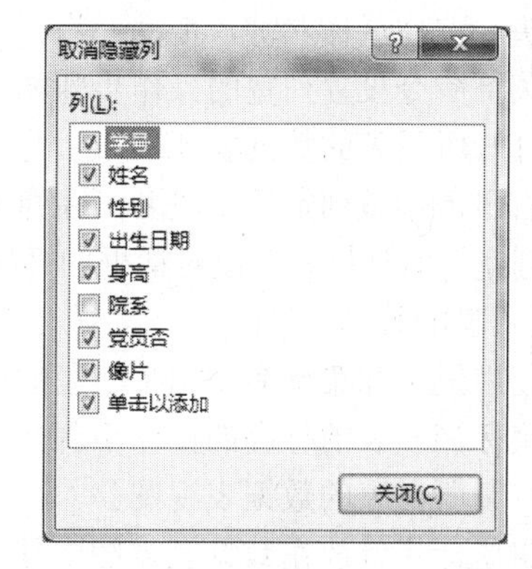

图4.90 “取消隐藏列”对话框

（3）在“列”列表中每个字段对应一个复选框，复选框中有“√”符号者表示字段显示在数据表视图内，没有此符号者表示隐藏。此图状态表示“性别”、“院系”字段已隐藏，在复选框中单击，即可取消该字段的隐藏。

（4）单击“关闭”按钮。

3．冻结与解冻列

在数据库中常常需要建立字段数较多的表。由于表过宽，在数据表视图中，有些字段值因为水平滚动后无法看到，影响了数据的查看。例如，JXDB数据库中的“教师”表，由于字段数比较多，当查看“教师”表中的“相片”字段值时，“姓名”字段已经移出了屏幕，因而不能知道是哪位教师的“相片”。解决这一问题的最好方法是利用Access提供的冻结列功能。

【例4.33】 冻结“教工”表中的“职工号”、“姓名”两列。

（1）打开“教工”表的数据表视图。

（2）单击“职工号”字段名，右击“职工号”列任一位置，在弹出的快捷菜单中执行“冻结字段”命令，“职工号”列便被冻结。

（3）单击“姓名”字段名，右击“姓名”列任一位置，在弹出的快捷菜单中执行“冻结字段”命令，“姓名”列便被冻结。

“职工号”、“姓名”两列被冻结后，在“教师”表的数据表视图中向右移动水平滚动条时，“职工号”、“姓名”列始终显示。

在任一字段名上右击，在弹出的快捷菜单中执行“取消冻结所有字段”命令，可解除对所有列的冻结。

4．设置表的行高和列宽

在所建立的表中，若数据过长，数据显示就会被遮住；若数据设置的字号过大，数据就会在一行中被切断。为了能够完整地显示字段中的全部数据，可以调整字段显示的宽度和高度。可以对每个字段设置列宽，即各字段可以使用不同的宽度。而设置行高后，会改变所有记录的高度。

1）设置字段的列宽

可以使用鼠标和菜单命令调整字段的显示宽度。

使用鼠标调整表中字段的显示宽度的操作步骤如下。

（1）打开所需表的数据表视图。

（2）将鼠标指针放在数据表视图中需调整列宽的字段名右边的网格线上，这时鼠标指针变为十字双箭头。按住鼠标左键，拖动左右移动，当调整到所需宽度时，松开鼠标左键。

使用菜单命令设置列宽的操作步骤如下。

（1）打开所需表的数据表视图。

（2）右击需调整列宽的字段名，在弹出的快捷菜单中执行“字段宽度”命令，打开如图 4.91 所示的“列宽”对话框。在该对话框的“列宽”文本框中输入所需的列宽值，单击“确定”按钮。

2）设置表的行高

可以使用鼠标和菜单命令调整字段的显示高度。

使用鼠标调整表的行高的操作步骤如下。

（1）打开所需表的数据表视图。

（2）将鼠标指针放在数据表视图中任意两个行选定器之间，这时鼠标指针变为十字双箭头。按住鼠标左键，上下拖动。当调整到所需高度时，松开鼠标左键。

使用菜单命令设置表的行高的操作步骤如下。

（1）打开所需表的数据表视图。

（2）右击任一行选定器，在弹出的快捷菜单中执行“行高”命令，打开如图 4.92 所示的“行高”对话框。在该对话框的“行高”文本框中输入所需的行高值，单击“确定”按钮。

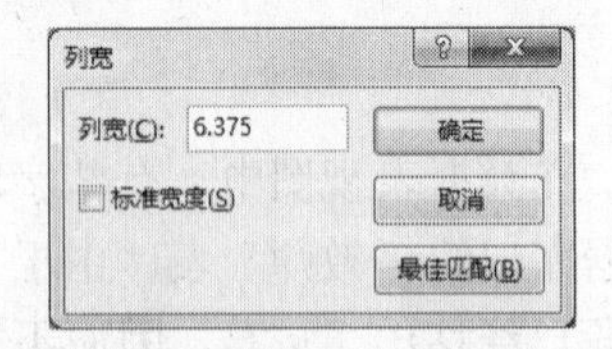

图 4.91 “列宽”对话框

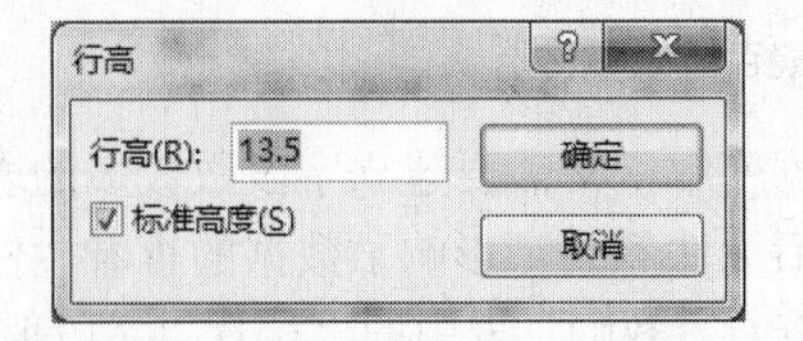

图 4.92 “行高”对话框

5．设置字体、对齐方式、颜色与网格线

Access 2013 安装后，系统对数据表的外观设置如表 4.28 所示。

表 4.28　数据表的初始外观设置表

字体	字号	粗细	列宽	网络线	单元格效果	字体颜色	背景颜色	替代背景颜色	网格线颜色
宋体	11	普通	2.499cm	水平和垂直	平面	黑色	白色	白色	银色

用户可根据需要重新设置以上参数，设置方法有两种。

方法 1：在“Access 选项”对话框中对数据表进行设置。该方法用于设置数据表外观的默认值，对数据库中的所有表生效。

方法 2：使用“开始”选项卡中的“文本格式”命令组中的命令按钮进行设置。该方法用于设置当前打开的数据表视图的外观。

1）在“Access 选项”对话框中进行设置

操作步骤如下。

（1）打开数据库。

（2）执行“文件”→“选项”命令，打开“Access 选项”对话框。选择“数据表”选项，如图 4.93 所示。

（3）用户根据需要重新设置以上参数，设置完毕，单击“确定”按钮。

2）使用“开始”选项卡中的“文本格式”命令组中的按钮进行设置

操作步骤如下。

（1）打开需设置外观的表的数据表视图。“开始”选项卡中的“文本格式”命令组如图 4.94 所示。

图 4.93　“Access 选项”对话框

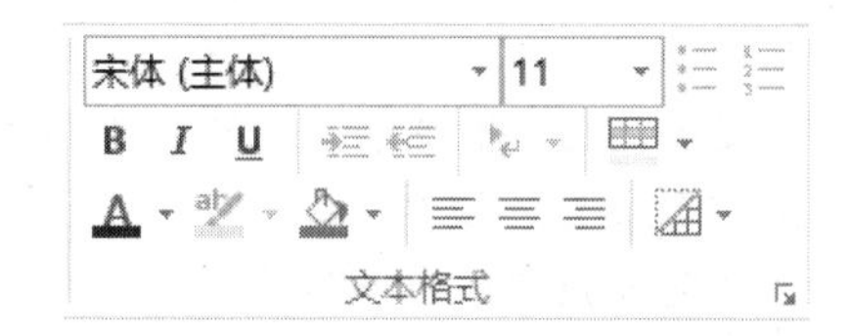

图 4.94　“开始”选项卡中的“文本格式”命令组

（2）单击“文本格式”命令组中的按钮进行相应的设置。

说明：“文本格式”命令组中只有 3 个对齐方式按钮可针对字段进行设置，其余按钮都是对整个表的设置。

【例 4.34】 对“学生”表的外观按表 4.29 的要求进行设置。

表 4.29　对“学生”表的外观设置要求

字体	字号	粗细	网络线	字体颜色	背景色	可选行颜色	出生日期对齐方式
隶书	12	加粗	交叉	红色	黄色	紫色	左对齐

（1）打开“学生”表的数据表视图。

（2）单击“字体”下拉按钮，在弹出的下拉列表中选择“隶书”选项。

在“字号”文本框中输入“12”。

单击“加粗”按钮。

单击“网络线”按钮，在弹出的下拉列表中选择“网格线：交叉”选项。

单击“字体颜色”按钮，在弹出的下拉列表中选择“红色”选项。

单击“背景色”按钮，在弹出的下拉列表中选择“黄色”选项。

单击“可选行颜色”按钮，在弹出的下拉列表中选择“紫色 3”选项。

单击“出生日期”字段列中的任一位置，单击“文本左对齐”按钮。

（3）单击快速访问工具栏上的“保存”按钮，关闭“学生”表。结果如图 4.95 所示。

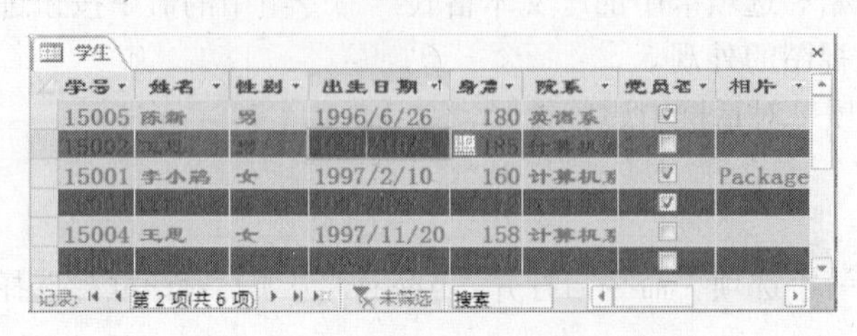

图 4.95 “学生”表外观设置结果

习 题 4

一、选择题

1．下列选项中错误的字段名是（　　）。

A．已经发出货物客户　B．通信地址～1　C．通信地址。2　D．1 通信地址

2．Access 表中字段的数据类型不包括（　　）。

A．短文本　B．长文本　C．通用　D．日期/时间

3．如果表中有“联系电话”字段，若要确保输入的联系电话值只能为 8 位数字，应将该字段的输入掩码设置为（　　）。

A．00000000　B．99999999　C．########　D．????????

4．统配任何单个字母的通配符是（　　）。

A．#　B．！　C．？　D．[]

5．若要求在文本框中输入文本时达到密码“*”号的显示效果，则应设置的属性是（　　）。

A．“默认值”属性　B．“标题”属性　C．“密码”属性　D．“输入掩码”属性

6．下列选项叙述不正确的是（　　）。

A．如果短文本字段中已经有数据，那么减小字段大小不会丢失数据

B．若数字字段中包含小数，将字段大小设置为整数时，Access 自动将小数取整

C．为字段设置默认值属性时，必须与字段所设的数据类型相匹配

D．可以使用 Access 的表达式来定义默认值

7．要在输入某日期/时间型字段值时自动插入当前系统日期，应在该字段的“默认值”属性框中输入（　　）表达式。

A．Date( )　B．Date[ ]　C．Time( )　D．Time[ ]

8．数据表中的“行”称为（　　）。

A．字段　B．数据　C．记录　D．数据视图

9．默认值设置是通过（　　）操作来简化数据输入的。

A．清除用户输入数据的所有字段　B．用指定的值填充字段

C．消除了重复输入数据的必要　D．用与前一个字段相同的值填充字段

10．“按选定内容筛选”允许用户（　　）。

A．查找所选的值

B．输入作为筛选条件的值

C．根据当前选中字段的内容，在数据表视图窗口中查看筛选结果

D．以字母或数字顺序组织数据

二、填空题

1．修改表结构只能在________视图中完成。

2．修改字段包括修改字段的名称、________、说明等。

3．在 Access 中，可以在________视图中打开表，也可以在设计视图中打开表。

4．“是/否”型字段实际保存的数据是________或________，________表示“是”，________表示“否”。

5．如果希望两个字段按不同的次序排列，或者按两个不相邻的字段排序，需使用________窗口。

6．在数据表视图中，________某字段或几个字段后，无论用户怎样水平滚动窗口，这些字段总是可见的，并且总是显示在窗口的最左边。

7．在 Access 的数据表中，必须为每个字段指定一种数据类型，字段的数据类型有________、________、________、________、________、________、________、________、________、________。其中，________数据类型可以用于为每个新记录自动生成数字。

8．在输入数据时，如果希望输入的格式标准保持一致或希望检查输入时的错误，可以通过设置字段的________属性来设置。

三、设计题

1．建立教学管理数据库，其表结构参照表 4.2～表 4.7。

2．设置表的各种属性及建立表间关系。

（1）对“部门”表的“电话”字段设置“输入掩码”，以保证用户只能输入 3 个数字的区号和 8 个数字的电话号码，区号和电话号码之间用“-”分隔。

（2）在“学生”表中，通过“输入掩码向导”为“出生日期”字段设置“输入掩码”为“短日期”；将“出生日期”字段的“格式”属性设置为“长日期”，并在数据表视图窗口查看“出生日期”字段的显示结果，比较“输入掩码”和“格式”的区别。

（3）在“选修”表中，要求“成绩”字段只能接收 1～100 的整数，请为该字段设置“验证规则”，违反该规则时提示用户“请输入 1～100 中的数据”。

（4）在“选修”表中，要求“成绩”字段的所有数据小数点后显示 2 位小数。

（5）将“选修”表的“学号”、“课号”和“成绩”字段分别改为“sno”、“cno”和“grade”，在数据表视图窗口中看显示结果。

（6）把字段“sno”、“cno”和“grade”的“标题”属性分别设置为“学号”、“课号”和“成绩”，在数据表视图窗口中查看显示结果有什么变化。

为各表设置合适的主键，建立表间的关系。

3．对各表记录的操作。

（1）在“学生”表的第 3 条记录的“相片”字段中输入一张相片，相片文件自选。

（2）将“教工”表的“教工号”、“姓名”字段冻结，然后移动光标，观察显示结果，最后解冻被冻结的字段。

（3）筛选出“男”教师的记录，然后取消筛选。

第5章　查　询

在第4章中介绍了数据库的建立及表的创建过程。通过“表”对象，我们可以存储数据库中的数据记录。但是建立数据库的最终目的并不仅仅是将数据完整、正确地保存在数据库中，而是为了对数据进行各种处理和分析，以便更好地使用它。查询即是通过设置某些条件，从表中获取所需的数据，从而让用户查看到自己感兴趣的数据，并且可以方便地对这些数据进行更改和分析。本章将详细介绍查询的基本概念、查询的创建和使用等内容。

5.1　查询概述

通过定义要查询的内容和条件，Access就可以将数据库表中符合条件的数据以一个表的结果列举出来。除此之外，利用查询还可以实现很多其他功能，这一节将介绍查询的功能及几种基本的查询类型。

5.1.1　查询的功能

通过查询，用户可以方便地查看自己感兴趣的内容，还可以对数据进行编辑。查询的基本功能如下。

（1）通过查询可以使用户方便地查看到自己感兴趣的数据，而将当前不需要的数据排除在外。用户可以只选择表中的部分字段或者根据指定条件查找所需的记录。

（2）使用查询用户不但可以看到自己需要的数据，还可以对这些进行编辑，包括添加记录、修改记录和删除记录等。

（3）查询不仅可以找到满足条件的记录，还可以在建立查询的过程中进行各种统计计算。

（4）查询的结果可以用于生成新表，也可以为窗体、报表和页等提供数据。

5.1.2　查询的类型

Access支持5种查询方式：选择查询、操作查询、交叉表查询、参数查询和SQL查询。各种查询方式在执行上有所不同，但都可以通过以下方式实现查询的各项功能。

1．选择查询

选择查询是最常见的一种查询类型，所谓“选择”，顾名思义，是指根据一定的查询准则从一个或多个表，或者其他查询中获得数据，并按照所需的排列次序显示。查询的结果是一个数据记录的动态集，用户可以对这个动态集中的数据记录进行修改、删除、增加等操作，对其所做的修改也会自动写入与动态集相关联的表中。

2．操作查询

操作查询和选择查询类似，不同的是操作查询通过一个操作更改记录，对查询所得的结果进行不同的编辑。根据操作的不同可以分为删除查询、追加查询、更新查询和生成表查询4种。

删除查询是指从一个或多个表中删除一组记录。例如，将选修成绩低于60分的学生记录从“选修”表中删除。

追加查询是指将新记录添加到现存的一个或多个表中，或者查询的末尾。

更新查询是指根据指定的条件更改一个或多个表中记录的查询。

生成表查询是指利用一个或多个表、查询中的全部或部分数据建立一张新表。

3．交叉表查询

交叉表查询主要用于对数据字段的内容进行数学统计，结果显示在行与列交叉的单元格中。利用交叉表查询可以计算平均值、总计、最大值和最小值等。

4．参数查询

参数查询利用对话框来提示用户输入条件，然后根据用户输入的条件来检索符合相应条件的记录。例如，查询并显示1986年出生的学生记录。

5．SQL查询

SQL（Structure Query Language）是一种结构化查询语言，自从IBM公司1981年推出以来，SQL语言得到了广泛应用。SQL查询是指用户使用SQL语言来创建查询。上述的任何一种查询都可以通过SQL语言来实现。其类型主要包括联合查询、传递查询、数据定义查询和子查询等。

联合查询可以将一个或多个表、一个或多个查询中的字段组合起来作为查询结果中的一个字段。

传递查询直接将命令发送到ODBC数据源对象，它使用服务器能接受的命令，在服务器上进行查询操作。

数据定义查询可以通过SQL语言来创建、修改或删除表的对象，并且可以动态地对表的结构进行修改，或者在当前的数据库中创建索引。

子查询是嵌套在主查询中的SELECT语句，通过子查询作为查询的准则来测试某些结果的存在性。

5.2 查询条件

创建查询时需要添加一些限制条件，这些条件就是查询条件，使用查询条件可以使查询结果仅包含满足查询条件的数据记录。条件是运算符、常量、字段值、函数，以及字段名和属性的任意组合，其中运算符、函数和表达式是构成Access计算功能的基础，用户在日常应用中的各种计算任务更是离不开它们。熟练掌握这些条件的组成，可使应用水平达到新的台阶。

5.2.1 运算符

运算是对数据进行加工的过程，描述各种不同运算的符号称为运算符，而参与运算的数据称为操作数。表达式由符号、值和标识符组成，可以进行各种数据计算操作。在数据库的处理过程中，经常要输入表达式来执行某些特定操作。

运算符包括算术运算符、关系运算符、逻辑运算符和连接运算符4种。

1．算术运算符

常用的算术运算有乘幂（^）、乘法（*）、除法（/）、整数除法（\）、求模运算（Mod）、加法（+）及减法（–）7种运算。

其中，加法（+）、减法（–）、乘法（*）和除法（/）4种运算分别完成两个操作数的加、减、乘、除4种运算；整数除法（\）运算用来对两个操作数进行相除后，返回其商的整数部分；求模运算（Mod）用来对两个操作数进行相除后，返回其余数；乘幂（^）运算完成操作数的乘方运算。

对于算术运算符，需要注意如下两点。

（1）对于整数除法（\）运算，如果操作数有小数部分，系统会舍去小数部分后再运算，如果结果有小数也要舍去。

（2）对于求模运算（Mod），如果操作数有小数部分，系统会四舍五入变成整数后再运算；如果被除数是负数，余数也是负数，反之，如果被除数是正数，余数则为正数，即结果的符号仅与被除数相关。例如：

```
MyValue=10.2\4.9              '返回 2
MyValue=10.2 Mod 4.9          '返回 0
MyValue=-12.6 Mod -5          '返回 -3
```

（3）算术运算符之间从高到低的优先级为乘幂（^）、乘法和除法（*、/）、整数除法（\）、求模运算（Mod）、加法和减法（+、-）。

2．关系运算符

用来判断两个或多个值（或表达式）之间的大小关系，有相等（=）、不等（<>）、小于（<）、大于（>）、小于相等（<=）和大于相等（>=）6 种运算。

运用上述 6 个关系运算符可以对两个操作数进行大小比较。比较运算的结果为布尔型的值：True（真）或 False（假）。例如：

```
MyValue=10 > 4                        '返回 True
MyValue="ab"<>"aaa"                   '返回 True
MyValue=#2006-12-15#<=#2008-12-15#    '返回 True
```

3．逻辑运算符

逻辑运算主要有与（AND）、或（OR）和非（NOT）3 种运算。

运用上述 3 个逻辑运算符可以对两个逻辑量进行逻辑运算。其结果为布尔型的值，运算法则如表 5.1 所示。

表 5.1 逻辑运算表

A	B	A AND B	A OR B	NOT A
True	True	True	True	False
True	False	False	True	False
False	True	False	True	True
False	False	False	False	True

例如：

```
MyValue=10>4 AND 1>=2         '返回 False
MyValue=10>4 OR 1>=2          '返回 True
MyValue=NOT (4=3)             '返回 True
```

4．连接运算符

字符串连接运算具有连接字符串的功能，具有“&”和“+”两个运算符。其中“&”用来强制将两个操作数的结果当作字符串来进行连接。例如：“2+3”&“=”&(2+3)的运算结果为“2+3=5”。

而“+”运算符是将两个字符串型的操作数连接成一个新字符串。例如：“我的年龄为”+“18”的运算结果为“我的年龄为 18”。

但如果写成：“我的年龄为”+18，则出错。

5．运算符之间的优先级

将常量和变量用上述运算符连接在一起构成表达式。例如，12*3/4-7 Mod 2+2>3 就是一个表达式。当一个表达式由多个运算符连接在一起时，运算进行的先后顺序是由运算符的优先级决定的。优先级高的运算先进行，优先级相同的运算依照从左向右的顺序进行。VBA 中常用运算符的优先级的划分如表 5.2 所示。

关于运算符的优先级做如下说明。

（1）不同运算符之间的优先级：算术运算符>连接运算符>关系运算符>逻辑运算符。

（2）算术运算符和逻辑运算符必须按表 5.2 所示的优先顺序处理。

（3）括号优先级最高。可以用括号改变优先顺序，强令表达式的某些部分优先运行。

例如，表达式 3*3\3/3，其结果为 9，因乘法运算(*)和除法运算(/)优先于整数除运算(\)，故表达式相当于(3*3)\(3/3)。

表 5.2　运算符的优先级

优先级	高 ← 低			
	算术运算符	连接运算符	关系运算符	逻辑运算符
高 ↑	指数运算符（^）	字符串连接（&）	小于（<）	NOT
	乘法和除法（*、/）	字符串连接（+）	大于（>）	AND
	整数除法（\）		小于相等（<=）	OR
	求模运算（Mod）		大于相等（>=）	
低	加法和减法（+、−）		相等（=）	
			不等（<>）	

5.2.2　内置函数

函数的概念与一般数学中的函数的概念相同，是一种特定的运算。在程序中要使用一个函数时，只要给出函数名和参数，就能得到其函数值。

Access 提供了许多内置函数，它们能完成各种任务。内置函数按其功能可分为数学函数、字符串函数、日期/时间函数、类型转换函数等。

1．数学函数

常见的数学函数如表 5.3 所示。

表 5.3　常见的数学函数

名　　称	格　　式	功　　能
正弦	Sin(数值表达式)	返回来自 x 的正弦值
余弦	Cos(数值表达式)	返回来自 x 的余弦值
正切	Tan(数值表达式)	返回来自 x 的正切值
反正切	Atn(数值表达式)	返回来自 x 的反正切值
绝对值	Abs(数值表达式)	返回来自 x 的绝对值
自然指数	Exp(数值表达式)	返回 e 的 x 次方
平方根	Sqr(数值表达式)	返回 x 的平方根
取整	Int(数值表达式)	当 x 为负数时，返回不大于 x 的最大整数
取整	Fix(数值表达式)	当 x 为负数时，返回不小于 x 的最小整数
产生随机数	Rnd(数值表达式)	返回一个位于[0，1)之间的随机数

对于数学函数，说明如下几点。

（1）对于 Int(*x*)和 Fix(*x*)函数，参数为正值时，两者相同；参数为负值时，Int 返回小于等于参数值的第一个负整数，而 Fix 返回大于等于参数值的第一个负整数。例如。Int(3.25)=3，Fix(3.25)=3，但 Int(−3.25)= −4，Fix(−3.25)= −3。

（2）对于 Rnd(*x*)而言，函数返回小于 1 但大于或等于 0 的 Single 类型的值。为了生成某个范围内的随机整数，可使用以下公式：

Int((upperbound-lowerbound+1)*Rnd+lowerbound)

其中，upperbound 是随机数范围的上限，而 lowerbound 则是随机数范围的下限。

例如，产生[0，100]内的随机整数，表达式如下：Int((100-0+1)*Rnd +0)，即 Int(101*Rnd)；产生[100，300]的随机整数，表达式如下：Int((300−100+1)*Rnd +100)即 Int(100+201*Rnd)。

2．字符串函数

常见的字符串函数如表 5.4 所示。

表 5.4　常见的字符串函数

名　称	格　式	功　能
去左空格	Ltrim（字符串）	去掉字符串左边的空格字符
去右空格	Rtrim（字符串）	去掉字符串右边的空格字符
返回左字符	Left（字符串，*n*）	返回字符串左边的 *n* 个字符
返回右字符	Right（字符串，*n*）	返回字符串右边的 *n* 个字符
从某个位置返回字符	Mid（字符串，*p*，*n*）	返回从字符串位置 *p* 开始的 *n* 个字符
求串长	Len（字符串）	返回字符串长度
生成空格	Space（*n*）	返回 *n* 个空格的字符串
求子串位置	InStr([Start,]<Str1>,<Str2>[, Compare])	返回字符串 Str2 在字符串 Str1 中自 Start 之后首次出现的起始位置
小写转换	Ucase（字符串）	把小写字母转换成大些字母
大写转换	Lcase（字符串）	把大写字母转换成小写字母

InStr 函数使用说明如下。

（1）Start 为可选参数，设置查找的起始位置。如省略，从第一个字符开始查找。

（2）Compare 为可选参数，指定字符串比较的方法。值可以为 1、2 和 0（缺省）。指定 0（缺省）做二进制比较，指定 1 做不区分大小写的文本比较，指定 2 做基于数据库中包含信息的比较。当指定了 Compare 参数时，则一定要有 Start 参数。

（3）如果字符串 Str1 的长度为零，或在字符串 Str1 中查找不到字符串 Str2，则 InStr 返回 0；如果字符串 Str2 的长度为零，InStr 返回 Start 的值。例如：

```
InStr("98765", "65")               '返回 4
InStr(5,"aabSsiABxab","ab",1)      '返回 7（从字符 s 开始，检索出字符串 Ab）
```

3．日期/时间函数

常见的日期/时间函数如表 5.5 所示。

对于日期/时间函数，大多数的函数在查询章节中讲解过。本节重点讲解 WeekDay 函数。

WeekDay 函数的原型为：WeekDay(<表达式>,[W])。

其中，参数 W 为可选项，指定星期中的第一天是星期几的常数。如省略，默认为 vbSunday，即周日返回 1，周一返回 2，以此类推。

表 5.5 常见的日期/时间函数

名 称	格 式	功 能
获取日期	Date( )	返回系统当前的日期
获取时间	Time( )	返回系统当前的时间
获取时间和日期	Now( )	返回系统当前的日期和时间
截取日期	Day(日期表达式)	返回表达式指定的日期
截取星期	WeekDay(日期/时间表达式)	返回表达式指定的星期
截取月	Month（日期/时间表达式)	返回表达式指定的月份
截取年	Year(日期/时间表达式)	返回表达式指定的年份
截取小时	Hour(日期/时间表达式)	返回表达式指定的小时
截取分钟	Minute(日期/时间表达式)	返回表达式指定的分钟
截取秒	Second(日期/时间表达式)	返回表达式指定的秒

W 参数的设定值如表 5.6 所示。

表 5.6 指定一星期的第一天的常数

符号常数	值	描 述	符号常数	值	描 述
vbSunday	1	星期日（默认）	vbThursday	5	星期四
vbMonday	2	星期一	vbFriday	6	星期五
vbTuesday	3	星期二	vbSaturday	7	星期六
vbWednesday	4	星期三			

4. 类型转换函数

常见的类型转换函数如表 5.7 所示。

表 5.7 常见的类型转换函数

名 称	格 式	功 能
字符串转换字符码函数	Asc（字符串表达式）	返回字符串 x 中第一个字符的 ASCII 码
字符码转换字符函数	Chr（字符代码）	返回与 ASCII 码 x 对应的字符
数字转换成字符串函数	Str（数值表达式）	将数值表达式 x 转换成字符串
字符串转换成数字函数	Val（字符串表达式）	将字符串最左边的数字串转换成数字型数据

对于类型转换函数，说明如下几点。

（1）字符串转换 ASCII 码函数 Asc(<字符串表达式>)：返回字符串首字符的 ASCII 码。例如：

```
s=Asc("abcdef") '返回 97，字母 a 的 ASCII 码为 97
```

（2）ASCII 码转换字符函数 Chr(<ASCII 码>)：返回与 ASCII 码对应的字符。例如：

```
s=Chr(97)          '返回 a，字母 a 的 ASCII 码为 97
```

（3）数字转换字符串函数 Str(<数值表达式>)：将数值表达式转换成字符串。

当将一个数字转换成字符串时，总会在字符串的前头保留一个空格来表示正负。因此表达式的值为正时，返回的字符串包含一个前导空格，以表示有一个正号。例如：

```
s=Str(99)          '返回“ 99”，有一个前导空格，因而 Len(Str(99))=3
s=Str(-99)         '返回“-99”
```

（4）字符串转换数字函数 Val(<字符串表达式>)：将字符串转换成数字。

函数 Val 转换时可自动将字符串中的空格、制表符和换行符去掉，当遇到不能识别为数字的第一个字符时，转换结束。例如：

```
s=Val ("1   12")      '返回 112
s=Val("12af45")       '返回 12
```

（5）空值转换相应类型值函数 Nz( )：Nz(variant 表达式[,指定值])。

如果 variant 的值不为 Null，则 Nz 函数返回 variant 的值；如果 variant 参数的值为 Null，Nz 函数将返回 0 或""，这取决于应用上下文表明该值是数值还是字符串；如果包含了可选指定值参数，则当 variant 参数为 Null 时，Nz 函数将返回由该参数指定的值。例如：

```
score=Val(Nz(InputBox("请输入分数")))
```

5.2.3 表达式

在 Access 中，表达式是由常量、变量、函数，用运算符连接起来的有意义的式子。单独一个变量、常量或者函数也是一个表达式。表达式的结果是一个值，根据值的不同，将表达式分为以下几种类型。

1. 数值条件

数值包含数字、货币及自动编号类型的数据。表 5.8 针对学生的“成绩”字段列举了一些以数值作为条件的示例。

表 5.8 数值条件示例

若要包含满足下面条件的记录	使用此条件	查询结果
完全匹配一个值，如 100	100	返回成绩为 100 分的学生记录
不匹配某个值，如 50	Not 50	返回成绩不为 50 分的学生记录
小于某个值（如 80）	<80, <=80	返回成绩低于，或者不高于 80 分的学生记录
大于某个值（如 60）	>60,>=60	返回成绩高于或者不低于 60 分的学生记录
两个值中的任一值	60 or 75	返回成绩为 60 分或 75 分的记录
包含某范围之内的值	Between 60 and 100	返回成绩在 60～100 分的记录

2. 文本条件

在标准情况下，输入文本条件应在两端加上双引号，如果没有加入，Access 也会自动加上双引号。表 5.9 针对“教工”表和“学生”表中的某些字段，列举了一些常用的文本条件。

表 5.9 常用文本条件举例

字 段 名	使用此条件	查 询 结 果
职称	“讲师”	返回职称为讲师的记录
职称	“教授”or “副教授”	返回职称为教授或副教授的记录
课程名称	Like “计算机*”	返回课程名称以“计算机”开头的记录
姓名	Like “李*”	查询姓“李”的记录
姓名	Not Like “李*”	查询不姓“李”的记录
姓名	In(“李明”, “王小艳”) 或 “李明” Or “王小艳”	查询姓名为李明或者王小艳的记录
姓名	Left([姓名]) ，1）= “李”	查询姓李的记录
姓名	Len([姓名]) <=5	查询姓名为 4 个字的记录

3. 日期/时间条件

在 Access 中，使用日期/时间条件作为查询要求，可以方便地限定查询的时间范围。表 5.10 以教工表的某些字段为例列举了日期/时间条件的示例。

表 5.10 常用日期/时间条件举例

字 段 名	条 件	查 询 结 果
工作日期	#2006-2-2#	返回工作日期为 2006 年 2 月 2 日的记录
工作日期	Between Date() and Date()-31	查询前 31 天参加工作的记录
出生日期	Year([出生日期])=1955	查询 1955 年出生的记录
工作日期	Year([工作日期])=Year(Date())	查询当年参加工作的记录

注意：在条件中字段名必须用方括号括起来，字符串表示的日期型数据必须用“#”号括起来；数据类型应与对应字段定义的类型相符合，否则会出现数据类型不匹配的错误。同时通配符和括号应在英文输入法开启状态下输入。

5.3 创建查询的方式

在 Access 中创建查询主要有两种方式，第一种是利用 Access 查询向导，这种方式可有效地帮助用户进行查询创建工作。第二种是在查询设计视图中创建，不仅可以完成新建查询的设计，也可以修改已有的查询，还可以修改作为窗体、报表记录源的 SQL 语句。

对于创建查询来说，第一种方式创建基本的查询比较方便，但是第二种方式功能更为丰富，通常采用两种结合的方法：使用向导创建查询，然后在设计视图中打开它，加以修改。

5.3.1 使用向导创建查询

单表查询就是在一个数据表中完成查询操作，不需要引用其他表中的数据。单击“创建”选项卡，“查询”命令组提供了“查询向导”和“查询设计”两种创建查询的方法。

使用“查询向导”建立查询操作比较简单，用户可以在向导的指示下选择表和表中的字段。注意：此小节中所举实例均为不带任何检索条件的，只是简单地将表中的记录或者部分字段检索出来。

【例 5.1】 查找并显示“学生”表中“学号”、“姓名”、“性别”和“出生日期”4 个字段。

（1）在 JXDB 数据库窗口中，选中右侧的“学生”表后，在“创建”选项卡中的“查询”命令组中，单击“查询向导”按钮，如图 5.1 所示。

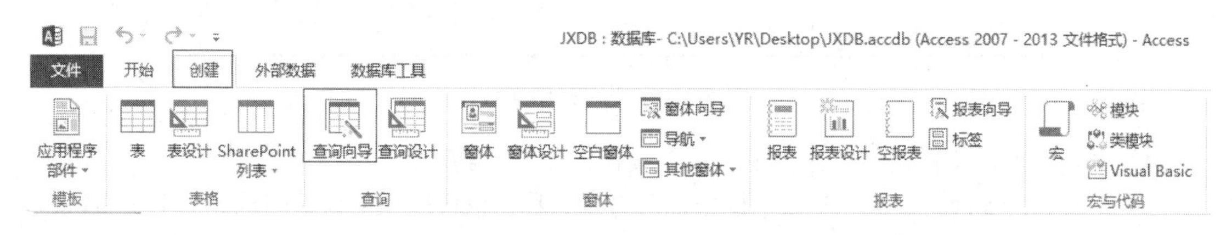

图 5.1 “创建”选项卡

（2）打开如图 5.2 所示的“新建查询”对话框，在该对话框中选择“简单查询向导”选项，然后单击“确定”按钮。

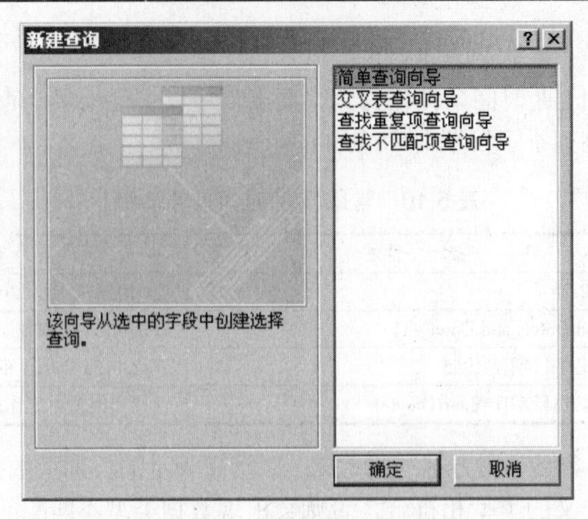

图 5.2 “新建查询”对话框

（3）在“简单查询向导”中，单击“表/查询”下拉按钮，在弹出的下拉列表中选择“表：学生”选项。此时“可用字段”列表中包含了“学生”表中的所有字段。分别双击“学号”、“姓名”、“性别”和“出生日期”4 个字段，将所需字段添加到“选定字段”列表中，也可以单击 > 按钮和 >> 按钮。单击 > 按钮一次选择一个字段，单击 >> 按钮一次可选择所有字段。若要取消已选择的字段，可以单击 < 按钮和 << 按钮，结果如图 5.3 所示。

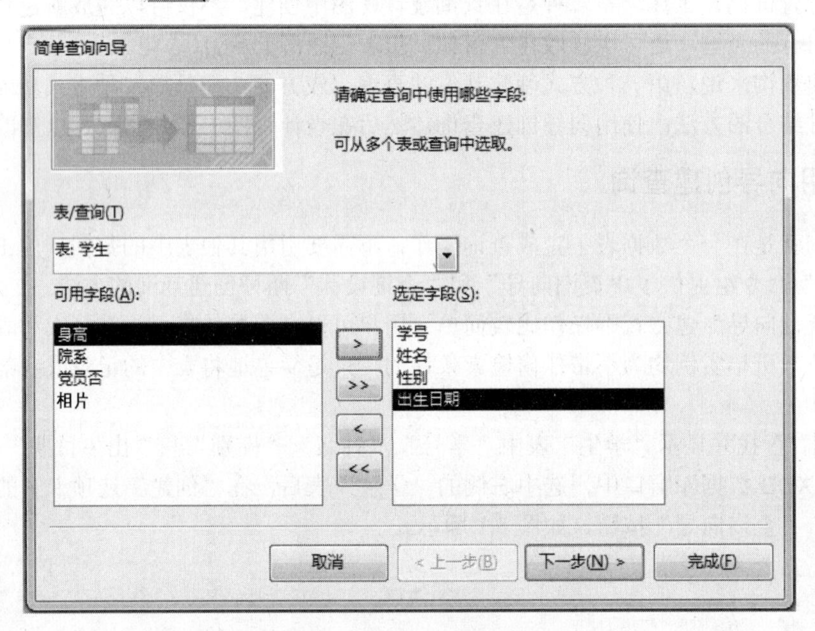

图 5.3 字段选择结果

（4）确定了所需字段后，单击“下一步”按钮，如图 5.4 所示。

（5）在“请为查询指定标题”文本框中输入查询名称，也可以使用默认的标题“学生 查询”，这里就采用默认标题，如果要打开查询查看结果，则选中“打开查询查看信息”单选按钮；如果要修改查询，则选中“修改查询设计”单选按钮。这里选中“打开查询查看信息”单选按钮。

（6）单击“完成”按钮。这时 Access 就开始建立查询，并将查询结果显示在屏幕上，如图 5.5 所示。

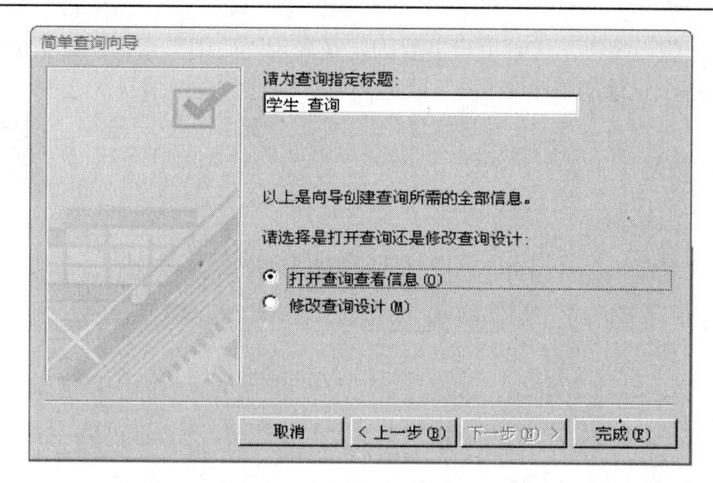

图 5.4　指定标题

例 5.1 说明了使用查询可以从一个表中检索到用户所需要的数据。但在实际工作中，往往需要查找不同表的信息，如查询每名学生所选课程的成绩，并显示“学号”、“姓名”、“课程名称”和“成绩”4 个字段。那么这个查询涉及“学生”和“选修”两张表。因此必须建立多表查询，才能找出满足要求的记录。例 5.2 说明了从多个表中查询记录的方法。

学生 查询

学号	姓名	性别	出生日期
15001	李小鹏	女	1997/2/10
15002	王思	男	1996/10/8
15003	欧阳文秀	男	1997/8/7
15004	王思	女	1997/11/20
15005	陈新	男	1996/6/26
15006	李爱华	男	1998/1/8
*		男	

图 5.5　“学生”表查询结果

【例 5.2】 查询每名学生的选课成绩，并显示“学号”、“姓名”、“课号”和“成绩”等字段。

（1）在数据库窗口中，在“创建”选项卡中的“查询”命令组中，单击“查询向导”按钮，打开如图 5.2 所示的“新建查询”的对话框。接着打开“简单查询向导”。

（2）单击“表/查询”下拉按钮，在弹出的下拉列表中选择“表：学生”选项。此时“可用字段”列表中包含了“学生”表中的所有字段。分别双击“学号”和“姓名”字段，将所需字段添加到“选定字段”列表中。

（3）单击“表/查询”下拉按钮，在弹出的下拉列表中选择“表：选修”选项，分别双击“课号”和“成绩”字段，将所需字段添加到“选定字段”列表中。

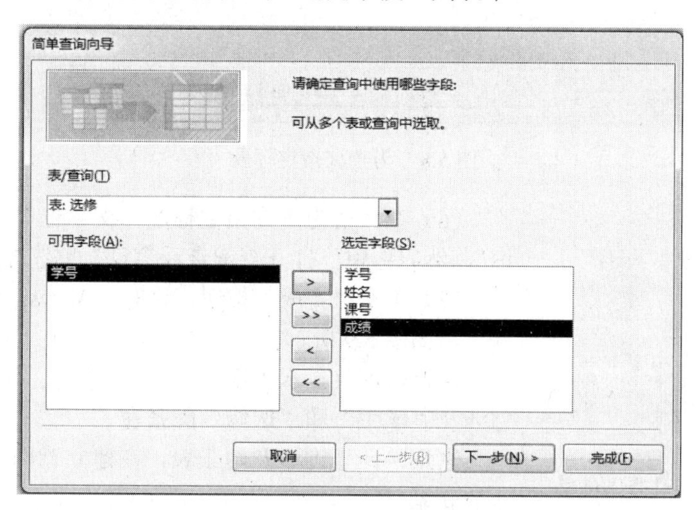

图 5.6　确定查询中所需的字段

（4）单击“下一步”按钮，这时用户需要确定是采用“明细”查询，还是采用“汇总”查询。选中“明细（显示每个记录的每个字段）”单选按钮，则查看详细信息；选中“汇总”单选按钮，则对一组或全部记录进行各种统计，如可以统计学生的总成绩。这里选中“明细（显示每个记录的每个字段）”单选按钮，如图 5.7 所示。

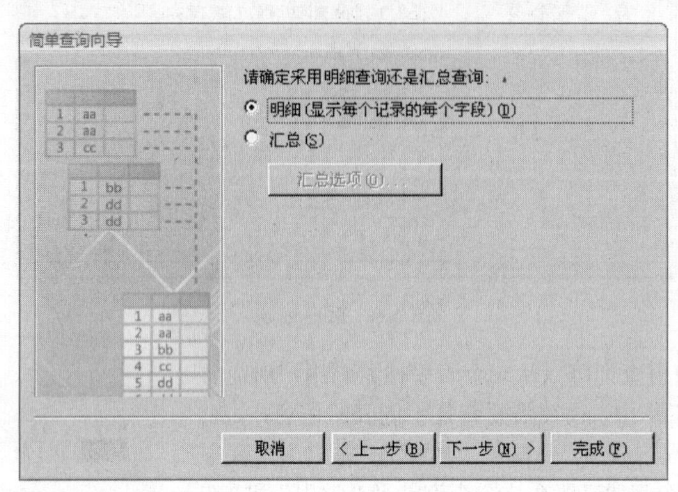

图 5.7　确定查询方式

（5）单击“下一步”按钮，如图 5.8 所示。

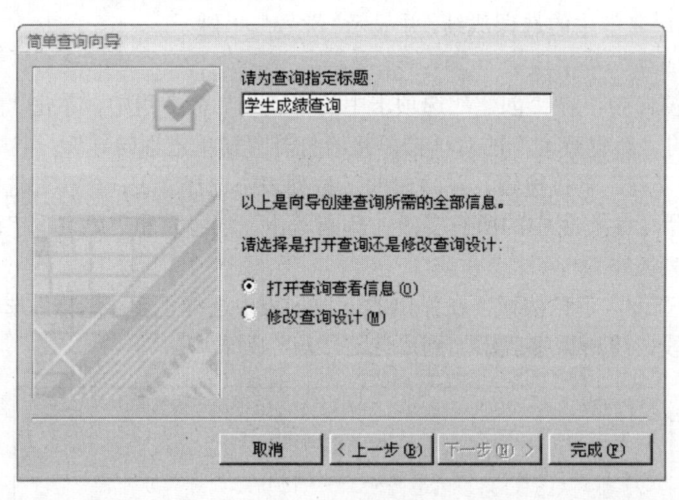

图 5.8　为查询指定标题

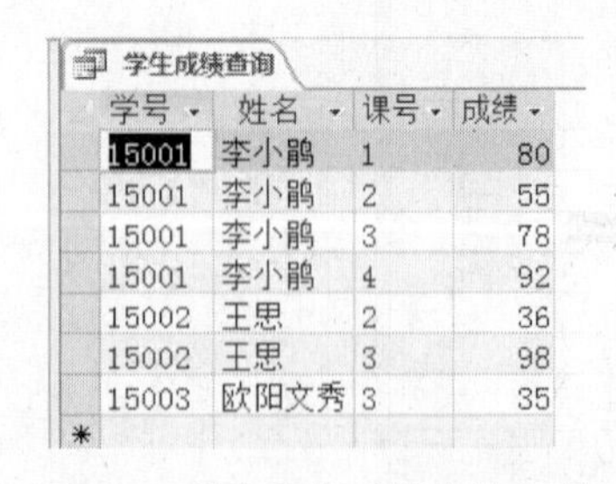
学生成绩查询

学号	姓名	课号	成绩
15001	李小鹏	1	80
15001	李小鹏	2	55
15001	李小鹏	3	78
15001	李小鹏	4	92
15002	王思	2	36
15002	王思	3	98
15003	欧阳文秀	3	35

图 5.9　学生选课成绩查询结果

（6）在“请为查询指定标题”文本框中输入“学生成绩查询”，然后选中“打开查询查看信息”单选按钮。

（7）单击“完成”按钮，这时，Access 就将结果显示在屏幕上，如图 5.9 所示。

该查询不仅显示了学号、姓名、课号，还显示了选课成绩，它涉及“学生”和“选修”两张表。

注意：此查询涉及两张表，在建立查询之前需要建立表之间的联系。

5.3.2 使用查询设计创建查询

在设计视图中创建一个查询，也可以使用查询设计完成此操作。

【例 5.3】 使用查询设计新建一个例 5.2 所要建立的查询。

（1）在数据库窗口中，在“创建”选项卡中的“查询”命令组中，单击“查询设计”按钮，打开“显示表”对话框，如图 5.10 所示。“显示表”对话框关闭后，可以右击，在弹出的快捷菜单中执行“显示表”命令，重新打开。

（2）在“显示表”对话框中有 3 个选项卡：“表”、“查询”和“两者都有”。如果建立查询的数据来源于表，则单击“表”选项卡；来源于查询，则单击“查询”选项卡；如果同时来源于表和查询，则单击“两者都有”选项卡。这里数据来源于表，因此单击“表”选项卡。

（3）双击“学生”表，这时“学生”字段列表添加到查询设计视图上半部分的窗口中，然后双击“选修”表，将它添加到查询设计视图上半部分的窗口中。单击“关闭”按钮，关闭“显示表”对话框，如图 5.11 所示。

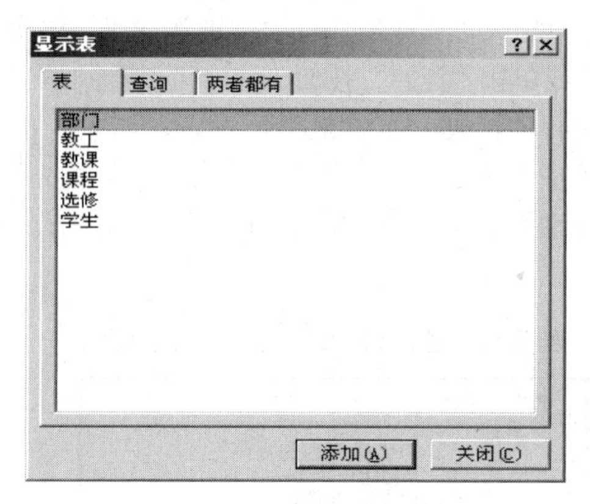

图 5.10 “显示表”对话框

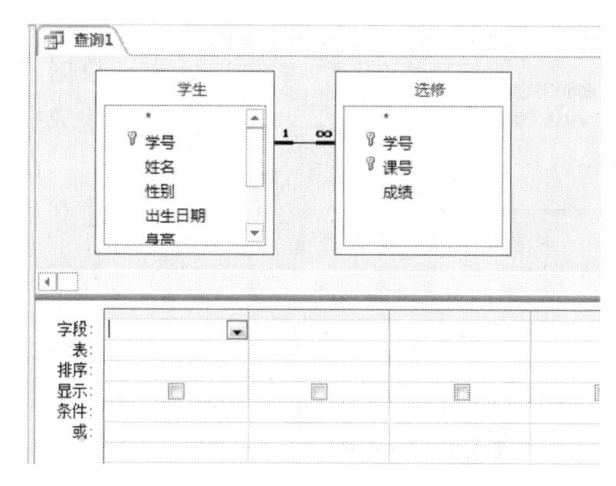

图 5.11 查询设计视图窗口

查询设计网格由一些字段列和已命名的行组成。每一行分别是字段的属性和要求。

字段：可以在此输入或添加字段名来选择所需表对象中的所需字段。

表：设置字段的来源。

排序：定义字段的排序方式。

显示：利用复选框来确定字段是否在查询结果中显示。

条件：设置字段限制条件。

（4）在表的字段列表中选择字段并放在设计网格的“字段”行上，选择字段的方法有 3 种，一是单击某字段，然后按住鼠标左键将其拖到设计网格中的“字段”行上；二是双击选中的字段；三是单击设计网格中“字段”行上要放置字段的列，然后单击右侧的下拉按钮，并从弹出的下拉列表中选择所需的字段。这里双击“学生”字段列表中的“学号”和“姓名”字段，“选修”字段列表中的“课号”和“成绩”字段，将它们添加到“字段”行的 1～4 列上。同时“表”行上显示了这些字段所在表的名称，如图 5.12 所示。

在设计视图的“显示”行中可以通过勾选复选框的方式确定是否在查询结果中限制该字段。这里我们将 4 个字段所对应的复选框全部勾选，在查询结果中全部显示出来。

（5）单击快速访问工具栏上的 “保存”按钮，打开“另存为”对话框，在“查询名称”文本框中输入“学生选课成绩”，然后单击“确定”按钮。

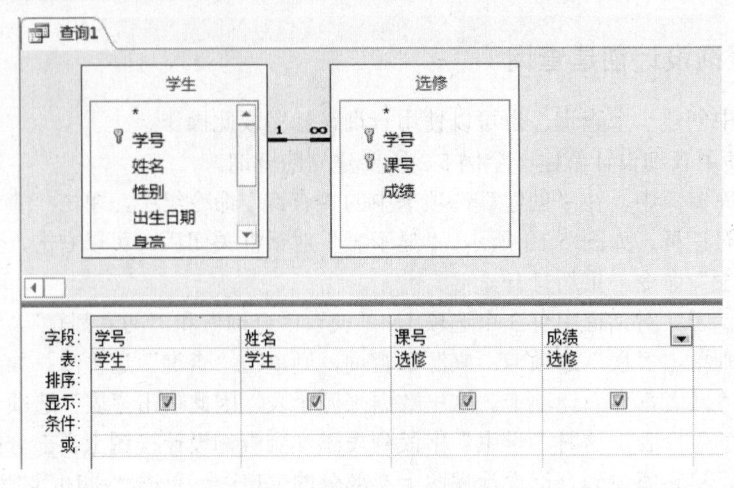

图 5.12 选择查询所需字段

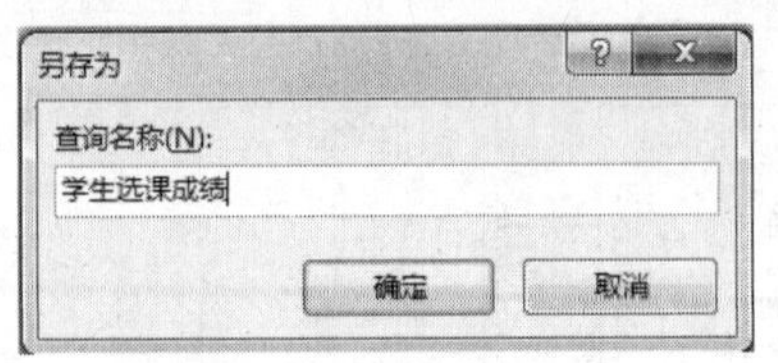

图 5.13 保存查询

（6）单击“结果”命令组中的“视图”按钮，切换到数据表视图，或单击“运行”按钮。这时可以看到学生选课成绩查询执行的结果，如图 5.14 所示。

在上面的操作中，使用了许多工具按钮，这些按钮为建立和使用查询提供了方便，表 5.11 显示了这些按钮的基本功能。

学生选课成绩

学号	姓名	课号	成绩
15001	李小鹏	1	80
15001	李小鹏	2	55
15001	李小鹏	3	78
15001	李小鹏	4	92
15002	王思	2	36
15002	王思	3	98
15003	欧阳文秀	3	35
*			

图 5.14 学生选课成绩查询结果

表 5.11 查询设计工具栏按钮的功能

按 钮	功 能
视图	选择查询的视图方式
💾	保存查询设计
! 运行	运行查询，并显示查询结果
Σ 汇总	对数据记录进行汇总计算
生成器	生成查询条件表达式

5.4 创 建 查 询

Access 数据库中的查询有多种，主要有选择查询、交叉表查询、参数查询、操作查询和 SQL 查询。下面具体描述这几种查询的建立方式。

5.4.1 创建选择查询

在实际应用中，需要的选择查询有很多种，有些是带条件的检索，而有些则不带任何条件，只是简单地将表中的记录全部或部分字段内容检索出来。本节将介绍选择查询的创建方法。

1. 创建带条件的选择查询

通常情况下，用户的查询并非只是简单的查询，往往带有一定的条件。例如，查找 1955 年以后出生的男教工。这种查询就需要通过设计视图来建立，在设计视图的“条件”行中输入查询条件，这样 Access 在运行查询时，就会从指定的表中筛选出符合条件的记录。这里的查询条件需要运用 5.3 节中的内容，在后面实例中可以看到。

查询条件是一种限制查询范围的方法，主要用来筛选出符合某种特殊条件的记录。查询条件可以在查询设计视图窗口的“条件”行中进行设置。

【例 5.4】 在“教工”表中查找 1955 年后出生的男教工，并显示“姓名”、“出生日期”、“工作日期”、“职称”和“性别”。

（1）在 JXDB 数据库窗口中，选中“教工”表后，单击“创建”选项卡，然后单击“查询”命令组中的“查询设计”按钮，结果如图 5.15 所示。

图 5.15　“显示表”对话框

（2）在“显示表”对话框中单击“表”选项卡，选择“教工”表，然后单击“添加”按钮，这时“教工”表被添加到查询设计视图上半部分的窗口中。

（3）分别双击“姓名”、“出生日期”、“工作日期”、“职称”和“性别”字段，这时 5 个字段依次显示在“字段”行上的第 1～5 列中，同时“表”行显示出这些字段所在表的名称，结果如图 5.16 所示。

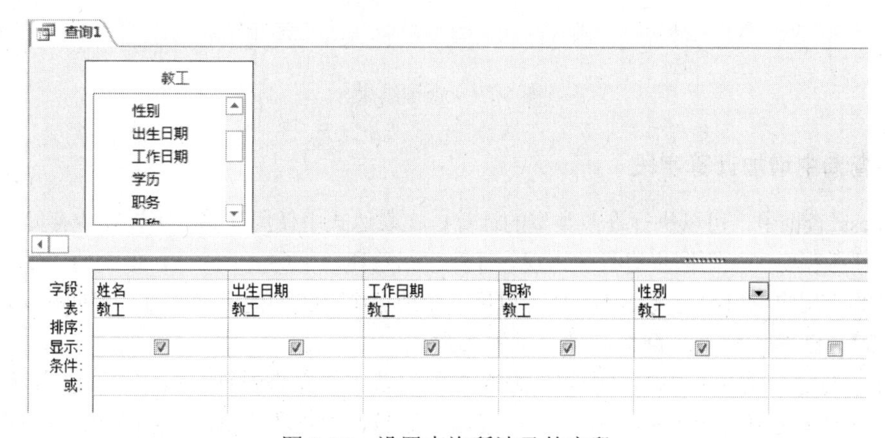

图 5.16　设置查询所涉及的字段

（4）在“性别”字段列的“条件”单元格中输入“男”，在“出生日期”字段列的“条件”单元格中输入条件“Year([出生日期])>1955”，如图 5.17 所示。

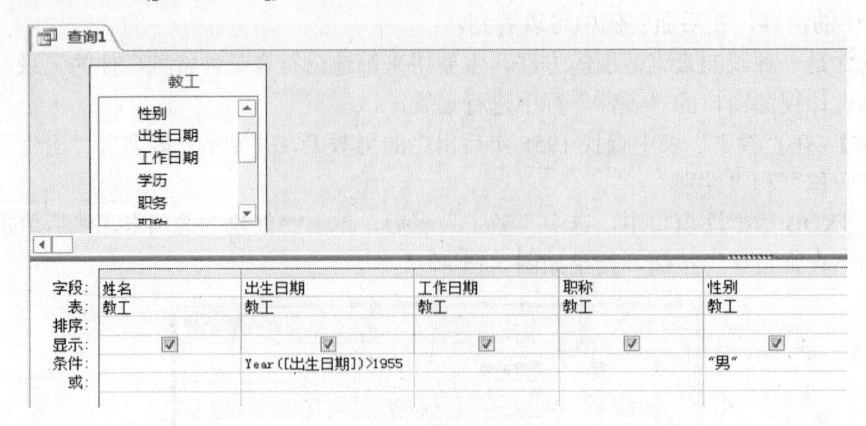

图 5.17 设置条件

（5）单击“设计”选项卡，单击“结果”命令组中的“运行”按钮，可以看到查询结果，如需更改查询名称，可以右击选项卡的名称，在弹出的快捷菜单中执行“保存”命令，打开“另存为”对话框，过程如图 5.18 所示；将名称改为“1955 年后出生的男教工”后，单击“确定”按钮，这时可以看到查询的结果，如图 5.19 所示。

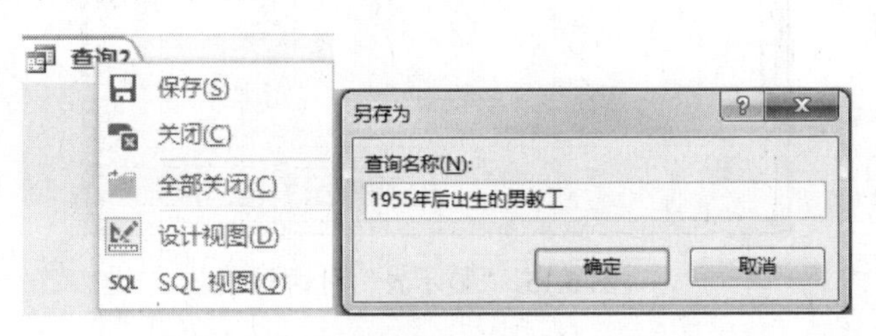

图 5.18 更改查询名称的过程

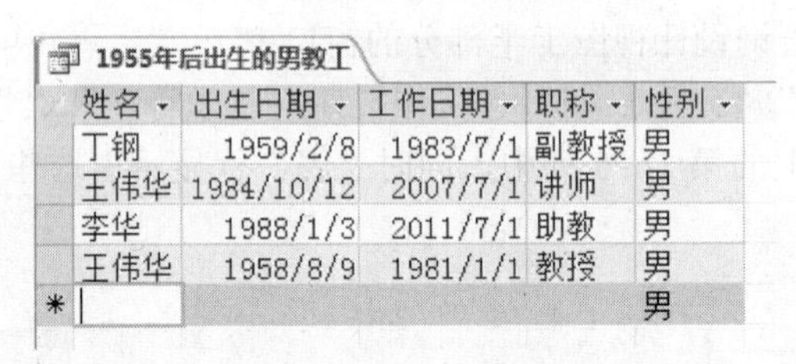
1955年后出生的男教工

姓名	出生日期	工作日期	职称	性别
丁钢	1959/2/8	1983/7/1	副教授	男
王伟华	1984/10/12	2007/7/1	讲师	男
李华	1988/1/3	2011/7/1	助教	男
王伟华	1958/8/9	1981/1/1	教授	男
*				男

图 5.19 查询结果

2. 在查询中增加计算字段

在 Access 查询中，可以执行许多类型的计算。在表达式中使用计算既可以减少存储空间，也可以避免在更新数据时产生不同步进行的错误。计算包括总和、平均值、计数、最大值、平均值、标准偏差和方差等。用户也可自定义计算，如可以用一个或多个字段的值进行数值、日期和文本计算。

【例 5.5】 创建一个总计查询，统计学生人数。

（1）在“创建”选项卡中的“查询”命令组中，单击“查询设计”按钮。

（2）打开“显示表”对话框，在“表”选项卡中双击“学生”表，然后单击“关闭”按钮。

（3）双击“学生”字段列表中的“学号”字段，将其添加到字段行的第一列中。

（4）单击“设计”选项卡，单击“显示/隐藏”命令组中的“汇总”按钮，这时 Access 在设计网格中插入一个“总计”行，并自动将“学号”字段的“总计”单元格设置成“分组”。

（5）单击“学号”字段的“总计”行单元格，并单击其右侧的下拉按钮，在弹出的下拉列表中选择“计数”函数，如图 5.20 所示。

（6）单击快速访问工具栏上的“保存”按钮，打开“另存为”对话框，在“查询名称”文本框中输入“统计学生人数”，然后单击“确定”按钮。

（7）在“设计”选项卡中的“结果”命令组中，单击“数据表”按钮，这时可以看到“统计学生人数”查询的结果，如图 5.21 所示。

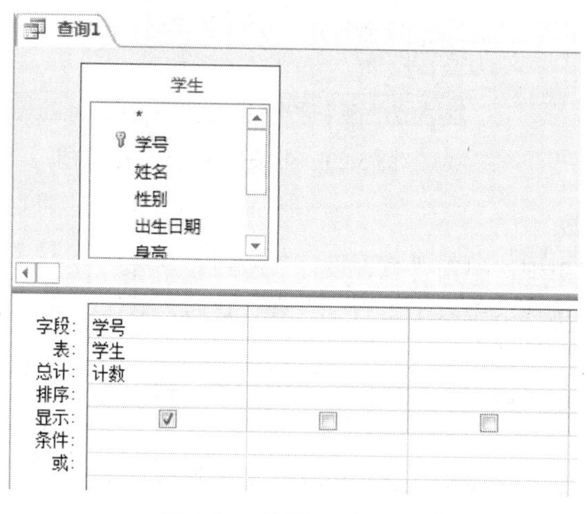

图 5.20 设置“总计”项

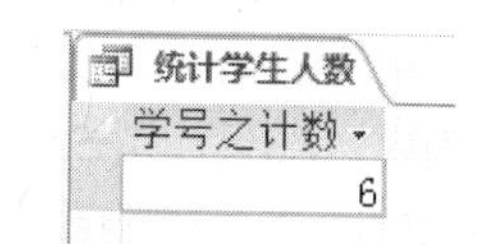

图 5.21 统计查询结果

从结果中可以看到符合条件的学生的总人数为 6。

在实际应用中，有时需要对符合条件的记录进行统计。例 5.5 即是对符合某个要求的记录进行统计。

【例 5.6】 分组统计 1983 年后各个不同日期参加工作的教工人数。

（1）在“创建”选项卡中的“查询”命令组中，单击“查询设计”按钮。

（2）打开“显示表”对话框，在“表”选项卡中双击“教工”表，这时“教工”表添加到查询设计视图上半部分的窗口中，单击“关闭”按钮。

（3）双击“教工”字段列表中的“工作日期”和“职工号”字段，将它们添加到“字段”行的第 1 列和第 2 列中。

（4）单击“显示/隐藏”命令组中的“汇总”按钮，这时 Access 在设计网格中插入一个“总计”行，并自动将“工作日期”和“职工号”字段的“总计”单元格设置为“分组”。

（5）由于查询要计算 1983 年后出生的教工人数，因此，应将“工作日期”的“总计”行设置为“Group By”。

（6）在“工作日期”字段的“条件”单元格中输入条件“Year([工作日期])>1983”。

（7）单击“职工号”字段的“总计”行单元格，并单击其右侧的下拉按钮，在弹出的下拉列表中选择“计数”函数，如图 5.22 所示。

（8）单击快速访问工具栏上的“保存”按钮，打开“另存为”对话框，在“查询名称”文本框中输入“1983 年后参加工作教工人数统计”，然后单击“确定”按钮。

（9）单击“结果”命令组中的“运行”按钮切换到数据表视图，这时可以看到“1983 年后参加工作教工人数统计”的总计查询结果，如图 5.23 所示。

图 5.22 设置查询条件及“总计”项

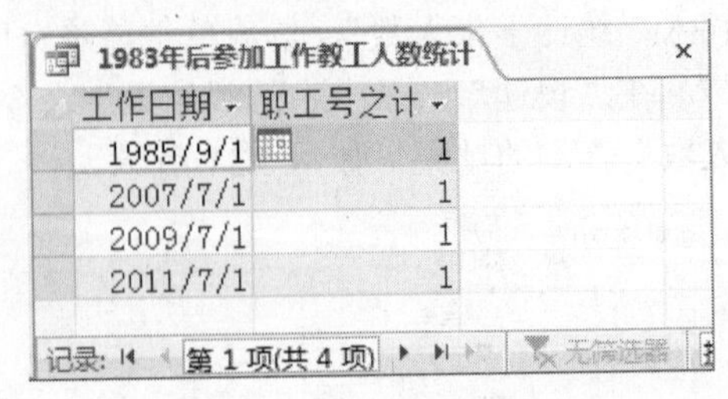

图 5.23 带条件的总计查询结果

【例 5.7】 分组统计各类职称的教工人数。

（1）在“创建”选项卡的“查询”命令组中，单击“查询设计”按钮。

（2）打开“显示表”对话框，在“表”选项卡中双击“教工”表，这时“教工”表添加到查询设计视图上半部分的窗口中，单击“关闭”按钮。

（3）依次双击“教工”表中的“职称”和“职工号”字段，将它们添加到“字段”行第 1 列和第 2 列中，结果如图 5.24 所示。

（4）单击“显示/隐藏”命令组中的“汇总”按钮，这时 Access 在设计网格中插入一个“总计”行，并自动将“职称”字段和“职工号”字段的“总计”行设置成“分组”。

（5）单击“职工号”字段的“总计”行，并单击其右侧的下拉按钮，在弹出的下拉列表中选择“计数”函数。

（6）单击快速访问工具栏上的“保存”按钮，打开“另存为”对话框，在“查询名称”文本框中输入“各职称教工人数”，保存所建查询。运行该查询可以看到如图 5.25 所示的结果。

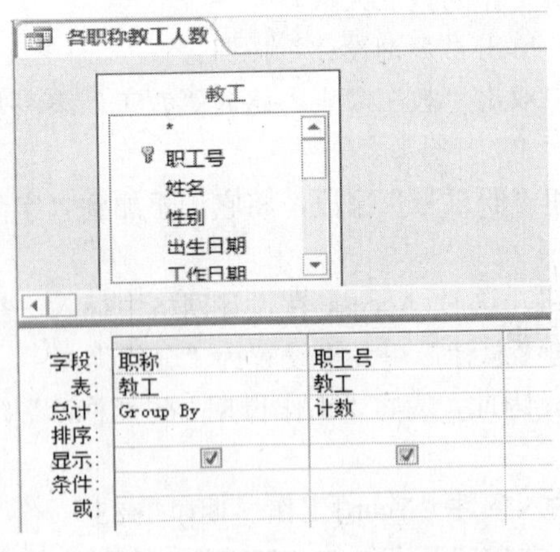

图 5.24 设置统计字段及分组统计项

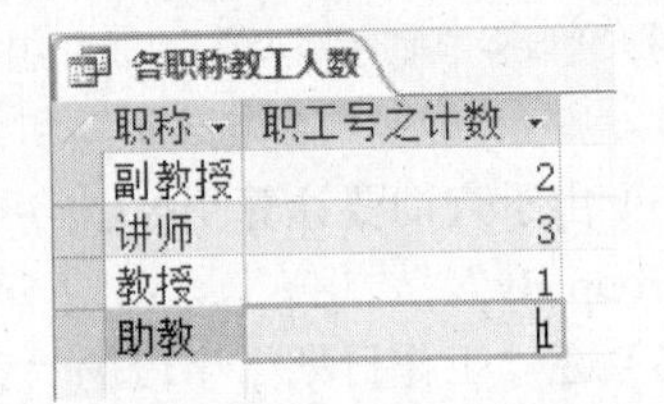

图 5.25 统计结果

5.4.2 创建参数查询

参数查询利用对话框来提示用户输入条件，这种查询可以根据用户输入的条件来检索符合相应条件的记录。参数查询分为单参数查询和多参数查询两种。单参数查询，就是在字段中指定一个参数，在执行参数查询时，用户输入一个参数值。多参数查询，用户可以依次输入多个参数值。下面将详细介绍创建这两种参数查询的方法。

1．单参数查询

创建单参数查询，用户只能输入一个参数值对指定字段进行查询。

【例 5.8】 以“学生选课成绩”查询为数据源建立查询，要求先输入学生姓名，才能显示相应学生所选课程的成绩。

（1）在“创建”选项卡中的“查询”命令组中，单击“查询设计”按钮。单击“学生选课成绩”查询。

（2）在“姓名”字段的“条件”单元格中输入“[请输入学生姓名：]”，如图 5.26 所示。

（3）也可以通过在“设计”选项卡中的“显示/隐藏”命令组中，单击“参数”按钮，设置各个参数的数据类型。

（4）保存设置，单击“结果”命令组中的“运行”按钮，打开“输入参数值”对话框，如图 5.27 所示。

（5）在“请输入学生姓名：”文本框中输入姓名“王思”，然后单击“确定”按钮。这时就可以查看到王思的相关数据，其他人的成绩不会显示出来，结果如图 5.28 所示。

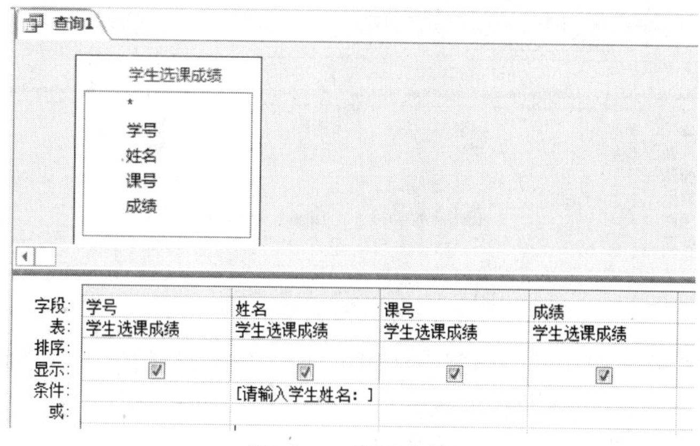

图 5.26　设置参数

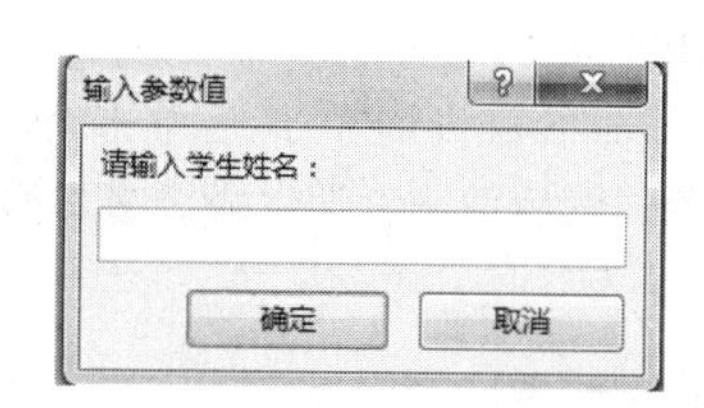

图 5.27　“输入参数值”对话框

图 5.28　参数查询结果

（6）若希望将所建参数查询保存起来，单击“保存”按钮，打开“另存为”对话框，在“查询名称”文本框中输入文件名“学生选课成绩参数查询”，如图 5.29 所示，然后单击“确定”按钮。

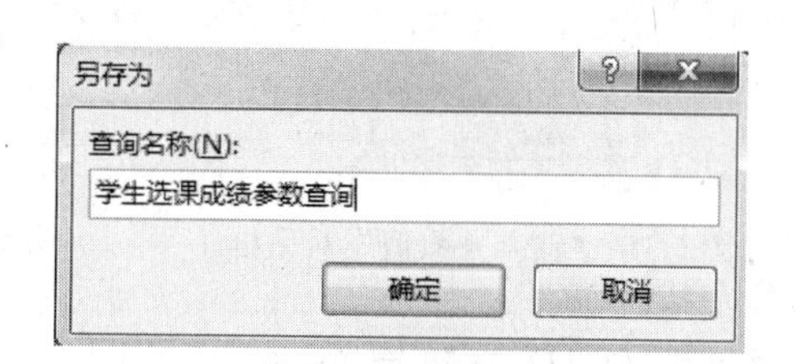

图 5.29　确定参数查询文件名

2．多参数查询

用户不仅可以建立单个参数的查询，如果需要也可以建立多个参数的查询。

【例 5.9】 查询某学生（输入姓名）选修某课程（输入课号）的“学号”和“成绩”。

（1）在“创建”选项卡中的“查询”命令组中，单击“查询设计”按钮，打开“显示表”对话框。

（2）在“表”选项卡中分别双击“学生”和“选修”表，将两张表添加到设计视图的上半部分，单击“关闭”按钮关闭“显示表”对话框。

（3）分别双击“学生”表的“学号”、“姓名”字段，以及“选修”表中的“课号”和“成绩”字段，将其添加到设计网格中的“字段”行的第 1～4 列中。

（4）在第 2 列的“条件”单元格中输入“[请输入姓名：]”，在“课号”字段的“条件”单元格中输入“[请输入课号：]”。

（5）由于第 2 列“姓名”字段和第 3 列的“课号”字段只作为参数输入，并不需要显示，因此取消勾选这两列“显示”行上的复选框，结果如图 5.30 所示。

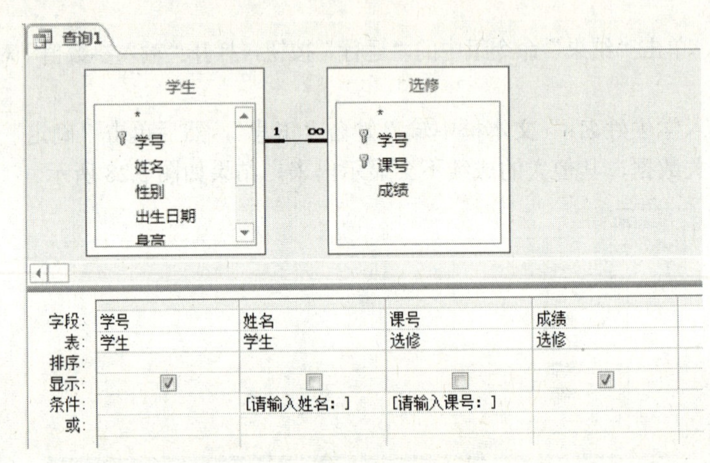

图 5.30 设置多参数查询

（6）单击“结果”命令组中的“运行”按钮，打开“输入参数值”对话框，如图 5.31 所示。

（7）在“请输入姓名：”文本框中输入姓名“李小鹛”，然后单击“确定”按钮。这时又出现第二个“输入参数值”对话框，如图 5.32 所示。在“请输入课号：”文本框中输入课号“2”，然后单击“确定”按钮。这时就可以看到相应的查询结果，如图 5.33 所示。

（8）单击“保存”按钮，将该参数查询保存为“学生成绩多参数查询”，最后单击“确定”按钮。在下一次打开时，只需选择数据库窗口中的“查询”对象，然后双击“学生成绩多参数查询”，在其基础上输入参数条件即可。

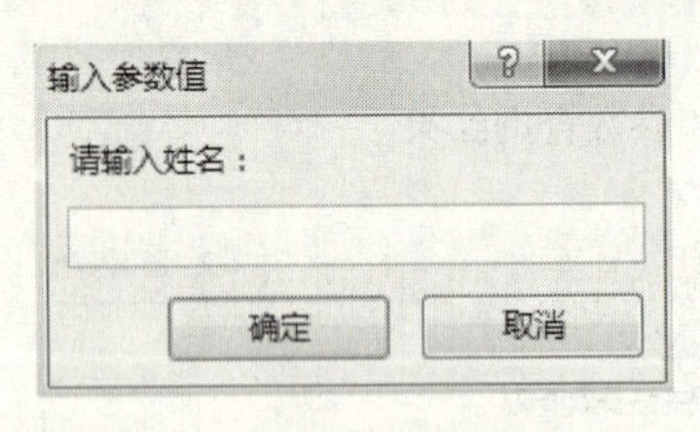

图 5.31 “输入参数值”对话框 1

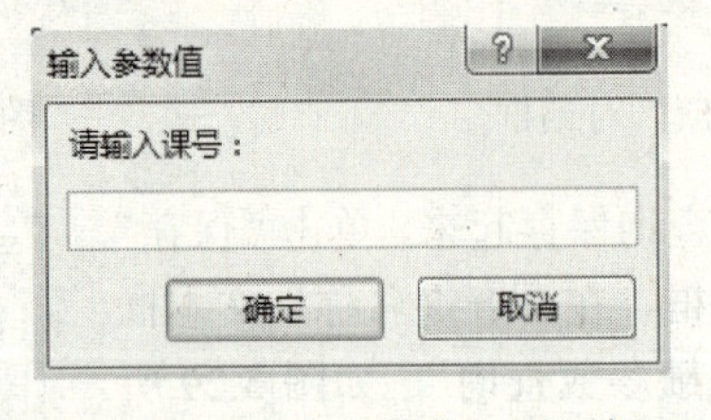

图 5.32 “输入参数值”对话框 2

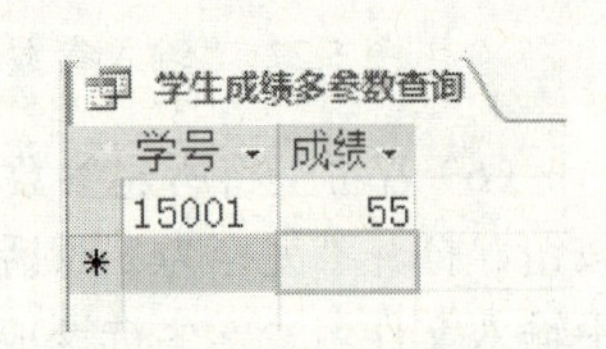

图 5.33 多参数查询结果

5.4.3 创建交叉表查询

交叉表查询以行和列的字段作为标题和条件选取数据，并在行与列的交叉处对数据进行汇总、统计等计算。例如，在交叉表查询结果中可用行来代表学生的姓名，列来表示课程名称，而在网格中的数据则是学生的课程成绩。交叉表查询为用户提供了非常清楚的汇总数据，便于用户分析和使用，是其他查询无法完成的。本节主要介绍交叉表查询的创建方法。

1．使用“交叉表查询向导”

使用“交叉表查询向导”创建交叉表查询是最直接和最方便的方式，可以让用户快捷地创建一个交叉表查询。

【例 5.10】 建立一个学生与课程的交叉表查询，结果如图 5.34 所示。

学生成绩查询_交叉表

姓名	总计 成绩	1	2	3	4
李小鹏	55	80	55	78	92
欧阳文秀	35			35	
王思	36		36	98	

图 5.34　交叉表查询结果

（1）在 JXDB 数据库窗口中，单击“创建”选项卡，然后单击“查询”命令组中的“查询向导”按钮，打开“新建查询”对话框，如图 5.35 所示。

（2）在该对话框中，双击“交叉表查询向导”选项，打开“交叉表查询向导”，如图 5.36 所示。

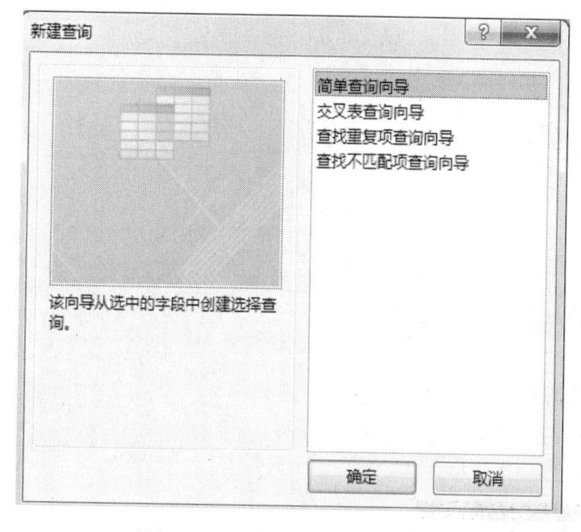

图 5.35　“新建查询”对话框

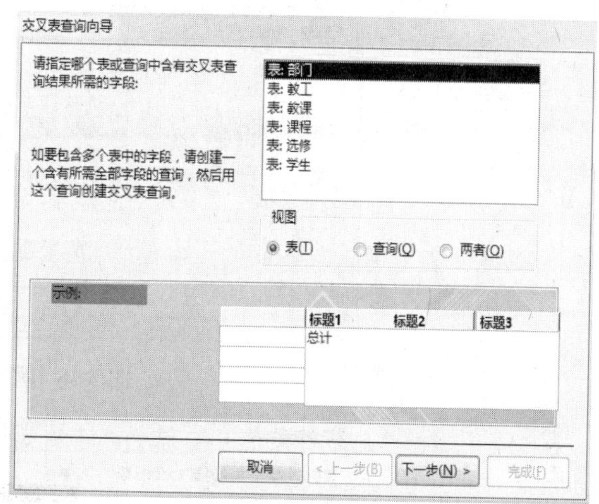

图 5.36　交叉表查询向导

（3）交叉表查询的数据源可以是表，也可以是查询。这里选择查询作为数据源，选中“查询”单选按钮，这时上面的列表内显示出 JXDB 数据库中存储的所有查询的名称，选择“查询：学生成绩查询”选项，如图 5.37 所示。

（4）单击“下一步”按钮，如图 5.38 所示。

（5）确定交叉表的行标题。行标题最多可以选择 3 个字段，这里选择学生的“姓名”作为行字段。单击“下一步”按钮，为交叉表选择一个列标题，这里选择“课号”作为列标题，如图 5.39 所示。

（6）为行与列的交叉点指定一个值，确定在交叉处计算什么数据。这里选择“成绩”字段，然后在“函数”列表中选择“第一”函数，若不在交叉表的每行前面显示总计数，应取消勾选“是，包括各行小计”复选框，如图 5.40 所示。然后单击“下一步”按钮，如图 5.41 所示。

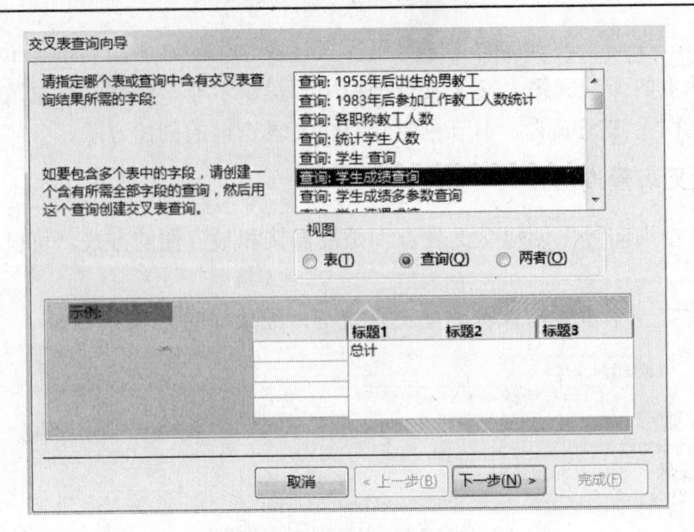

图 5.37 选择查询数据源

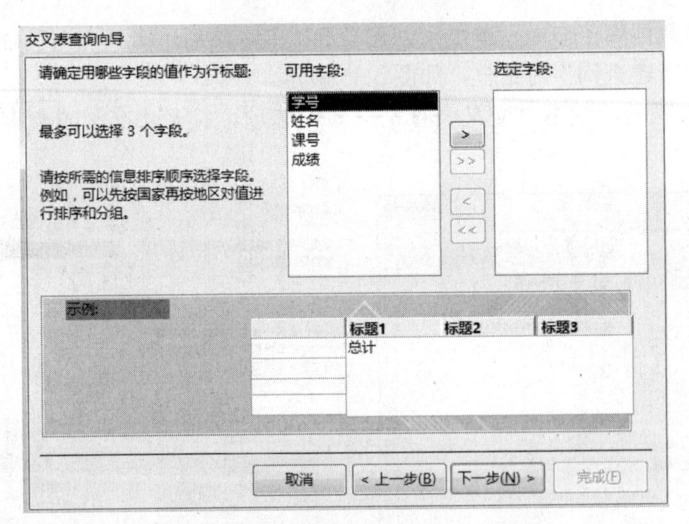

图 5.38 确定行标题

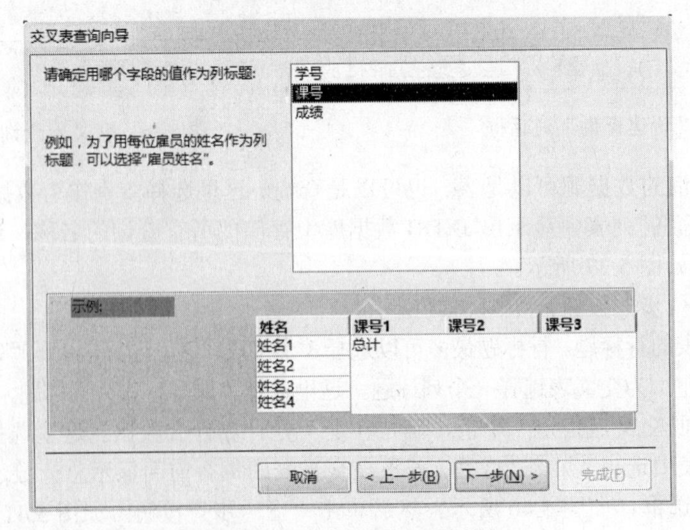

图 5.39 选择交叉表列标题

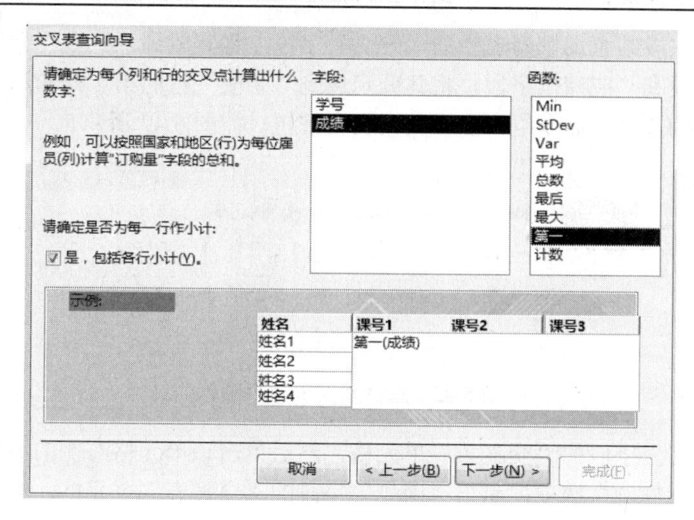

图 5.40　选择交叉表的内容

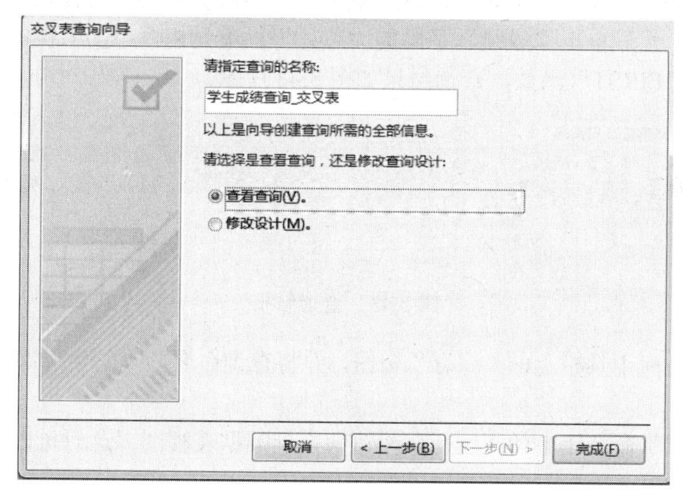

图 5.41 指定查询的名称

（7）这里给出了一个默认的查询名称“学生成绩查询_交叉表”，可以在文本框中重新指定名称，也可以用默认名称。我们就选择使用默认名称。然后单击“完成”按钮，这时，“交叉表查询向导”开始建立交叉表查询，最后以数据表视图方式显示出如图 5.34 所示的查询结果。

创建交叉表查询的数据源必须来自于一个表或查询。如果数据源来自于多个表，可以先建立一个查询，然后以此查询作为数据源。

2. 使用设计视图创建交叉表查询

交叉表既可以使用向导，也可以使用查询设计器来创建。同样以例 5.10 为例，使用设计视图创建一个相同的交叉表查询。

【例 5.11】 利用设计视图创建一个学生成绩交叉表查询。

（1）在数据库窗口中，在“创建”选项卡中的“查询”命令组中，单击“查询设计”按钮，这时显示查询设计视图，并打开“显示表”对话框。

（2）在“显示表”对话框中，单击“查询”选项卡，然后双击“学生成绩查询”选项，单击“关闭”按钮。

（3）双击“学生成绩查询”列表中的“姓名”字段，将其放到“字段”行的第 1 列，然后分别双击“课号”字段和“成绩”字段，将其分别放到“字段”行的第 2 列和第 3 列中。

（4）单击“查询类型”命令组中的“交叉表”按钮，如图 5.42 所示。

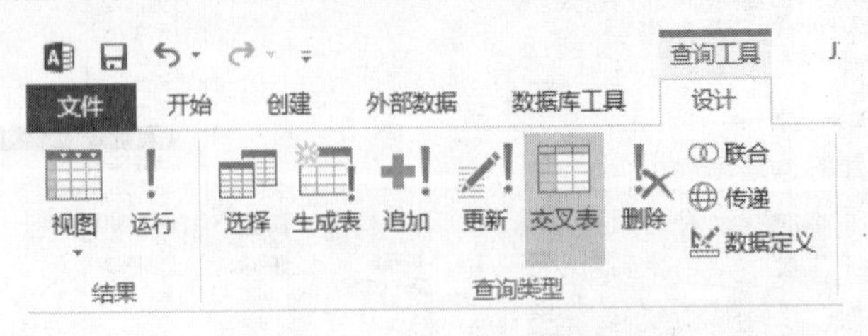

图 5.42　选择“交叉表”查询

（5）单击“姓名”字段的“交叉表”单元格，然后单击该单元格右侧的下拉按钮，在弹出的下拉列表中选择“行标题”选项；单击“课号”字段的“交叉表”单元格，然后单击该单元格右侧的下拉按钮，在弹出的下拉列表中选择“列标题”选项；为了在行与列的交叉处显示成绩数值，单击“成绩”字段的“交叉表”单元格，然后单击该单元格右侧的下拉按钮，在弹出的下拉列表中选择“值”选项，然后单击“成绩”字段的“总计”行单元格，单击右侧的下拉按钮，在弹出的下拉列表中选择“FIRST”函数，查询结果如图 5.43 所示。

学生成绩查询_交叉表

姓名	总计 成绩	1	2	3	4
李小鹏	55	80	55	78	92
欧阳文秀	35			35	
王思	36		36	98	

图 5.43　查询结果

（6）单击快速访问工具栏上的“保存”按钮，并将查询命名为“学生选课成绩交叉表”，然后单击“确定”按钮。

（7）单击“结果”命令组中的“运行”按钮切换到数据表视图。这时可以看到如图 5.43 所示的查询结果。

在一个交叉表查询中，最多可以使用 3 个行标题字段，还可以进一步细化交叉表所要显示的数据，但只允许有一个列标题。如果想要显示一个多字段的列标题和单字段的行标题，则需要将行标题和列标题互换位置。

5.4.4　创建操作查询

如果要对数据库进行大量的数据修改时，需要用到操作查询，它不仅能使用户在利用查询检索数据、计算数据、显示数据的同时更新数据，还可以生成新的数据表。操作查询包括生成表查询、删除查询、更新查询和追加查询。生成表查询就是利用一个或多个表中的全部或部分数据创建新表；删除查询可以从一个或多个表中删除一组记录，删除查询将删除整个记录，而不只是记录中选择的字段；更新查询对一个或多个表中的记录做全部更新；追加查询从一个或多个表中将记录添加到一个或多个表的尾部。本节将通过具体实例介绍这几种重要的操作查询方式。

1. 生成表查询

如果经常要从几个表中提取数据，最好的方法就是使用生成表查询，即从多个表中提取数据组合起来生成一个表。

【例 5.12】 将成绩在 60 分以下的学生信息存储在一张新表中，创建一张“不及格名单”表。

（1）在数据库窗口中，单击“创建”选项卡，然后单击“查询”命令组中的“查询设计”按钮，这时显示查询设计视图，并打开“显示表”对话框。

（2）在“显示表”对话框的“表”选项卡中，双击“学生”表和“选修”表，将它们添加到查询设计视图上半部分的窗口中，单击“关闭”按钮。

（3）双击“学生”表中的“学号”、“姓名”、“性别”字段，将它们添加到设计网格中“字段”行的第 1～3 列中。双击“选修”表中的“成绩”字段，将该字段添加到设计网格中“字段”行的第 5 列中。在“成绩”字段的“条件”单元格中输入“<60”。

（4）单击“查询类型”命令组中的“生成表”按钮，打开“生成表”对话框。在“表名称”文本框中输入表的名称如图 5.44 所示。

图 5.44 “生成表”对话框

（5）单击“确定”按钮，运行后的结果如图 5.45 所示。

不及格名单

学号	姓名	性别	成绩
15001	李小鹏	女	55
15002	王思	男	36
15003	欧阳文秀	男	35

图 5.45　生成表查询结果

2. 删除查询

当数据库中有的数据不再需要时，应该及时从数据库中删除。删除一条记录比较容易，但如果要删除同一类的一组记录就需要使用删除查询，利用该查询一次可以删除一组同类的记录。

【例 5.13】 将成绩低于 60 分的记录删除。

（1）在数据库窗口中，单击“创建”选项卡，然后单击“查询”命令组中的“查询设计”按钮，这时显示查询设计视图，并打开“显示表”对话框。

（2）在“显示表”对话框的“表”选项卡中，双击“选修”表，将它添加到查询设计视图上半部分的窗口中，单击“关闭”按钮。单击“查询类型”命令组中的“删除”按钮，如图 5.46 所示。这时查询设计网格中显示一个“删除”行。

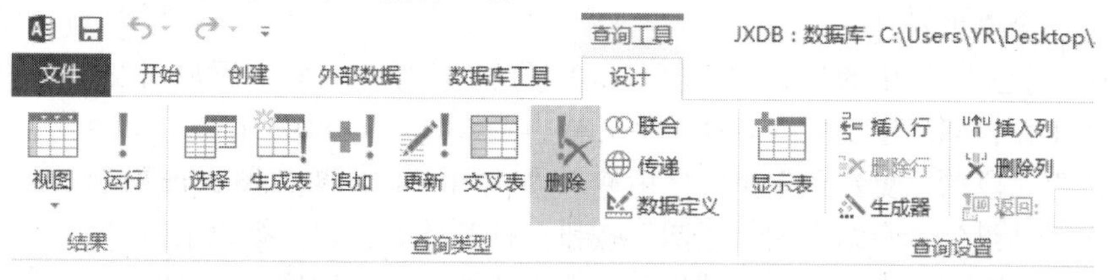

图 5.46 “删除”按钮

（3）单击“选修”字段列表中的“*”号，将其拖动到设计网格中“字段”行的第一列上，在字段“删除”单元格中显示“From”，它表示从何处删除记录。

（4）双击字段列表中的“成绩”字段，这时“选修”表中的“成绩”字段被放到了设计网格中“字段”行的第 2 列。同时在该字段的“删除”单元格中显示“Where”，它表示要删除哪些记录。在“成绩”字段的“条件”单元格中输入条件“<60”，设置结果如图 5.47 所示。

（5）单击“结果”命令组中的“视图”按钮，预览“删除查询”检索到的一组记录，如图 5.48 所示。如果预览的一组记录不是要删除的，可以再次单击“结果”命令组中的“视图”按钮，返回到设计视图，对查询进行修改。

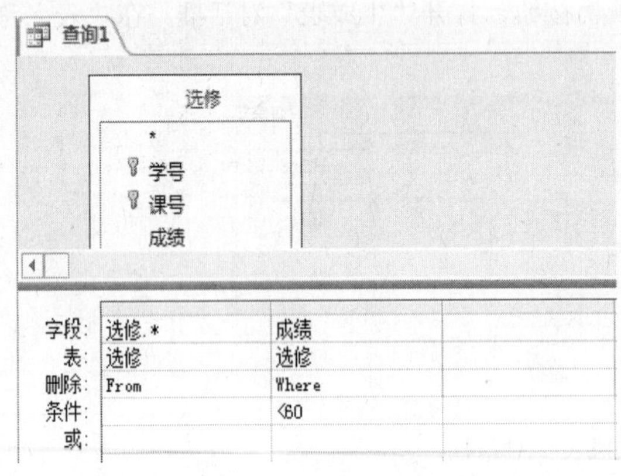

学号	课号	选修.成绩	字段0
15001	2	55	55
15002	2	36	36
15003	3	35	35
*		0	0

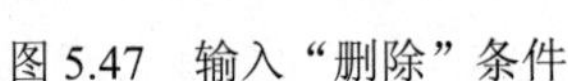
图 5.47　输入“删除”条件

图 5.48　查询结果

（6）在设计视图中，单击“结果”命令组中的“运行”按钮，这时会打开一个提示对话框，单击“是”按钮，将删除属于同一组的所有记录；单击“否”按钮，不删除记录。这里单击“是”按钮。

此时，按快捷键【F11】回到数据库窗口，然后单击“表”对象，双击“选修”表，就可以看到其中低于 60 分的记录被删除。

删除查询永久删除表中的记录，不能恢复。因此用户在执行删除查询操作时一定要小心，最好对要删除记录的表进行备份，以防误操作而引起的数据丢失。

3．更新查询

当需要根据指定条件更改一个或多个表中的记录时，可以采用更新查询。例 5.15 列举了一个更新查询的例子。

【例 5.14】 将 1983 年及以后参加工作的教工的学历都改为硕士。

（1）在数据库窗口中，单击“创建”选项卡，然后单击“查询”命令组中的“查询设计”按钮，这时显示查询设计视图，并打开“显示表”对话框。

（2）在“显示表”对话框的“表”选项卡中，双击“教工”表，将它添加到查询设计视图上半部分的窗口中，单击“关闭”按钮。单击“查询类型”命令组中的“更新”按钮。这时查询设计网格中显示一个“更新到”行。

（3）双击“教工”表中的“工作日期”和“学历”字段，将它们添加到设计网格中。

（4）在“工作日期”字段的“条件”单元格中输入“>=#1983/1/1#”。

在“学历”字段的“更新到”单元格中输入“"硕士"”，结果如图 5.49 所示。

（5）单击“结果”命令组中的“视图”按钮，预览要更新的一组记录。

（6）在“设计”视图中，单击“结果”命令组中的“运行”按钮，这时会打开一个提示对话框框，单击“是”按钮，将更新属于同一组的所有记录；单击“否”按钮，不更新记录。这里单击“是”按钮。

切换到数据库窗口，然后单击“表”对象，双击“教工”表，就可以看到所有 1983 年后参加工作的教工的学历改为了“硕士”。

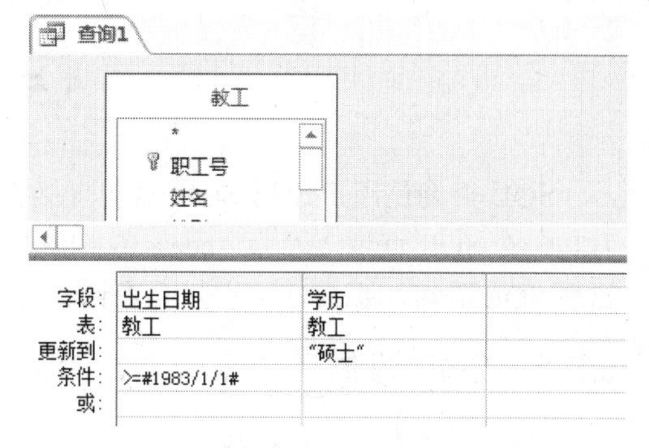

图 5.49 设置更新查询

4. 追加查询

维护数据库常常需要将某个表中符合一定条件的记录添加到另一个表上。追加查询很容易就能实现这种操作。

【例 5.15】 建立一个查询，将成绩在 70～80 分的学生成绩添加到已建立的“不及格名单”表中。

（1）在数据库窗口中，单击“创建”选项卡，然后单击“查询”命令组中的“查询设计”按钮，这时显示查询设计视图，并打开“显示表”对话框。

（2）在“显示表”对话框的“表”选项卡中双击“学生”表和“选修”表，将它们添加到查询设计视图上半部分的窗口中，单击“关闭”按钮。

（3）单击“查询类型”命令组中的“追加”按钮，打开“追加”对话框。在“表名称”文本框中输入表的名称，或者从下拉列表中选择“不及格名单”选项。将查询的记录追加到“不及格名单”表中；选中“当前数据库”单选按钮，然后单击“确定”按钮，这时查询设计网格中会出现“追加到”行。

（4）双击“学生”表中的“学号”、“姓名”、“性别”字段，将它们添加到设计网格中“字段”行的第 1～3 列中。双击“选修”表中的“成绩”字段，将该字段添加到设计网格中“字段”行的第 5 列中。在“成绩”字段的“条件”单元格中输入“>=70 And <=80”。

（5）单击“结果”命令组中的“视图”按钮，预览“追加查询”的一组记录。

（6）在设计视图中，单击“结果”命令组中的“运行”按钮，这时会打开一个提示对话框，单击“是”按钮，将符合条件的一组记录追加到指定的表中；单击“否”按钮，记录不做改变。这里单击“是”按钮。此时，切换到数据库窗口，单击“表”对象然后双击“不及格名单”表，将看到增加了 70～80 分学生的相关字段。

5.4.5 对查询结果进行排序

有时候因查询时没有对数据进行整理，查询后得到的数据没有规律，影响了查看，这种情况可以利用 Access 中对查询结果的排序功能，将数据以升序或降序的形式显示出来，方便用户查看。

（1）在“数据库”窗口中，单击“创建”选项卡，然后单击“查询”命令组中的“查询设计”按钮，这时显示查询设计视图，并打开“显示表”对话框。

（2）双击“学生”表，这时“学生”字段列表添加到查询设计视图上半部分的窗口中，然后双击“选修”表，将它添加到查询设计视图上半部分的窗口中。单击“关闭”按钮，关闭“显示表”对话框。

（3）单击“成绩”字段的“排序”单元格，并单击单元格右侧的下拉按钮，在弹出的下拉列表中选择一种排序方式，这里选择“升序”。

（4）单击“结果”命令组中的“视图”按钮，或单击“运行”按钮切换到数据表视图，就可以对“学生”表中的字段按照成绩的升序进行排列了。

5.5 SQL 查询

SQL 查询是用户使用 SQL 语句直接创建的一种查询。实际上，Access 的所有查询都可以认为是一个 SQL 查询，因为 Access 查询就是以 SQL 语句为基础来实现查询功能的。如果用户比较熟悉 SQL 语句，那么使用它建立查询、修改查询条件将比较方便。

5.5.1 SQL 语句

SQL 语言的功能包括查询、操纵、定义和控制 4 个方面，也就是说继承了数据库定义语言（Data Defining Language，DML）和数据库操作语言（Data Manufacturing Language，DDL）的功能，是一种综合、通用、功能极强的关系数据库语言。SQL 语言既可以作为独立的语言供终端用户联机使用，也可以作为宿主型语言嵌入某种高级程序设计语言中使用。

SQL 使用 9 个命令完成了数据定义、数据查询、数据操纵、数据控制等核心功能，如表 5.12 所示。

表 5.12 SQL 语言的动词

SQL 功能	动 词
数据定义	CREATE，DROP，ALTER
数据查询	SELECT
数据操纵	INSERT，UPDATE，DELETE
数据控制	GRANT，REVOTE

1. CREATE

CREATE 语句用于创建基本表、索引和视图。定义表的一般格式为：

```
CREATE TABLE<表名>(<列名 <数据类型> [列级完整性约束条件]
[，<列名> <数据类型> [列级完整性约束条件]]. . . )
[，<表级完整性约束条件> ]；
```

其中，<表名>是所要定义的基本表的名字，它可以由一个或若干个属性（列）组成。建表的同时还可以定义与该表有关的完整性约束条件。

2. DROP

当某个基本表、索引或视图不再需要时，可以使用 DROP 对其进行删除，其一般格式为：

```
DROP TABLE<表名>;
DROP INDEX<索引名>;
DROP VIEW<视图名>;
```

3. ALTER

ALTER TABLE 语句用于基本表的修改，其一般格式为：

```
ALTER TABLE<表名>
        [ADD <新表名> <数据类型> [完整性约束]]
        [DROP <完整性约束名>]
        [MODIFY<列名><数据类型>];
```

4. SELECT

SELECT 用于对数据库进行查询，其一般格式为：

```
SELECT[ALL|DISTINCT]<目标列表达式> [,<目标列表达式>]. . .
FROM<表名或视图名> [,<表名或视图名>]. . .
[WHERE <条件表达式>]
   [GROUP BY <列名1> [HAVING <条件表达式> ]]
   [ORDER BY <列名2> [ASC|DESC]];
```

5. INSERT

SQL 的数据插入语句 INSERT 通常有两种形式，一种是插入一个元组，另一种是插入子查询语句，插入单个元组的 INSERT 语句的格式为：

```
INSERT
INTO <表名> [(<属性列 1> [,<属性列 2>. . . ])]
VALUES( <常量 1> [,<常量 2>]. . . );
```

插入子查询语句的格式为：

```
INSERT
INTO <表名> [(属性列 1), (属性列 2), ...]
  子查询;
```

6. UPDATE

修改操作又称更新操作，其语句的一般格式为：

```
UPDATE <表名>
SET <列名>=<表达式> [, <列名>=<表达式>]. . .
[WHERE <条件>] ;
```

7. DELETE

DELETE 语句用于删除表中的数据，其一般格式为：

```
DELETE
FROM<表名>
[WHERE <条件> ];
```

8. GRANT

GRANT 语句用于将指定操作对象的指定操作权限授予指定用户，其格式为：

```
GRANT <权限> [,<权限>]. . .
[ON <对象类型> <对象名>]
TO <用户> [,<用户>]. . .
[WITH GRANT OPTION];
```

9. REVOKE

REVOKE 语句用于收回所授予的权限，其格式为：

```
REVOKE<权限> [,<权限>]. . .
[ON <对象类型>  <对象名>]
FROM <用户> [,<用户>]. . .
```

5.5.2　使用 SQL 修改查询条件

利用 SQL 语句可以直接对查询条件进行相应的修改。例 5.16 列举了一个使用 SQL 语句修改查询条件的例子。

【例 5.16】 将建立的“1955 年以后出生的男教工”表查询中的条件改为“1955 年以后出生的女教工”。

（1）在设计视图中打开已建查询“1955 年后出生的男教工”，结果如图 5.50 所示。

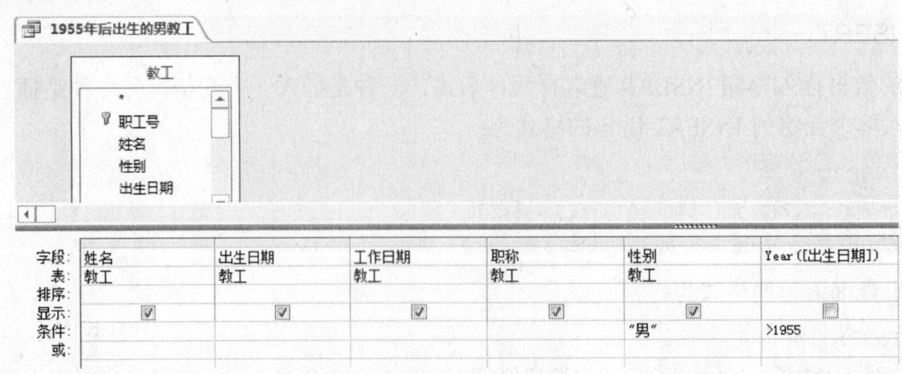

图 5.50　设计视图

（2）单击“结果”命令组中的“视图”下拉按钮，在弹出的下拉列表中选择“SQL 视图”选项，这时屏幕上显示如图 5.51 所示的窗口。

（3）在该窗口中选择要进行修改的部分，然后输入修改后的准则，如图 5.52 所示。

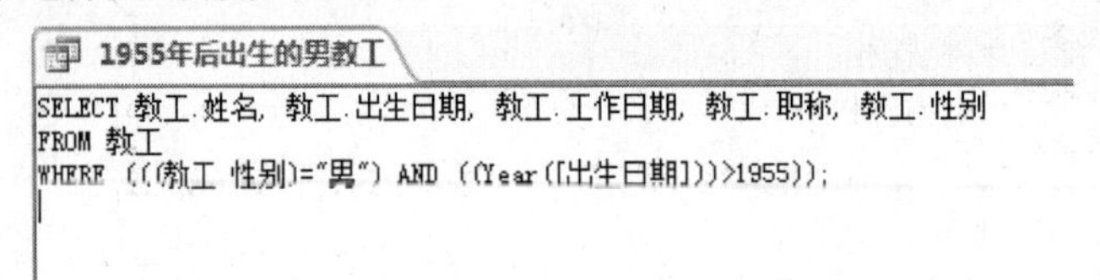

图 5.51　SQL 视图

图 5.52　修改后的 SQL 视图

（4）单击“结果”命令组中的“视图”按钮，预览查询的结果，如图 5.53 所示。

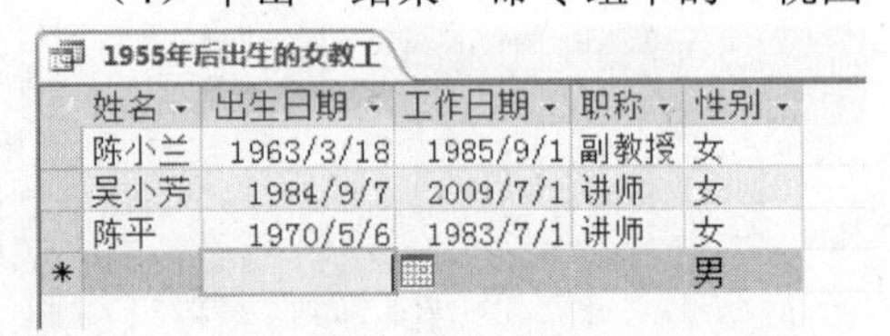

姓名	出生日期	工作日期	职称	性别
陈小兰	1963/3/18	1985/9/1	副教授	女
吴小芳	1984/9/7	2009/7/1	讲师	女
陈平	1970/5/6	1983/7/1	讲师	女
*				男

图 5.53　修改后的查询结果

（5）单击“保存”按钮，保存此次的修改，查询名仍为“1955 年后出生的男教工”。如果希望将修改的查询保存到新的查询中，执行“文件”→“另存为”→“对象另存为”命令，打开“另存为”对话框，在“文件名”文本框中输入“1955 年后出生的女教工”，最后单击“确定”按钮。

SQL 查询分为联合查询、传递查询、数据定义查询和子查询 4 种。

5.5.3　联合查询

联合查询将来自一个或多个表或查询中的字段组合为查询结果中的一个字段或列。下面通过一个实例来说明如何创建联合查询。

【例 5.17】 显示“不及格名单”表中所有记录和“学生成绩查询”查询中 80 分以下的记录，显示内容为“学号”、“姓名”、“成绩”3 个字段。

（1）在数据库窗口中，单击“创建”选项卡，并打开一个新查询设计视图，打开“显示表”对话框。单击“关闭”按钮，关闭“显示表”对话框。

（2）单击“查询类型”命令组中的“联合”按钮。

（3）在窗口中输入 SQL 语句，如图 5.54 所示。

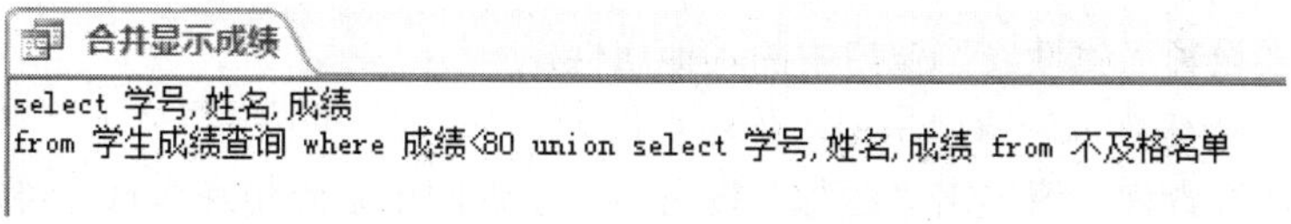

合并显示成绩

```
select 学号,姓名,成绩
from 学生成绩查询 where 成绩<80 union select 学号,姓名,成绩 from 不及格名单
```

图 5.54 设置联合查询

（4）单击快速访问工具栏上的“保存”按钮，并将查询命名为“合并显示成绩”，然后单击“确定”按钮。

（5）单击“结果”命令组中的“视图”下拉按钮，在弹出的下拉列表中选择“数据表视图”选项，这时可以看到如图 5.55 所示的查询结果。

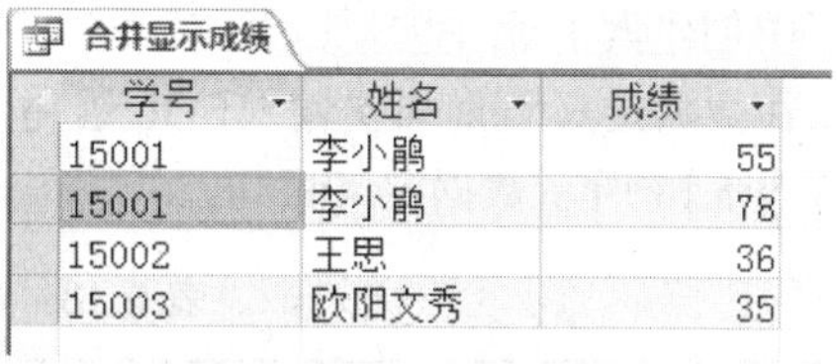

合并显示成绩

学号	姓名	成绩
15001	李小鹃	55
15001	李小鹃	78
15002	王思	36
15003	欧阳文秀	35

图 5.55 查询结果

这里应注意：如果不需要返回重复记录，应输入带有 UNION 运算的 SQL SELECT 语句；如果需要返回重复记录，应输入带有 UNION ALL 运算的 SQL SELECT 语句。另外，每个 SELECT 语句都必须以同一顺序返回相同数量的字段，对应的字段除了可以将数字字段和文本字段作为对应的字段外，其余对应字段都具有兼容的数据类型。如果将联合查询转换为另一类型的查询，如转换为选择查询，输入的 SQL 语句将丢失。

5.5.4 传递查询

传递查询是 SQL 特定查询之一，Access 传递查询可直接将命令发送到 ODBC 数据库服务器（如 Microsoft SQL 服务器）。使用传递查询，不必使用链接与服务器上的表进行连接就可直接使用相应的表。下面介绍如何使用传递查询。

操作过程如下。

（1）在导航窗格中选定一个表，在数据库窗口中，单击“创建”选项卡，单击“查询”命令组中的“查询设计”按钮，打开“显示表”对话框。

（2）直接在“显示表”对话框内单击“关闭”按钮。

（3）单击“查询类型”命令组中的“传递”按钮。

（4）然后单击“显示/隐藏”组中的“属性表”按钮，打开“属性表”窗口，如图 5.56 所示。

（5）设置“ODBC 连接字符串”属性来指定要连接的数据库信息。可以输入连接信息，打开如图 5.57 所示的对话框，根据对话框的提示输入要连接的服务器信息。

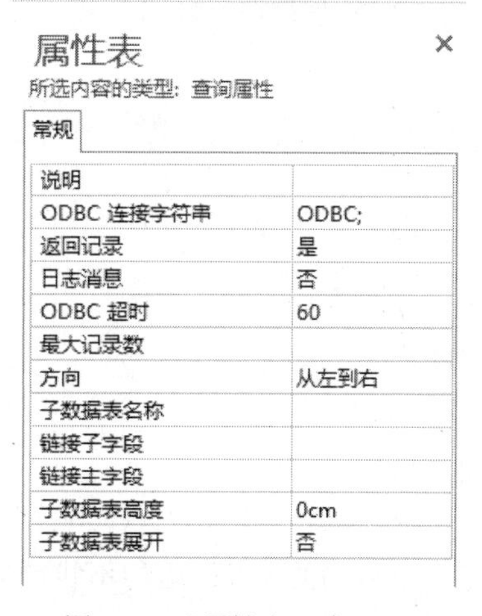

图 5.56 “属性表”窗口

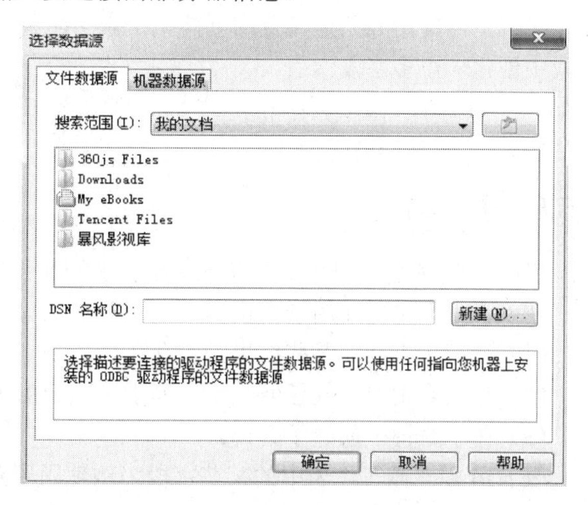

图 5.57 “选择数据源”对话框

（6）根据需要设置“属性表”窗口中的其他属性。

（7）在“SQL 传递查询”窗口中输入传递查询。

（8）如果要执行查询，请单击“运行”按钮（对于返回记录的传递查询，可以单击“视图”按钮来代之）。

5.5.5 数据定义查询

数据定义查询与其他查询不同的是，利用它可以直接创建、删除或更改表，或者在当前的数据库中创建索引。

在数据定义查询中要输入 SQL 语句，每个数据定义查询只能由一个数据定义语句组成。Access 支持表 5.13 所示数据定义语句。

表 5.13 数据定义查询常用 SQL 语句

SQL 语句	用 途
CREATE TABLE	创建表
ALTER TABLE	在已有表中添加新字段或约束
DROP	从数据库中删除表，或者从字段或字段组中删除索引
CREATE INDEX	为字段或字段组创建索引

下面举例说明数据定义查询的使用。首先，利用 CREATE TABLE 语句来创建一个 “学生”表。示例中的语句包括表中每一个字段的名称和数据类型，并将“学号”字段指定为主关键字的索引。在“数据定义查询”窗口中，输入如下语句：

```
CREATE TABLE 学生
([学号] integer,
[姓名] text,
[性别] text,
[出生日期] date,
[家庭住址] text,
[联系电话] text,
[备注] memo,
CONSTRAINT [Index1] PRIMARY KEY ([学生 学号]));
```

接着，再使用数据定义查询创建一个索引，利用 CREATE INDEX 语句在“姓名”和“性别”字段中创建一个多字段索引。

```
CREATE INDEX 索引1
ON 学生([姓名], [性别]);
```

5.5.6 子查询

当一个查询是另一个查询的条件时，称之为子查询。

在以下方面可以使用子查询。

（1）测试子查询的某些结果是否存在。

（2）在主查询中查找任何大于、等于或小于由子查询返回的值。

（3）在子查询中创建子查询。

表 5.14 以“教工”表中的某些字段为例使用子查询。注意：子查询的 Select 语句不能定义联合查询或交叉表查询。

表 5.14 使用子查询的示例

字段	子 查 询	说 明
工资	>Select AVG([工资]) From [教工])	显示工资高于平均值的教工记录
职称	(Select [职工号] From [教工] Where [职称]="教授"	显示职称为教授的职工号

【例 5.18】 查询并显示"学生"表中身高高于平均值的学生记录。

(1)单击"创建"选项卡,单击"查询"命令组中的"查询设计"按钮。单击"学生"表字段列表中的"*",将其拖至"字段"行的第 1 列中,双击"学生"表的"身高"字段,将其添加到设计网格中"字段"行的第 2 列。

(2)取消勾选第 2 列"显示"行上的复选框。

(3)在第 2 列字段的"条件"单元格内输入" >(Select AVG([身高]) From [学生])",如图 5.58 所示。

(4)单击"结果"命令组中的"运行"按钮,可以看到查询结果如图 5.59 所示。

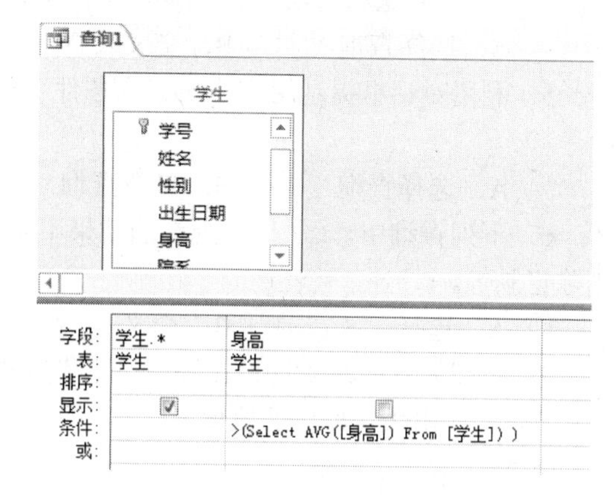

图 5.58 设置子查询

身高高于平均值

学号	姓名	性别	出生日期	身高	院系	党员否	相片
15002	王思	男	1996/10/8	185	计算机系	☐	
15003	欧阳文秀	男	1997/8/7	172	英语系	☑	
15005	陈新	男	1996/6/26	180	英语系	☑	
*		男		0		☐	

图 5.59 查询结果

【例 5.19】 使用以下命令输出和学号为 08005 的学生同年出生的所有学生的学号、姓名和出生日期。

```
Select 学号,姓名,出生日期
From 学生
Where year(学生.出生日期)=
(Select year(学生.出生日期)
From 学生
Where 学号='08005')
```

习 题 5

一、选择题

1. 在 Access 数据库中使用向导创建查询,其数据可以来自(   )。

   A. 多个表　　B. 一个表　　C. 一个表的一部分　　D. 表或查询

2. Access 支持的查询类型有(   )。

   A. 选择查询、基本查询、参数查询、操作查询和 SQL 查询

   B. 多表查询、单表查询、参数查询、操作查询和 SQL 查询

C．选择查询、交叉表查询、参数查询、操作查询和 SQL 查询

D．选择查询、汇总查询、参数查询、操作查询和 SQL 查询

3．查询的结果是一组数据记录，称之为（　　）。

A．结果集　　B．动态集　　C．参数集　　D．记录集

4．（　　）是利用表中的行和列来统计数据的。

A．选择查询　　B．交叉表查询　　C．参数查询　　D．SQL 查询

5．利用对话框提示用户输入查询条件（如通过输入的学号查询学生信息），这样的查询属于（　　）。

A．选择查询　　B．参数查询　　C．操作查询　　D．SQL 查询

6．下列查询中，（　　）查询的结果不是动态集合，而是执行指定的操作，如增加、修改、删除记录等。

A．选择　　B．交叉　　C．操作　　D．参数

7．下图显示的是查询设计视图，从设计视图所示的内容中判断此查询将显示（　　）。

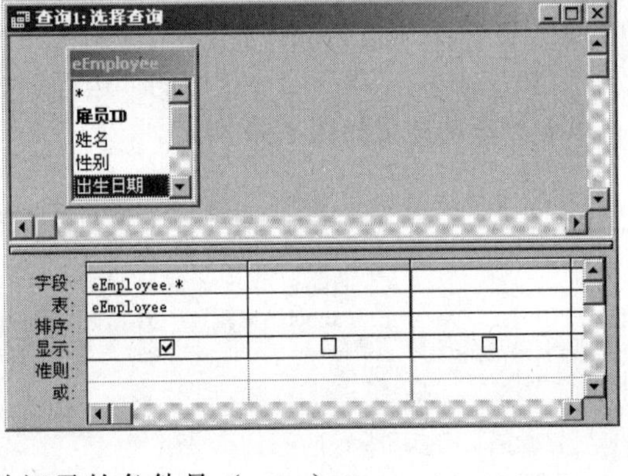

A．“出生日期”字段值

B．所有字段值

C．除“出生日期”以外的所有字段值

D．“雇员 ID”字段值

8．若要查询职称为教授或副教授的记录，应选择的条件是（　　）。

A．"教授" And "副教授"

B．"教授" Or "副教授"

C．"教授" 或 "副教授"

D．"教授"+"副教授"

9．要查询学生编号第 3 个和第 4 个字符为 03 的记录的条件是（　　）。

A．Mid([学生编号]3,2)="03"　　B．Mid([学生编号]3,4)="03"

C．Mid([学生编号]4,3)="03"　　D．Mid([学生编号]4,2)="03"

10．将用于分组字段的“总计”行设置成（　　），可以对记录进行分组统计。

A．Where　　B．Group By　　C．Order By　　D．Last

11．需要指定行标题和列标题的查询是（　　）。

A．参数查询　　B．交叉表查询　　C．标题查询　　D．操作查询

12．若查询的设计如下，则查询的功能是（　　）。

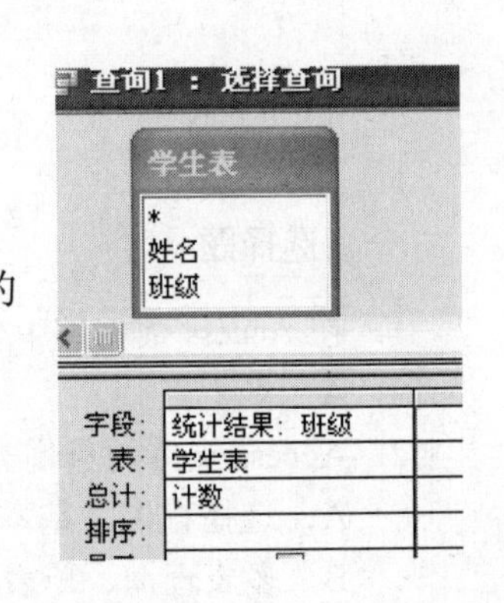

A．统计尚未完成，无法进行统计

B．统计班级信息仅含 Null(空)值的记录个数

C．统计班级信息不包括 Null(空)值的记录个数

D．统计班级信息包括 Null(空)值全部记录个数

13．创建单参数查询时，在设计网格区中输入“条件”单元格的内容即为（　　）。

A．查询字段的字段名

B．用户任意指定的内容

C．查询的条件

D．参数对话框中的提示文本

14. 如果在数据库中已有同名的表，要通过查询覆盖原来的表，应该使用的查询类型是（　　）。

A. 删除　　B. 追加　　C. 生成表　　D. 更新

15. 在“教师”表中“职称”字段可能的取值为：教授、副教授、讲师和助教。要查找职称为教授或副教授的教师，错误的语句是（　　）。

A. SELECT * FROM 教师表 WHERE (InStr([职称],"教授")<>0);

B. SELECT * FROM 教师表 WHERE (Right([职称],2)="教授");

C. SELECT * FROM 教师表 WHERE ([职称]="教授");

D. SELECT * FROM 教师表 WHERE InStr([职称],"教授")=1 or InStr([职称],"教授")=2;

16. 若要将“产品”表中所有供货商是“ABC”的产品单价下调 50，正确的 SQL 语句是（　　）。

A. UPDATE FROM 产品 SET 单价=单价-50 WHERE 供货商="ABC"

B. UPDATE 产品 SET 单价=单价-50 WHERE 供货商="ABC"

C. UPDATE FROM 产品 SET 单价=50 WHERE 供货商="ABC"

D. UPDATE 产品 SET 单价=50 WHERE 供货商="ABC"

二、填空题

1. 若在“tEmployee”表中查找所有姓“王”的记录，可以在查询视图的条件中输入________。

2. 将表 A 的记录复制到表 B 中，且不删除表 B 中的记录，可以使用________查询。

3. 建立一个基于“学生”表的查询，要查找“出生日期”（数据类型为日期/时间型）在 1980-06-06 和 1980-07-06 间的学生，在“出生日期”对应列的“条件”行中应输入的表达式是________。

4. SQL 查询主要包括________、________、________和子查询 4 种。

5. 书写查询条件时，日期值应该用________括起来。

6. 如果在创建表中建立字段“简历”，其数据类型应当是________。

7. 在 SQL 查询 GROUP BY 语句用于________。

8. 在 Access 数据库中，对数据表进行统计的是________。

9. 在已经建立的“工资库”中，要从表中找出我们想要看的记录，凡是“工资额>1000.00”的记录，可用________的方法。

10. 将表“学生名单 2”的记录复制到表“学生名单 1”中，且不删除表“学生名单 1”中的记录，所使用的查询方式是________。

三、设计题

1. 创建一个选择查询，显示男教师讲授的所有课程名。

2. 创建一个生成表查询，统计出 1980 年（包含 1980 年）以后出生的员工的信息，生成一个新表“青年教工表”，新表中除了原表的所有字段外还有一个新字段“年龄”，显示年龄。

3. 创建一个联合查询，统计双职工的人数（即夫妻都为学校员工）。

第6章　窗　　体

窗体为查看、添加、编辑和删除数据提供了最灵活的方法。它们也可以用作切换面板（一个具有一些按钮并可进行导航的窗体）、控制系统流程的对话框，或者用来显示消息。控件是窗体上的一些对象，如标签、文本框、按钮及很多其他对象。在本章中将学习如何创建不同类型的窗体，并理解有关窗体上所使用的控件类型。

6.1　窗体的结构和类型

作为用户和 Access 应用程序之间的主要接口，窗体起着联系数据库与用户的桥梁作用。既可以用于显示表、查询中的数据、输入数据、编辑数据和修改数据，也可以作为输入界面，接受用户的输入，判定其有效性、合理性，并针对输入执行一定的功能。与数据表不同的是，窗体本身没有存储数据，也不像表那样，只以行和列的形式显示数据。

6.1.1　窗体的结构

作为用户和数据库系统的接口，窗体在设计时，是系统开发用户的工作台，在运行程序时，对应于一个窗口界面。窗体具有 3 种视图，即设计视图、窗体视图和数据表视图。窗体的设计视图是用于创建窗体或修改窗体的窗口；窗体的窗体视图是显示记录数据的窗口，主要用于添加或修改表中的数据；窗体的数据表视图是以行列格式显示表、查询或窗体数据的窗口，在数据表视图中可以编辑、添加、修改、查找或删除数据。

与 Windows 环境下的应用程序窗口一样，Access 中的窗体也具有控制菜单、标题栏、最大化/复原按钮、最小化按钮、关闭按钮及边框。在窗体设计视图中，窗体的工作区主要包括窗体页眉、页面页眉、主体、页面页脚和窗体页脚 5 部分，每一部分又称为一个“节”。

窗体页眉位于设计窗口的最上方，一般用于设置窗体的标题、提示信息或放置执行其他任务的命令按钮等。

页面页眉的内容只有在打印时才会出现，一般用来设置窗体在打印时的页头信息。例如，标题、字段名或者用户要在每一页上方显示的内容。

页面页脚与页面页眉相对应，一般用来设置窗体在打印时的页脚信息，只出现在打印时每一页的底端。例如，日期、页码或用户要在每一页下方显示的内容。

主体通常用来显示记录数据，可以在显示或页面上只显示一条记录，也可以显示多条记录。

窗体页脚与窗体页眉相对应，位于窗体底部，一般用于显示汇总主体的数据，使用命令的操作说明等信息。也可以设置命令按钮，放置命令按钮或提示信息等。

另外窗体中还包含标签、文本框、复选框、列表框、组合框、选项组、命令按钮、图像等图形化的对象，这些对象被称为控件，在窗体中起不同的作用。

6.1.2　窗体类型及其视图

窗体是主要用于输入和显示数据的数据库对象，也可以将窗体用作切换面板来打开数据库中的其他窗体和报表，或者用作自定义对话框来接收输入及根据输入的内容执行操作。

Access 提供了 7 种类型的窗体，分别是纵栏式窗体、表格式窗体、数据表窗体、主/子窗体、图表窗体、数据透视表窗体和数据透视图窗体。

1．纵栏式窗体

纵栏式窗体是最基本的也是默认的窗体格式，它将窗体中的一个显示记录按列分隔，每列的左边显示字段名，右边显示字段内容，如图 6.1 所示。纵栏式窗体通常用于输入数据。

在纵栏式窗体中，可以随意地安排字段，可以使用 Windows 的多种控件操作，还可以设置直线、方框、颜色、特殊效果等。通过建立和使用纵栏式窗体，可以美化操作界面，提高操作效率。

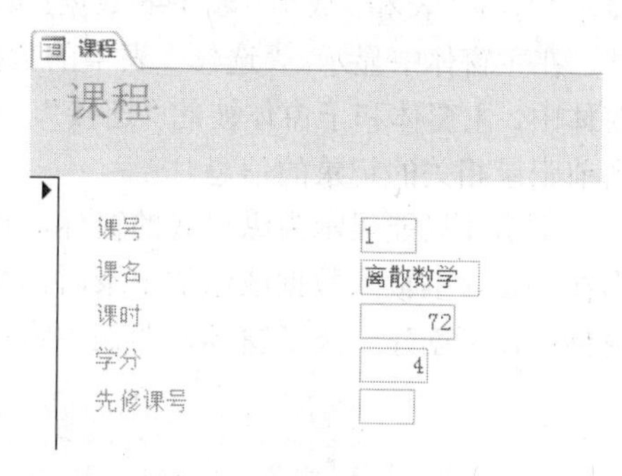

图 6.1　纵栏式窗体

2．表格式窗体

表格式窗体将每条记录中的字段横向排列，而将记录纵向排列。从而可在一个窗体中显示多条记录的内容。例如，图 6.2 所示的“教课”窗体就是一个表格式窗体，窗体上显示了 3 条记录。如果要浏览更多的记录，可以通过垂直滚动条进行浏览。

3．数据表窗体

如图 6.3 所示，数据表窗体从外观上看与数据表和查询显示数据的界面相同，就是将数据表套用到窗体上，显示 Access 最原始的数据风格。

数据表窗体的主要作用是作为一个窗体的子窗体。

教课

教工号	课号	班级	学年度	学期	考核分
1981001	1	14计本1班	2014-2015	秋季	96
1981001	2	14数本1班	2014-2015	秋季	90
1985001	2	15英本1班	2015-2016	秋季	82
					0

图 6.2　表格式窗体

学生1

学号	姓名		出生日期	身高	院系	党员否	相片
15001	李小鹃	女	1997/2/10	160	计算机系	☑	Package
15002	王思	男	1996/10/8	185	计算机系	☐	
15003	欧阳文	男	1997/8/7	172	英语系	☑	
15004	王思	女	1997/11/20	158	计算机系	☐	
15005	陈新	男	1996/6/26	180	英语系	☑	
15006	李爱华	男	1998/1/8	170	数学系	☐	
*		男		0		☐	

图 6.3　数据表窗体

4．主/子窗体

窗体中的窗体称为子窗体，包含子窗体的基本窗体被称为主窗体。主窗体和子窗体通常用于显示多个表或查询中的数据，这些表或查询中的数据具有一对多关系。例如，在 JXDB 数据库中，每名学生可以选多门课程，这样“学生”和“成绩”之间就存在一对多的关系，“学生”表中的每一条记录都与“选修”表中的多条记录相对应。这时，可以创建一个带有子窗体的主窗体，用于显示“学生”表和“成绩”表中的数据。如图 6.4 所示，“学生”表中的数据是一对多关系中的“一”端，在主窗体中显示。“选修”表中的数据是一对多关系中的“多”端，在子窗体中显示。在这种窗体中，主窗体和子窗体彼此“连接”，主窗体显示某一条记录的信息，子窗体就会显示与主窗体当前记录相关的记录的信息。

主窗体只能显示为纵栏式的窗体，子窗体可以显示为数据表窗体，也可以显示为表格式窗体。当在主窗体中输入数据或添加记录时，Access 会自动保存每一条记录到子窗体对应的表中。在子窗体中，可创建二级子窗体，即在主窗体内可以包含子窗体，子窗体内又可以包含子窗体。

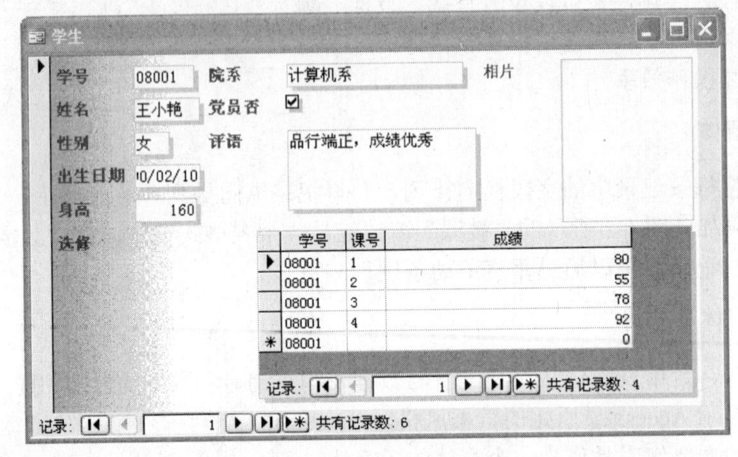

图 6.4　主/子窗体

5．图表窗体

图表窗体的数据源可以是数据表，也可以是查询，它利用 Microsoft Graph 以图形方式显示用户的数据，如图 6.5 所示。Access 提供了多种图表，包括折线图、柱形图和饼图等。

6．数据透视表窗体

数据透视表窗体是一种交互式的表，它是 Access 为了以指定的数据表或查询为数据源产生一个 Excel 的分析表而建立的一种窗体形式，可以进行某些计算，如求和与计数等，如图 6.6 所示。用户可以改变透视表的布局，以满足不同的数据分析方式和要求。

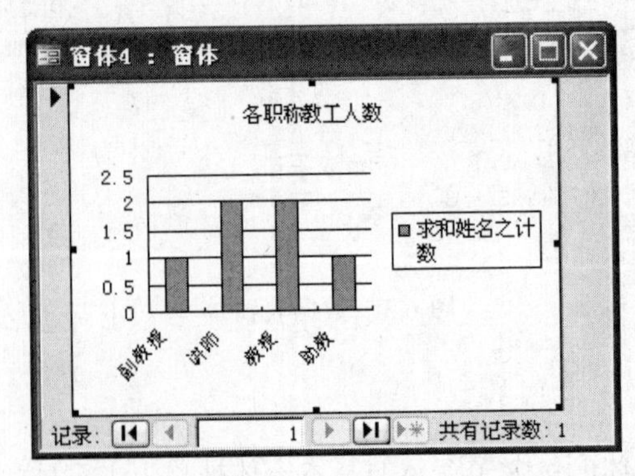

图 6.5　图表窗体

教工2

将筛选字段拖至此处

	职称				
	副教授	讲师	教授	助教	总计
部门	职工号	职工号	职工号	职工号	无汇总信息
计算机系	1985001		1981001		
数学系		1983002			
英语系	1983003			2007001	
总计					

图 6.6 数据透视表窗体

7. 数据透视图窗体

数据透视图窗体是一种用于显示数据表和窗体中数据的图形分析窗体。图 6.7 是一个数据透视图窗体的例子。

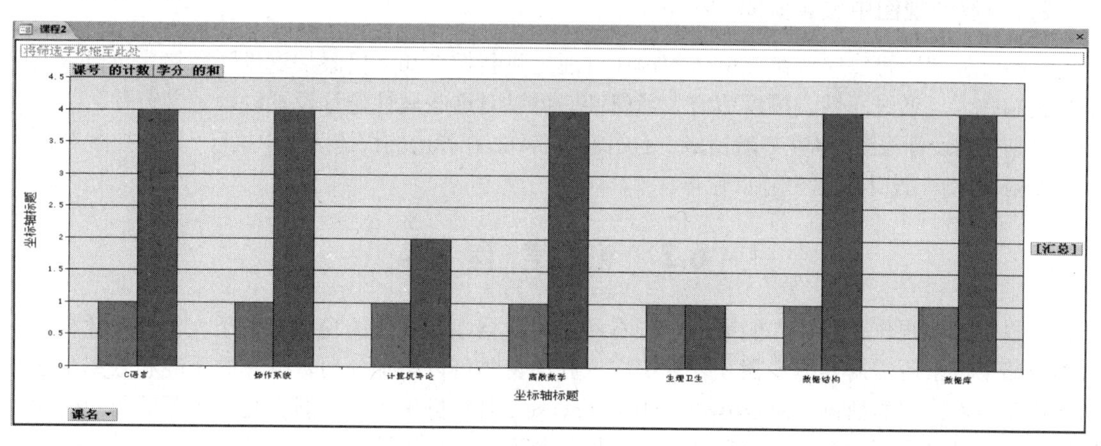

图 6.7 数据透视图窗体

6.1.3 窗体的视图

在 Office Access 2013 中，主要有 3 种视图，分别是窗体视图、布局视图和设计视图。窗体视图用于查看设计好的窗体。布局视图是用于修改窗体的最直观的视图，可用于对窗体进行几乎所有需要的更改。在布局视图中，窗体实际正在运行，因此，用户看到的数据与它们在窗体视图中的显示外观非常相似。另外还可以在此视图中对窗体设计进行更改。由于可以在修改窗体的同时看到数据，因此，它是非常有用的视图，可用于设置控件大小或执行几乎所有其他影响窗体的外观和可用性的任务。设计视图提供了窗体结构的更详细视图，可以看到窗体的页眉、主体和页脚部分。窗体在设计视图中显示但实际并不在运行，因此，在进行设计方面的更改时，将无法看到基础数据；然而，有些任务在设计视图中执行要比在布局视图中执行容易，如以下几种情况。

（1）向窗体添加更多类型的控件，如标签、图像、线条和矩形。

（2）在文本框中编辑文本框控件来源，而不使用属性表。

（3）调整窗体节（如窗体页眉或主体节）的大小。

（4）更改某些无法在布局视图中更改的窗体属性（如“默认视图”或“允许窗体视图”）。

1. 在布局视图中微调窗体

创建窗体之后，可以在布局视图中轻松地微调其设计。可以根据实际窗体数据重新排列控件和调整控件的大小，还可以在窗体上放置新的控件，并设置窗体及其控件的属性。

要切换到布局视图，请在导航窗格中右击窗体名称，在弹出的快捷菜单中执行“布局视图”命令。Access 将在布局视图中显示窗体。

可以使用属性表来修改窗体及其控件和节的属性。若要打开属性表，请按【F4】键。

可以使用“字段列表”窗口向窗体设计添加基础表或查询中的字段。若要显示“字段列表”窗口，执行下列操作之一。

（1）在“格式”选项卡中的“控件”命令组中，单击“添加现有字段”按钮。

（2）按快捷键【Alt+F8】。

然后可以直接将字段从“字段列表”窗口拖动到窗体上。

若要添加一个字段，请双击该字段，或者将它从“字段列表”窗口拖动到窗体上要显示它的部分；若要一次添加若干字段，请在按住【Ctrl】键的同时单击要添加的各个字段，然后将选定字段拖动到窗体上。

2. 在设计视图中微调窗体

在设计视图中可以完成微调窗体的设计。通过将新控件和字段添加到设计网格，可以将它们添加到窗体上。通过属性表可以访问大量属性，可以对这些属性进行设置以自定义窗体。

要切换到设计视图，请在导航窗格中右击窗体名称，在弹出的快捷菜单中执行“设计视图”命令。Access 将在设计视图中显示窗体。

6.2 创建窗体

可以将窗体视作窗口，人们通过它查看和访问数据库。有效的窗体更便于人们使用数据库，因为省略了搜索所需内容的步骤。外观引人入胜的窗体可以增加使用数据库的乐趣和效率，还有助于避免输入错误的数据。Microsoft Office Access 2013 提供了一些新工具，可帮助用户快速创建窗体，并提供了新的窗体类型和功能，以提高数据库的可用性。

使用“创建”选项卡中的“窗体”命令组可以将窗体添加到数据库中。“窗体”命令组中的按钮（图 6.8）可以用来创建不同类型的窗体。“创建”选项卡由以下按钮组成。

窗体：创建一个新窗体，可以一次为一条记录输入信息。要使用这个命令，必须要打开或选择一个表、查询、窗体或报表。

分割窗体：创建一个分割窗体，在上部显示一个数据表，在下部显示一个窗体，用来输入有关在数据表中所选择的记录的信息。

多个项目：创建一个窗体，在一个数据表中显示多条记录，每行显示一条记录。

数据透视图：立即创建一个数据透视图窗体。

空白窗体：立即创建一个没有任何控件的空白窗体。

其他窗体：通过该下拉列表可以启动“窗体向导”或立即创建一个“数据表”、“模式对话框”或“数据透视表”。

窗体设计：创建一个新的空白窗体，并在设计视图中显示这个窗体。

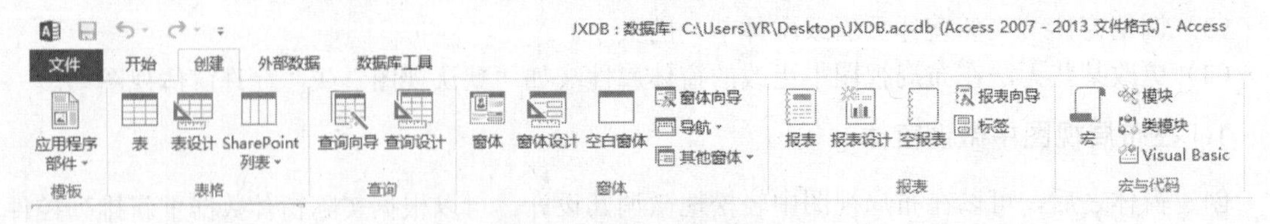

图 6.8 “创建”选项卡

6.2.1 使用“窗体”工具创建窗体

利用“窗体”工具，只需单击一次鼠标便可以创建窗体。使用此工具时，来自基础数据源的所有字段都放置在窗体上。用户可以立即开始使用新窗体，也可以在布局视图或设计视图中修改该新窗体以更好地满足用户的需要。

使用“窗体”工具创建新窗体的步骤如下。

（1）在导航窗格中，单击包含用户希望在窗体上显示的数据的表或查询。

（2）在“创建”选项卡中的“窗体”命令组中，单击“窗体”按钮，如图 6.9 所示。

图 6.9 “窗体”命令组

Access 创建窗体，并以布局视图显示该窗体。在布局视图中，可以在窗体显示数据的同时对窗体进行设计方面的更改。例如，可以根据需要调整文本框的大小以适合数据。

6.2.2 使用“窗体向导”创建窗体

单击“窗体”命令组中的“其他窗体”下拉按钮，在弹出的下拉列表中选择“窗体向导”选项，可以用一个向导来创建窗体。“窗体向导”非常直观地给出了一系列有关所创建窗体的问题，然后自动创建这个窗体。通过“窗体向导”可以选择在窗体上创建哪些字段、窗体采用的布局（纵栏表、表格、数据表、两端对齐）、风格（Access 2007、Access 2013、Apex 等），以及窗体上显示的标题。

【例 6.1】 使用“窗体向导”创建“教工”窗体。

（1）在导航窗格中选择“教工”表。单击“创建”选项卡，然后单击“窗体”命令组中的“窗体向导”按钮，打开如图 6.10 所示的“窗体向导”。

（2）在“表/查询”的下拉列表中选择要根据哪个表或查询来创建窗体。使用窗体中间的按钮来添加或删除“可用字段”和“选定字段”列表中的字段。

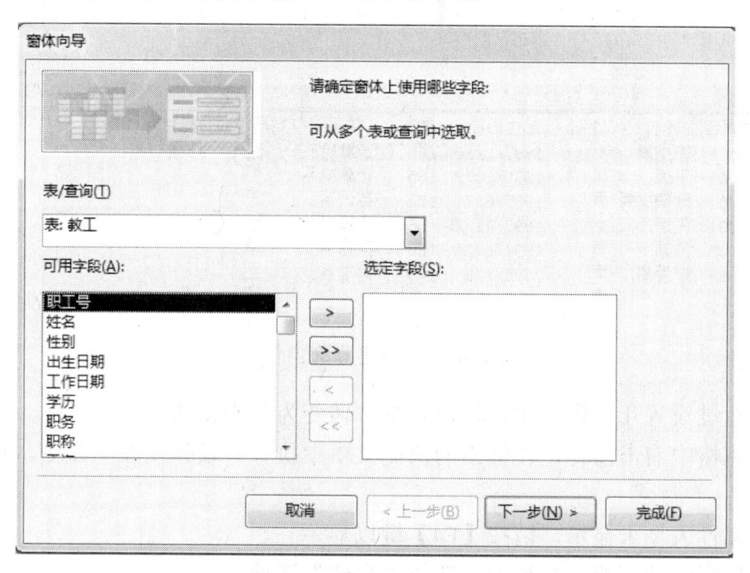

图 6.10 窗体向导

注意：在“可用字段”列表中双击任何字段也可以将其添加到“选定字段”列表中。

6.2.3 使用“分割窗体”工具创建分割窗体

分割窗体可以同时提供数据的两种视图：窗体视图和数据表视图。这两种视图连接到同一数据源，并且总是保持相互同步。如果在窗体的一个部分中选择了一个字段，则会在窗体的另一部分中选择相同的字段。可以在任一部分中添加、编辑或删除数据（只要记录源可更新，并且用户未将窗体配置为阻止这些操作）。

分割窗体可以在一个窗体中同时利用两种窗体类型的优势。例如，可以使用窗体的数据表部分快速定位记录，然后使用窗体部分查看或编辑记录。窗体部分以醒目而实用的方式呈现出数据表部分。在可用于 Office Access 2010 的许多模板数据库中都使用了此技术。

【例 6.2】 为“学生”表创建分割窗体。

（1）在导航窗格中选择“学生”表。

（2）单击“创建”选项卡，然后单击“窗体”命令组中的“其他窗体”下拉按钮，在弹出的下拉列表中选择“分割窗体”选项。

Access 根据布局视图中显示的“学生”表创建一个新分割窗体，如图 6.11 所示。重新调整窗体大小并使用中间的分割线可以让上面部分完全可见。

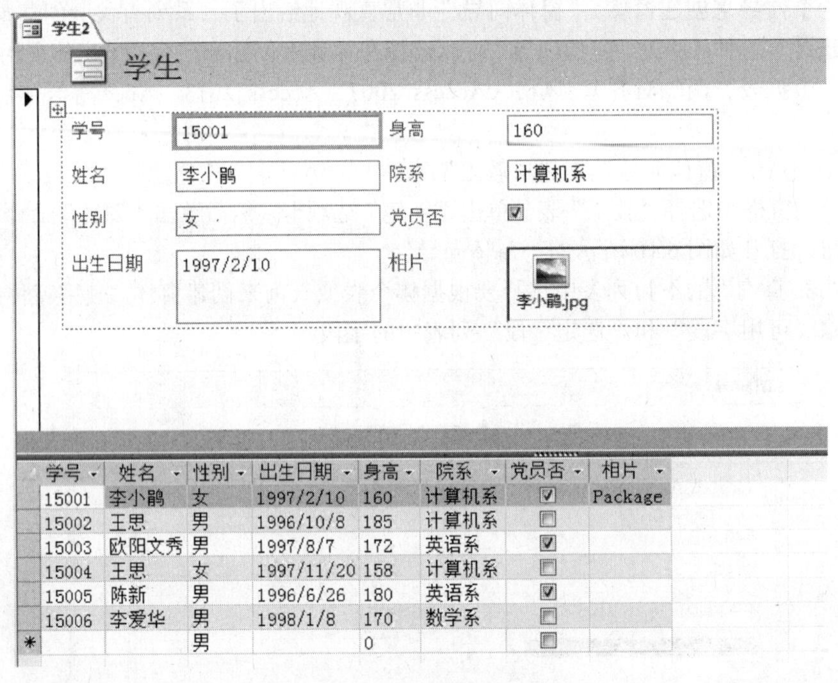

图 6.11 创建分割窗体

同时也可以通过设置几个窗体属性将现有窗体转变为分割窗体。

（1）在导航窗格中右击窗体，在弹出的快捷菜单中执行“设计视图”命令，在设计视图中打开该窗体。

（2）如果“属性表”未显示，请按【F4】键以显示它。

（3）从“属性表”顶部的下拉列表中选择“窗体”选项。

（4）在“属性表”的“格式”选项卡中的“默认视图”下拉列表中选择“分割窗体”选项。

（5）在窗体视图中检查窗体。若要切换到窗体视图，请双击导航窗格中的窗体名称。

6.2.4 使用“多个项目”工具创建显示多个记录的窗体

使用功能区“窗体”命令组中的“多个项目”工具可以基于在导航窗格中选择的表或查询创建多个项目窗体。要用类似于数据表视图的方式查看数据但又想添加诸如按钮和图形元素的窗体控件时，可以创建一个多个项目窗体。这个新增功能可以创建一个类似于数据表的窗体，不过此功能可以添加图形元素、按钮和其他控件。

【例 6.3】 基于“教工”表创建一个多个项目窗体。

（1）在导航窗格中选择“教工”表。

（2）单击“创建”选项卡，然后单击“窗体”命令组中的“其他窗体”下拉按钮，在弹出的下拉列表中选择“多个项目”选项。

Access 根据布局视图中显示的“教工”表创建一个新多个项目窗体，如图 6.12 所示。尽管这个窗体看起来类似于一个数据表，但是只能在设计视图和布局视图中重新调整行和列的大小。

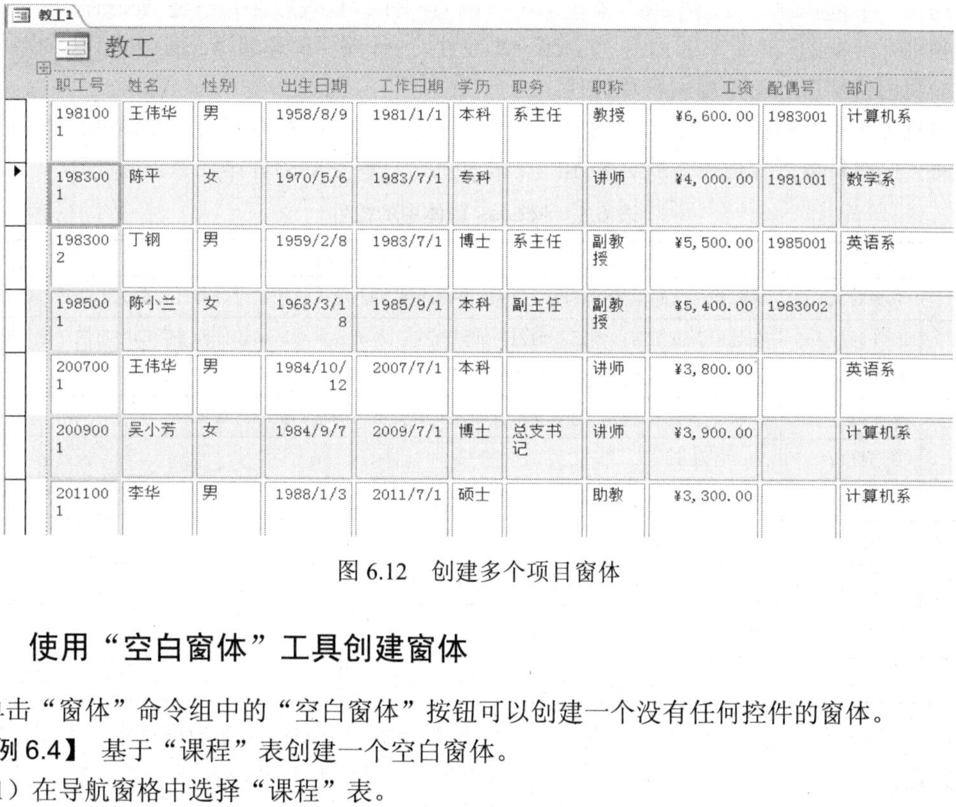

教工1

教工

职工号	姓名	性别	出生日期	工作日期	学历	职务	职称	工资	配偶号	部门
1981001	王伟华	男	1958/8/9	1981/1/1	本科	系主任	教授	¥6,600.00	1983001	计算机系
1983001	陈平	女	1970/5/6	1983/7/1	专科		讲师	¥4,000.00	1981001	数学系
1983002	丁钢	男	1959/2/8	1983/7/1	博士	系主任	副教授	¥5,500.00	1985001	英语系
1985001	陈小兰	女	1963/3/18	1985/9/1	本科	副主任	副教授	¥5,400.00	1983002	
2007001	王伟华	男	1984/10/12	2007/7/1	本科		讲师	¥3,800.00		英语系
2009001	吴小芳	女	1984/9/7	2009/7/1	博士	总支书记	讲师	¥3,900.00		计算机系
2011001	李华	男	1988/1/3	2011/7/1	硕士		助教	¥3,300.00		计算机系

图 6.12 创建多个项目窗体

6.2.5 使用“空白窗体”工具创建窗体

单击“窗体”命令组中的“空白窗体”按钮可以创建一个没有任何控件的窗体。

【例 6.4】 基于“课程”表创建一个空白窗体。

（1）在导航窗格中选择“课程”表。

（2）单击“创建”选项卡，然后单击“窗体”命令组中的“空白窗体”按钮。

Access 根据布局视图中显示的“课程”表创建一个新空白窗体。在下一节中将学习如何在这个窗体添加并自定义控件。单击“窗体”命令组中的“窗体设计”按钮可以创建一个空白窗体，并在设计视图中显示这个窗体。

6.3 窗 体 控 件

使用向导可以方便地创建窗体，但在大多数情况下，无论是格式还是内容，向导所生成的窗体都不能满足要求，这就需要在设计视图中对其进行修改、修饰以满足要求。也可以利用设计视图直接创建窗体。一般可以先利用向导创建一个新的窗体，然后在设计视图中完成对窗体的修改与调整。

6.3.1 了解控件

控件和属性构成了窗体和报表的基础。在开始应用控件和属性自定义窗体和报表前，我们先来理解控件和属性的一些基本概念。

控件（Control）这个术语在 Access 中有很多定义。通常来说，控件就是窗体或报表中的任何对象，如标签或文本框。尽管在其他 Windows 应用程序中也使用控件，它们可能有着不同的文件格式和不同的属性，但是 Access 中的文本框与任何其他 Windows 产品中的文本框都是相同的。

可以将数据输入控件中，也可以使用控件来显示数据。控件可以绑定到表中的一个字段上（将值输入控件时，同时也就保存到底层数据表的字段中），或者也可以取消这种绑定，或者只在窗体中显示，但在关闭窗体时却不保存。控件也可以是一个对象，如一条直线或一个矩形。计算字段、图片、图表、单选按钮、复选框或对象也都可以成为控件。有些控件并不是 Access 中的一部分，而是单独进行开发的——这些控件称为 ActiveX 控件，这种控件扩充了 Access 2013 中的基本特性集。下面我们将从窗体的角度来解释控件。

窗体包含了不同的控件类型，使用如表 6.1 所示的“控件”命令组可以将这些控件添加到窗体中。将鼠标指针放到控件上方就会显示一个提示框，说明这个控件是什么。

表 6.1 Access 窗体中的控件

图标	名称	功　能
	选择对象	选择控件，对其进行移动、放大、缩小和编辑，单击该按钮可以释放以前选定的工具箱按钮
	控件向导	在选中该按钮时，创建其他控件的过程中，系统会自动启动控件向导帮助用户快速地设计控件
Aa	标签	显示说明文本的控件，如窗体的标题
ab|	文本框	产生一个文本控件，用于显示、输入或编辑窗体的基础记录源数据
	复选框	建立复选框
	组合框	含有列表框和文本的组合框控件，既可以在文本框中键入文字也可以在列表框中选择输入项
	列表框	显示可滚动的数值列表
XXXX	命令按钮	用来完成各种操作，或者执行一段 VBA 代码
	图像	向窗体中加载一张图形或者图像
	选项卡控件	创建一个多页的选项卡窗体或选项卡对话框，用来显示属于同一内容的不同对象的属性

“控件”命令组右边的“使用控件向导”命令并不会将一个控件添加到窗体中；相反，它确定在添加特定控件时是否自动激活一个向导。“选项组”、“组合框”、“列表框”、“子窗口/子报表”、“绑定对象框”和“未绑定对象框”及“命令按钮”控件都有向导，添加新控件时，Access 就会启动对应的向导。“ActiveX 控件”命令（在“控件”命令组的右下角）可以用来显示 ActiveX 控件列表，可将这些控件添加到 Access 2013 中。

控件有 3 种基本分类。

（1）绑定控件：即绑定到某个表字段的控件。向绑定控件中输入值时，Access 会自动更新当前记录中这个表字段的值。大部分可以用来输入信息的控件都是绑定控件，包括 OLE（对象链接和嵌入）字段。控件可以绑定到大部分数据类型上，包括文本、日期、数字、是否、图片和备注字段。

（2）未绑定控件：未绑定控件保留所输入的值，但是不会更新任何表字段。这些控件可以用来显示文本标签，用作直线和矩形之类的控件，或者保存未绑定的 OLE 对象（如位图图片或徽标），它们没有保存到表中，而是放到窗体本身中。未绑定控件也称变量或内存变量。

（3）计算控件：计算控件是基于表达式的，如函数或计算。计算控件也是一种未绑定控件，因为它们并不会更新表的字段。

6.3.2　控件布局

控件布局是将控件在水平方向和垂直方向上对齐以便窗体有同一的外观的参考。可以将控件布局视为一个表，表的每个单元格都包含一个控件。控件布局有两种：表格式和堆叠式。

在表格式控件布局中，控件是以行和列的形式排列的，就像电子表格一样，且标签横贯控件的顶部。表格式控件布局始终跨窗体的两个部分；无论控件在哪个部分，标签都在该上面的部分中。在堆叠式布局中，控件沿垂直方向排列（与用户在纸质表格上看到的一样），标签位于每个控件的左侧。堆叠式布局始终包含在一个窗体部分中。可以在一个窗体上有任一类型的多个控件布局。例如，可以用表格式布局为每个记录创建一行数据，然后在下面使用一个或多个堆叠式布局，其中包含同一记录的多个数据。

1．创建新控件布局

Access 在以下情况下会自动创建堆叠式控件布局。

（1）通过在“创建”选项卡中的“窗体”按钮组中，单击“窗体”按钮来创建新窗体。

（2）通过在“创建”选项卡中的“窗体”命令组中，单击“空白窗体”按钮，然后将某个字段从“字段列表”窗口拖动到窗体中来创建新窗体。

在现有窗体上，可以通过执行下列操作来创建新控件布局。

①选择要添加到布局中的控件。

②如果要向同一布局中添加其他控件，请按住【Shift】键，同时选择这些控件。

③请执行下列操作之一。

在“排列”选项卡中的“控件布局”命令组中，单击“表格式”按钮或“堆叠方式”按钮。

右击所选控件，指向“布局”，然后单击“表格式”按钮或“堆叠方式”按钮。

Access 创建控件布局并将所选控件添加到其中。

2．切换布局类型

将控件布局从表格式切换到堆叠方式，或从堆叠方式切换到表格式的操作步骤如下。

（1）单击布局左上角的布局选择器选择控件布局，将选中该布局中的所有单元格。

（2）请执行下列操作之一。

①在“排列”选项卡中的“控件布局”命令组中，单击“表格式”按钮或“堆叠方式”按钮。

②右击控件布局，指向“布局”，然后选择所需的布局类型。

Access 将控件重新排列为所需的布局类型。

3．将一个控件布局拆分为两个布局

通过执行下列操作可以将一个控件布局分割成两个布局。

（1）按住【Shift】键并单击要移动到新控件布局的控件。

（2）请执行下列操作之一。

①在“排列”选项中的“控件布局”命令组中，单击“表格式”按钮或“堆叠方式”按钮。

②右击选定的控件，指向“布局”，然后选择所需的新布局的布局类型。

Access 创建一个新控件布局并将所选控件添加到其中。

4．在控件布局中重新排列控件

可以通过将控件拖动到所需的位置在控件布局内移动控件。拖动字段时，将显示一个水平条或垂直条，指示当释放鼠标按键时控件将放置的位置。

可以将控件从一个控件布局移动到同一类型的其他控件布局。例如，可以将控件从一个堆叠式布局拖动到另一个堆叠式布局，但不能拖动到表格式布局。

向控件布局添加控件：将“字段列表”窗口中的新字段添加到现有控件布局；将“字段列表”窗口中的字段拖动到布局中，水平条或垂直条将指示在释放鼠标按键时字段将放置的位置。

5．向现有控件布局添加现有控件

选择要添加到控件布局中的第一个控件。

如果要向同一布局中添加其他控件，请按住【Shift】键，同时选择这些控件。可以选择其他控件布局中的控件。

请执行下列操作之一。

（1）如果窗体在设计视图中打开，请将选定的字段拖动到布局中。水平条或垂直条将指示在释放鼠标按键时字段将放置的位置。

（2）如果窗体在布局视图中打开，请执行以下操作。

①在“排列”选项卡中的“控件布局”命令组中，选择要向其中添加控件的布局类型。要向表格式布局中添加控件，请单击“表格式”按钮。要向堆叠式布局中添加控件，请单击“堆叠方式”按钮。

Access 创建一个新布局并将所选控件添加到其中。

②将新布局拖动到现有布局。水平条或垂直条将指示在释放鼠标按键时字段将放置的位置。

6．从控件布局中删除控件

对于在控件布局中已经布置好的控件，随时可以删除。如果要删除某个控件，只需要选择这个控件，如果要删除多个控件，则需要按住【Shift】键，依次单击要删除的控件。然后单击鼠标右键，在弹出的快捷菜单中选择“删除”即可。

6.3.3 常用控件的使用

控件可以使用下面两种方法添加到窗体上。

1．使用“控件”命令组添加控件

某些控件是自动创建的，如将字段从“字段列表”窗口添加到窗体时会创建绑定控件。通过在设计视图中使用“设计”选项卡中的“控件”命令组中的按钮，可以创建很多其他控件，如图 6.13 所示。

“控件”命令组中的许多按钮只有窗体在设计视图下打开时才能访问。要切换到设计视图，请在导航窗格中右击窗体名称，在弹出的快捷菜单中的执行“设计视图”命令。

在任何时候都可以使用“控件”命令组添加控件。要创建 3 个不同的未绑定控件，请按照下面的步骤操作。

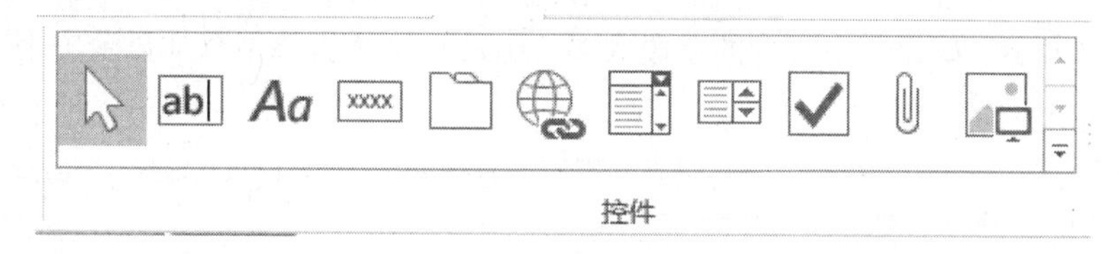

图 6.13 “控件”命令组

（1）单击“创建”选项卡，然后单击“窗体”命令组中的“窗体设计”按钮，在设计视图中创建一个新窗体。

（2）单击“设计”选项卡，然后单击“控件”命令组中的“文本框”按钮。所选择的按钮会出现一个彩色背景。

（3）将鼠标指针移动到“窗体设计”窗口中。光标变成一个“文本框”图标。

（4）在希望控件开始的地方单击并按住鼠标左键拖动来自定义控件大小。

（5）单击“控件”命令组中的“选项按钮”按钮。

（6）将鼠标指针移动到窗体设计窗口中。光标变成一个“选项按钮”图标。

（7）在希望控件开始的地方单击并按住鼠标左键拖动来自定义控件大小。

（8）单击“控件”命令组中的“复选框”按钮。

（9）将鼠标指针移动到窗体设计窗口中，光标变成一个“复选框”图标。

（10）在希望控件开始的地方单击并按住鼠标左键拖动来自定义控件的大小。完成后如图 6.14 所示。

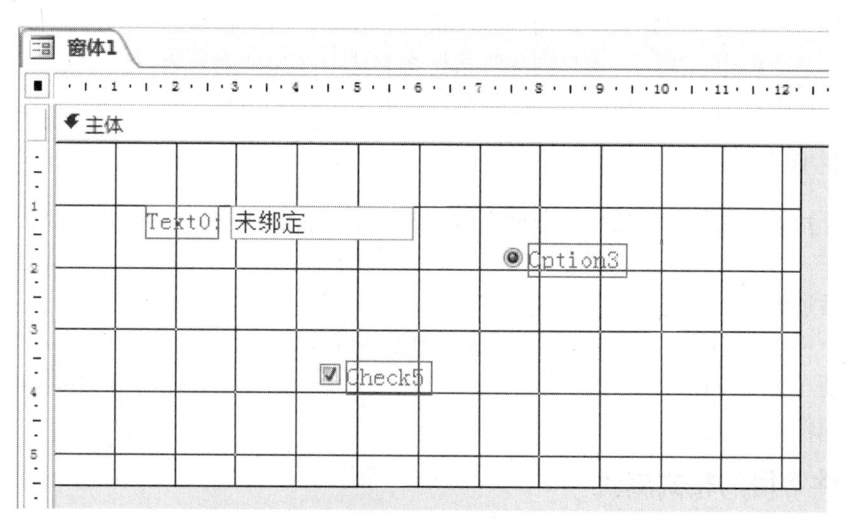

图 6.14 从“控件”命令组中添加未绑定控件

2. 使用“字段列表”添加控件

“字段列表”显示了窗体所基于的表或查询字段列表。通过将“字段列表”中的字段添加到窗体中就可以向窗体中添加绑定控件。一次可以选择并拖动一个字段，也可以使用【Ctrl】或【Shift】键一次选择并拖动多个字段。按住【Shift】键并单击希望选择的第一个字段就可以选择多个连续字段，按住【Ctrl】键并逐一希望选择的每个字段就可以选择多个不连续字段。

在“设计”选项卡中的“工具”命令组，单击“添加现有字段”按钮就可以显示“字段列表”。默认情况下，“字段列表”会出现在 Access 窗口的右边，如图 6.15 所示。这个窗口是可以移动的，也可以重新调整大小，如果其中包含的字段太多，无法在这个窗口中全部显示出来，还会显示一个垂直的滚动条。

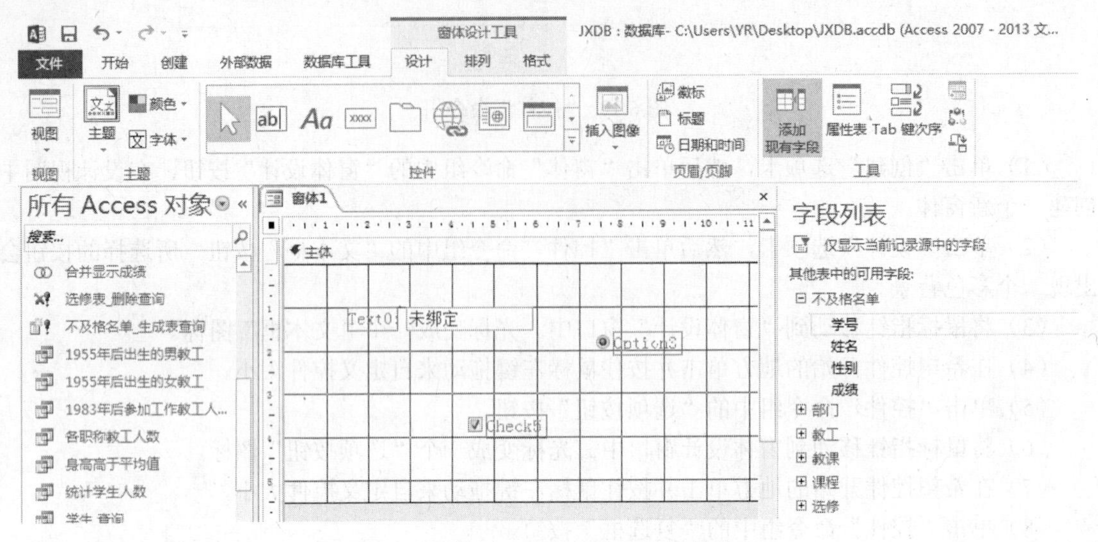

图 6.15 使用“字段列表”添加控件

3．使用“控件向导”添加控件

使用向导可帮助用户创建命令按钮、列表框、子窗体、组合框和选项组。在“设计”选项卡中的“控件”命令组中，单击“控件向导”按钮将它选中（如果尚未选中）。

如果希望在不借助向导的情况下创建控件，请单击“控件向导”按钮，使它不处于选中状态。

6.3.4 控件属性

每种控件都有不同的一组属性，就像是窗体、报表和窗体或报表中的段之类的对象也都有不同的属性一样。

将控件添加到窗体上后，可以重新调整它的大小，或者移动或复制控件。第一个步骤是选择一个或多个控件。根据控件大小的不同，所选择的控件可能会在控件周围显示 4～8 个移动和大小控点——分别在角上或在边的中间。左上角的移动和大小控点要比其他的移动和大小控点大，可以用来移动控件。

6.3.5 控件常用的格式属性

格式属性主要是针对控件的外观或窗体的显示格式而设置的。控件的格式属性包括标题、字体名称、字体大小、字体粗细、前景颜色、背景颜色、特殊效果等。

1．标题属性

控件中的“标题”属性值将成为控件中显示的文字信息。

“特殊效果”属性值用于设定控件的显示效果，如“平面”、“凸起”、“凹陷”、“蚀刻”、“阴影”、“凿痕”等，用户可以从 Access 提供的这些特殊效果值中选取满意的一种。

2．字体属性

“字体名称”、“字体大小”、“字体粗细”、“倾斜字体”等属性，可以根据需要进行设置。

6.3.6 计算控件的使用

如果用户需要在窗体中添加由计算或统计得到的值，可以使用计算表达式。也可以通过把宏挂接在窗体或控件上，就能根据所发生的事件做出相应的一串动作。

1. 在窗体中使用计算表达式

表达式由运算符、常量、字段名、控件名及函数组成。例如，教工的工资可以在文本框中添加以下表达式："=（[工资]）*2"，表示工资的两倍。

当用户在待输入表达式的地方输入相应表达式后，Access 数据库会自动插入以下字符。

括号（[ ]）：放置在窗体、报表、字段或者其他对象的名称周围。

数码记号（#）：放在日期两边。

引号（" "）：放在文本两边。

（1）在窗体中加入页号。

当需要打印的窗体有多页时，用户最好在窗体加上页号。

首先，在窗体中放置一个文本框控件。设置其中的文本输入框"控件来源"属性为"=Page"。在窗体视图中就可以看到显示的页号。

（2）打印当前日期。

可以把控件的"默认值"属性设置成"=Date( )"或"=Now（）"。Date 函数返回当前计算机系统时钟的日期值，而 Now 函数返回当前的日期和时钟。

（3）文本组合。

如果在某个控件内要显示若干个字段文本，把它们作为一个整体显示，则可以把这些文本用"&"符号组合起来。例如，"=[姓名] &""&[性别]"。

（4）计算数学表达式。

可以使用数学表达式对字段或者控件中的值进行加、减、乘、除运算。

2. 在窗体中使用宏

在窗体中，宏可以使数据库的各个对象在窗体中紧密结合在一起。

（1）窗体中事件的触发。

当使用窗体时，Access 可以识别窗体中发生的一些事情，称为事件。要使窗体对这些事件有所反应，首先应该在宏设计窗体中设计当事件发生时所应采取的动作，把这些动作放入一个宏中。接下来是指明发生事件的窗体或控件。在窗体属性或控件的属性表中，把宏挂接到合适的属性中。例如，要设计一个命令按钮，要求单击它后就会打开某个特定的窗体。

（2）同步显示两个窗体。

在实际的工作中，有时候需要同时在两个窗体中查阅数据。例如，在查阅"学生"窗体时，还想查阅"选修"窗体中当前学生的成绩记录。在设计同步窗体时，必须事先确定好两个窗体中哪一个是主控窗体。在本例中，控制窗体为"学生"窗体，可以预先将设计好的宏挂接到该窗体上。这个宏的功能就是打开"选修"窗体，并确定显示哪些成绩记录。

6.3.7 保存窗体

在任何时候都可以通过单击快速访问工具栏上的"保存"按钮来保存窗体。询问窗体名称，可为窗体给出一个有意义的名字。如果已经对该窗体命名，则单击"保存"按钮时就不会看到有关名称的询问。

关闭窗体时，Access 会询问是否对窗体进行保存，如果不保存窗体，从打开窗体以来所做的所有更改都会丢失。如果对更改结果满意，在工作过程中应该保存窗体。

习　题　6

一、选择题

1．在窗体中，用来输入或编辑字段数据的交互控件是（　　）。

A．文本框控件　　B．标签控件　　C．复选框控件　　D．列表框控件

2．在 Access 中已建立了“雇员”表，其中有可以存放照片的字段。在使用向导为该表创建窗体时，“照片”字段所使用的默认控件是（　　）。

A．图像框　　B．绑定对象框　　C．非绑定对象框　　D．列表框

3．如果想在已建立的“tSalary”表的数据表视图中直接显示出姓“李”的记录，应使用 Access 提供的（　　）。

A．筛选功能　　B．排序功能　　C．查询功能　　D．报表功能

4．以下不属于窗体组成区域的是（　　）。

A．文本框　　B．窗体页眉　　C．页面页眉　　D．主体

5．要改变窗体上文本框控件的数据源，应设置的属性是（　　）。

A．记录源　　B．控件来源　　C．筛选查询　　D．默认值

6．下列不属于 Access 窗体的视图是（　　）。

A．设计视图　　B．窗体视图　　C．版面视图　　D．数据表视图

7．假设已在 Access 中建立了包含“书名”、“单价”和“数量”3 个字段的“tOgf”表，以该表为数据源创建的窗体中，有一个计算订购总金额的文本框，其控件来源为（　　）。

A．[单价]*[数量]

B．=[单价]*[数量]

C．[图书订单表]![单价]*[图书订单表]![数量]

D．=[图书订单表]![单价]*[图书订单表]![数量]

8．可以作为窗体记录源的是（　　）。

A．表　　B．查询　　C．Select 语句　　D．表、查询或 Select 语句

9．Access 窗体中的文本框控件分为（　　）。

A．计算型和非计算型　　B．结合型和非结合型

C．控件型和非控件型　　D．记录型和非记录型

10．要显示格式为“页码/总页数”的页码，应当设置文本框控件的“控件来源”属性为（　　）。

A．[Page]/[Pages]　　B．=[Page]/[Pages]

C．[Page]&”/”&[Pages]　　D．=[Page]&”/”&[Pages]

二、填空题

1．在设计窗体时使用标签控件创建的是单独标签，它在窗体的________视图中不能显示。

2．在表格式窗体、纵栏式窗体和数据表窗体中，将窗体最大化后显示记录最多的窗体是________。

3．窗体中的数据来源主要包括表和________。

4．窗体是数据库中用户和应用程序之间的________，用户对数据库的任何操作都可以通过它来完成。

第7章 报　　表

作为 Access 2013 的一个对象，报表是专门为打印而设计的窗体。本章主要介绍报表的一些基本应用操作，如报表的创建、报表的设计。建立报表和建立窗体的过程基本一样，只是窗体最终显示在屏幕上，而报表还可以打印在纸上。

7.1 报 表 概 述

报表主要用于对数据库中的数据进行分组、计算、汇总和打印输出。其主要作用是比较和汇总数据，显示经过格式化且分组后的信息，并可以将它们打印出来。

7.1.1 报表的分类

报表主要分为以下 3 种类型：纵栏式报表、表格式报表、邮件标签报表。下面分别进行说明。

1．纵栏式报表

纵栏式报表（也称窗体报表）一般是在一页的主体内以垂直方式显示一条或多条记录。这种报表可以显示一条记录的区域，也可同时显示多条记录的区域，甚至包括合计。

2．表格式报表

表格式报表以行和列的形式显示记录数据，通常一行显示一条记录、一页显示多行记录。表格式报表与纵栏式报表不同，字段标题信息不是在每页的主体节内显示，而是在页面页眉显示。

3．邮件标签报表

标签是一种特殊类型的报表。在实际应用中，经常会用到标签，如物品标签、客户标签等。

在上述各种类型报表的设计过程中，根据需要可以在报表页中显示页码、报表日期甚至使用直线或方框等来分隔数据。此外，报表设计可以同窗体设计一样设置颜色和阴影等外观属性。

7.1.2 报表的视图

在 Access 中，报表操作提供了 3 种视图：报表视图、布局视图和设计视图。

报表视图为报表提供了一个概要视图，但是它并没有显示页边距、页码，以及在一页纸上打印出来时这个报表是什么样子的。

利用布局视图能够修改报表，布局视图的主要优点是可以在报表表面看到控件的相对位置，边距、页的页眉和页脚，以及其他报表详细内容。布局视图的主要限制是除非将报表放到设计视图中，否则无法对报表设计进行精细调整。布局视图设计的主要目标就是让用户可以调整控件在报表上的相对位置。

报表设计视图可以作为布局视图的一个替代品，用户可以选择使用更传统的报表设计视图，以对报表上的控件提供更高级的控制。

7.1.3 报表的结构

在报表的设计视图中，区段被表示成带状形式，称为“节”。报表中的信息可以安排在多个节中，每个节在页面上和报表中具有特定的目的并按照预期顺序输出打印。与窗体的节相比，报表区段被分为更多种类的节。

1．报表页眉

在报表的开始处，即报表的第一页打印一次。用来显示报表的标题、图形或说明性文字，每份报表只有一个报表页眉。一般来说，报表页眉主要用在封面上。

2．页面页眉

页面页眉中的文字或控件一般输出显示在每页的顶端。通常，它是用来显示数据的列标题的。可以给每个控件文本标题加上特殊的效果，如颜色、字体种类和字体大小等。

一般来说，把报表的标题放在报表页眉中，该标题打印时在第一页的开始位置出现。如果将标题移动到页面页眉中，则该标题在每一页上都显示。

3．组页眉

根据需要，在报表设计 5 个基本的“节”区域的基础上，还可以使用“排序与分组”属性来设置“组页眉/组页脚”区域，以实现报表的分组输出和分组统计。组页眉节主要安排文本框或其他类型控件显示分组字段等数据信息。

可以建立多层次的组页眉及组页脚，但不可分出太多的层（一般不超过 3～6 层）。

4．主体

打印表或查询中的记录数据，是报表显示数据的主要区域。根据主体节内字段数据的显示位置，报表又可以划分为多种类型。

5．组页脚

组页脚节内主要安排文本框或其他类型控件显示分组统计数据。打印输出时，其数据显示在每组的结束位置。

在实际操作中，组页眉和组页脚可以根据需要单独设置使用。

6．页面页脚

一般包含页码或控制项的合计内容，数据显示安排在文本框和其他的一些类型控件中。在报表每页底部打印页码信息。

7．报表页脚

报表页脚一般在所有的主体和组页脚输出完成后才会打印在报表的最后面。通过在报表页脚区域安排文本框或其他一些类型控件，可以显示整个报表的计算汇总或其他的统计数字信息。

7.2 创建及编辑报表

在 Access 中，可将数据库中的表和查询生成报表，与窗体创建过程一样，一般可以各种方法快速创建报表结构，然后在设计视图环境中对其外观、功能加以“修缮”，这样可以大大提高报表设计的效率。

7.2.1　创建报表

报表建立主要有以下几种：简单报表、标签报表、空报表、报表向导和报表设计，本节将对它们进行一一介绍。

1．简单报表

简单报表的创建很简单，在打开数据库和表后，然后在“创建”选项卡中的“报表”命令组中单击“报表”按钮即可。图 7.1 就是一个简单报表。

课程

课程　　2015年10月30日 19:41:06

课号	课名	课时	学分	先修课号
1	离散数学	72	4	
2	计算机导论	36	2	
3	C语言	72	4	2
4	数据结构	72	4	3
5	操作系统	72	4	4
6	数据库	72	4	4
7	生理卫生	18	1	

7

共 1 页，第 1 页

图 7.1　简单报表

2．标签报表

在日常工作中，可能需要制作“物品”之类的标签，如超市的商品都必须贴上相关的价格标签。在 Access 中，用户可以使用“标签向导”快速地制作标签报表。

【例 7.1】 创建“教工”信息标签报表。

（1）打开数据库和表。

（2）单击“创建”选项卡，单击“报表”命令组中的“标签”按钮，如图 7.2 所示。

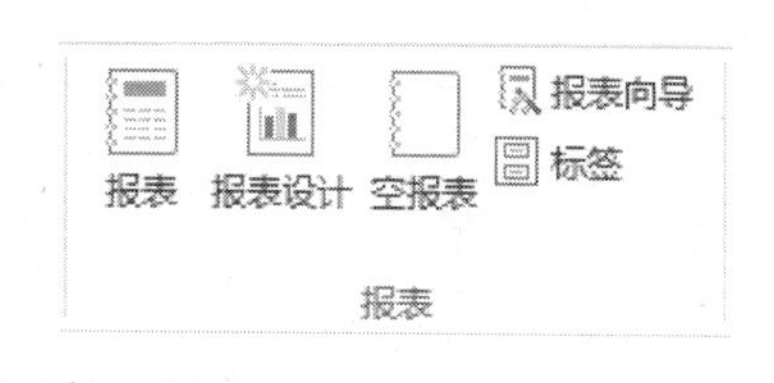

图 7.2 “报表”命令组

（3）单击“确定”按钮，打开“标签向导”，如图 7.3 所示。

（4）在该向导中，可以选择标准型号的标签，也可以自定义标签的大小。可以创建和编辑自己所需的标签格式，然后单击“下一步”按钮。

（5）可以根据自己的爱好选择适当的字体及字体的大小、粗细和颜色，然后单击“下一步”按钮。

（6）用户可在“原型标签”中输入需要显示的文字和字段，如图 7.4 所示，确定输入正确后，单击“下一步”按钮。

（7）要求输入报表的标题，选择默认标题后单击“完成”按钮，按要求创建了“教工”标签，如图 7.5 所示。

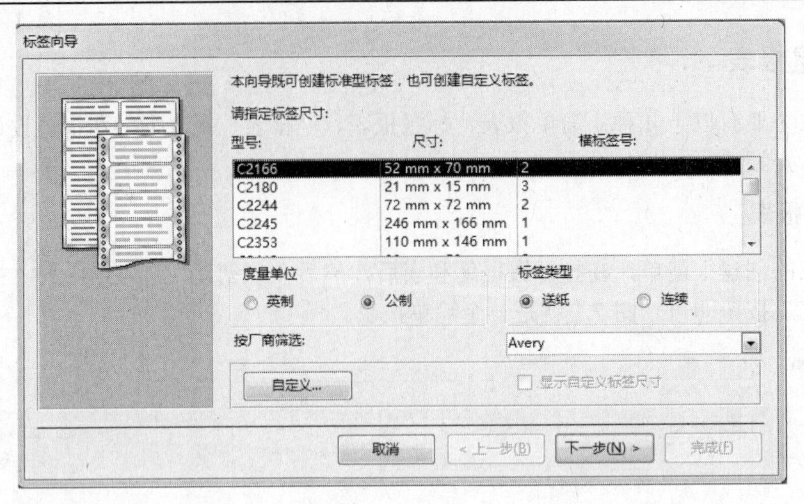

图 7.3 标签向导 1

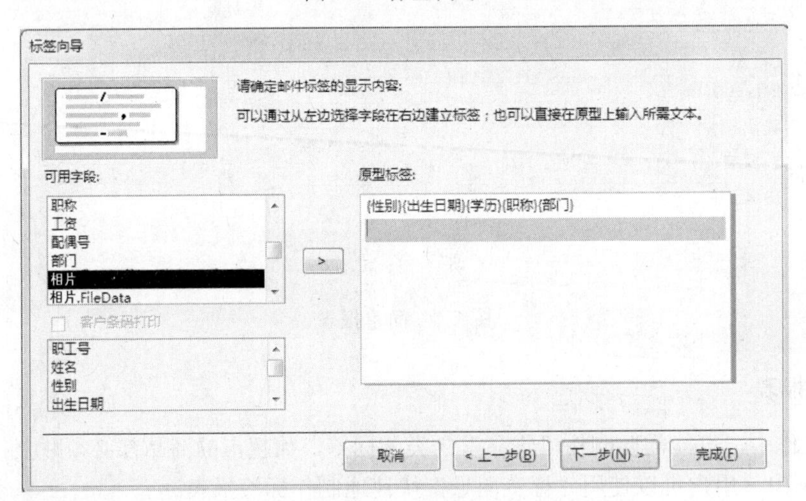

图 7.4 标签向导 2

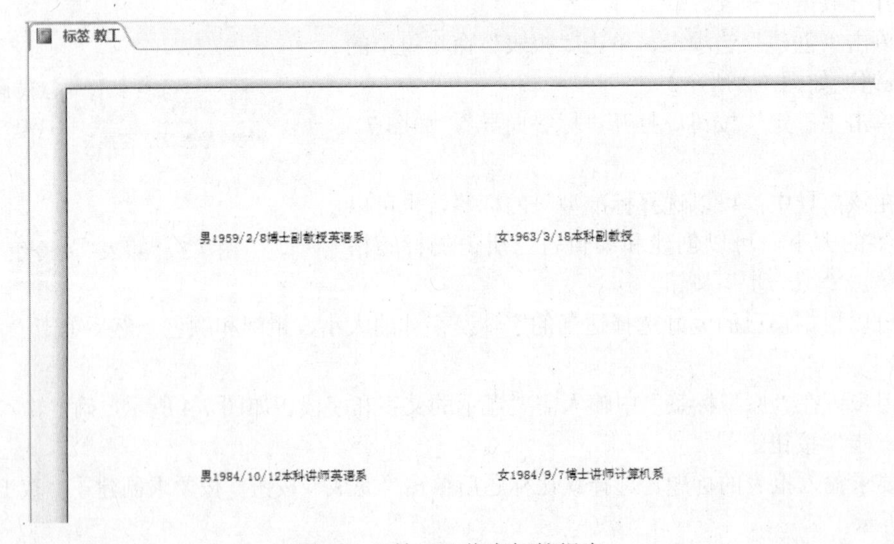

图 7.5 “教工”信息标签报表

3．空报表

在 Access 2013 里，还有一类空报表，在空报表里，用户可以将字段拖动到报表窗口中，下面对其进行介绍。

【例7.2】 利用空报表创建“学生”信息报表。

（1）打开数据库和表。

（2）单击“创建”选项卡，单击“报表”命令组中的“空报表”按钮。

（3）在空报表窗口中，将所需字段依次拖动到表窗口形成报表，如图7.6所示。

学生

学号	姓名	性别	院系
15001	李小鹃	女	计算机系
15002	王思	男	计算机系
15003	欧阳文秀	男	英语系
15004	王思	女	计算机系
15005	陈新	男	英语系
15006	李爱华	男	数学系

图7.6　“学生”信息报表

4．使用“报表向导”创建报表

“报表向导”会提示用户输入相关的数据源、字段和报表版面格式等信息，根据向导提示可以完成大部分报表设计的基本操作，加快了创建报表的过程。

【例7.3】 以“学生选课成绩”查询对象为基础，利用向导创建“学生选课成绩”报表。

（1）打开数据库和查询表，单击“创建”选项卡，单击“报表”命令组中的“报表向导”按钮。

（2）这时打开“报表向导”，与窗体一样，报表也需要选择一个数据源，数据源可以是表或查询对象。这里，选择“学生选课成绩”作为数据源，如图7.7所示。

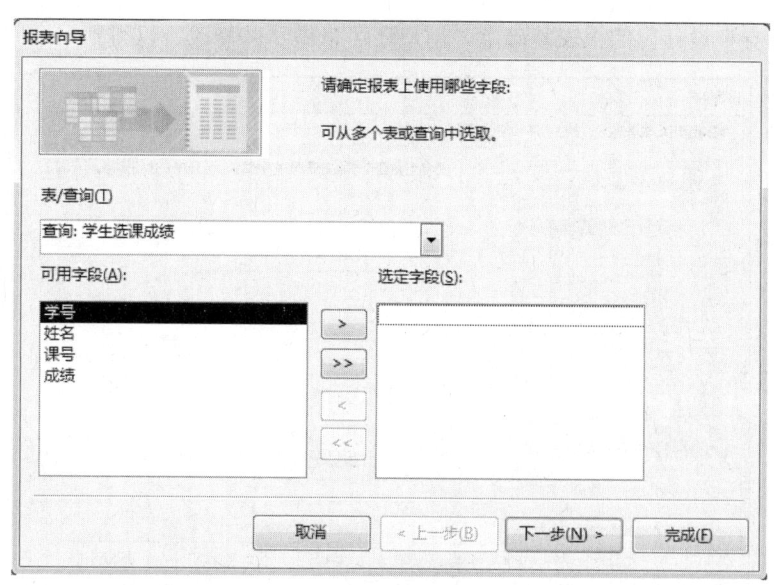

图7.7　报表向导

（3）在“可用字段”列表中列出了数据源的所有字段，从“可用字段”列表中，选择需要的报表字段，单击 > 按钮，它就会显示在“选定字段”列表中。当用户选择合适的字段后，单击“下一步”按钮。

（4）在确定数据的查看方式后，单击“下一步”按钮，如图 7.8 所示。

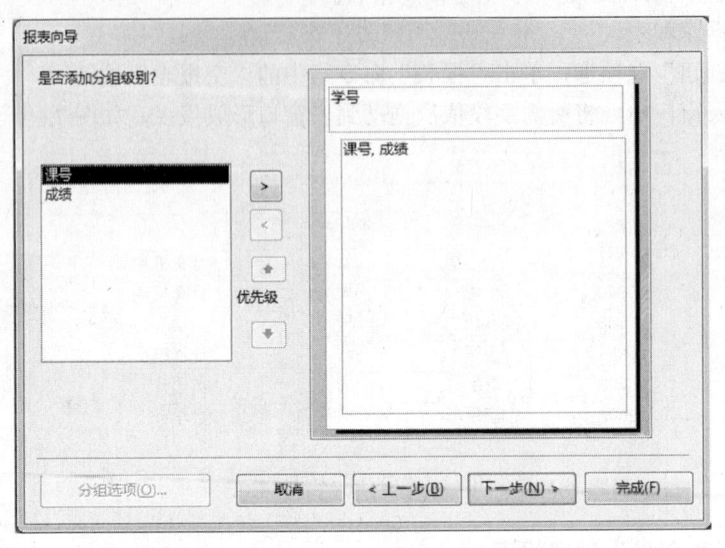

图 7.8 确定是否添加分组级别

（5）当定义好分组之后，用户可以指定主体记录的排序次序。单击“汇总选项”按钮，如图 7.9 所示。这时打开“汇总选项”对话框，指定计算汇总值的方式，然后单击“确定”按钮。

（6）单击“下一步”按钮，如图 7.10 所示。用户可以选择报表的布局样式。

（7）单击“下一步”按钮，如图 7.11 所示。按要求给出报表标题后，单击“完成”按钮。这样可以得到如图 7.12 所示的由向导设计的初步报表，用户可以使用垂直和水平滚动条来调整预览窗体。

在“报表向导”设计出的报表基础上，用户还可以做一些修改，以得到一个完善的报表。

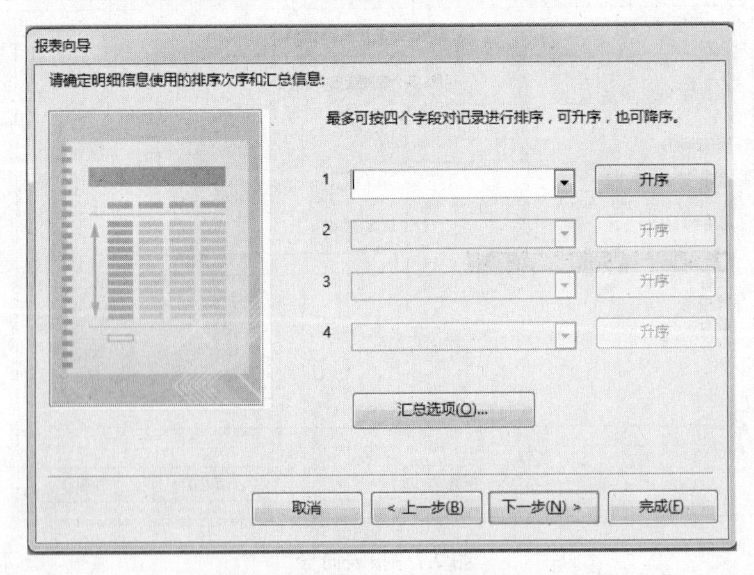

图 7.9 确定汇总及排序信息

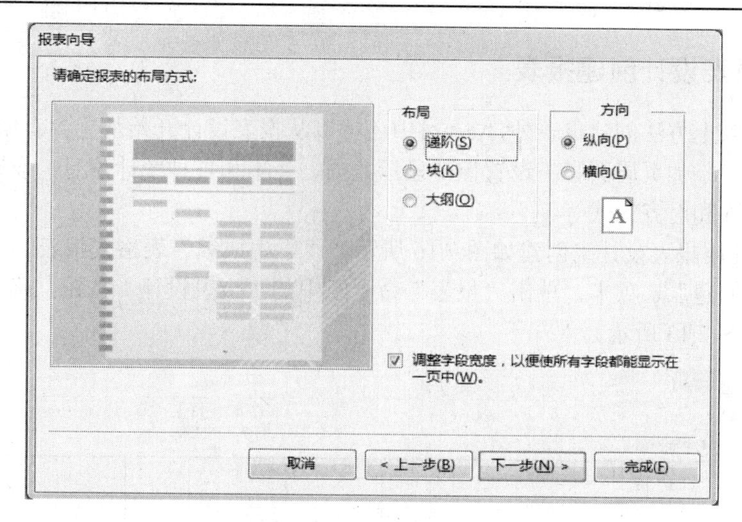

图 7.10　确定布局方式

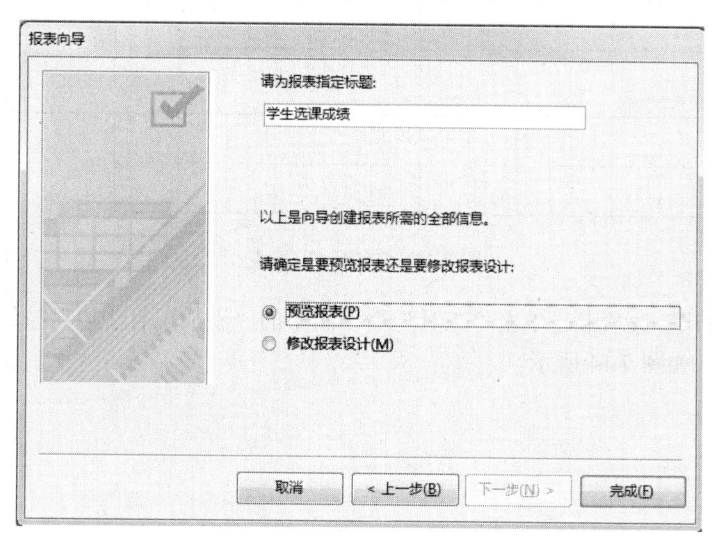

图 7.11　指定标题

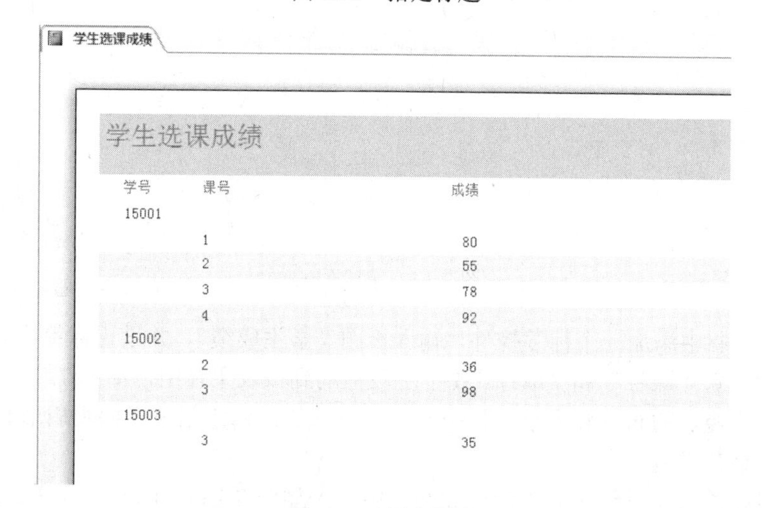

图 7.12　报表预览

7.2.2 使用报表设计创建报表

除可以使用以上方法创建报表外，Access 中还可以从报表设计开始从无到有创建一个新报表，主要操作过程有：添加页眉页脚；设置控件显示数据、文本和各种统计信息；设置报表和控件外观格式、大小位置和对齐方式等。

【例 7.4】 使用报表设计来创建如图 7.16 所示的“学生成绩”表格式报表。

（1）单击“创建”选项卡，单击“报表”命令组中的“报表设计”按钮，确定后都会打开一个空白报表，如图 7.13 所示。

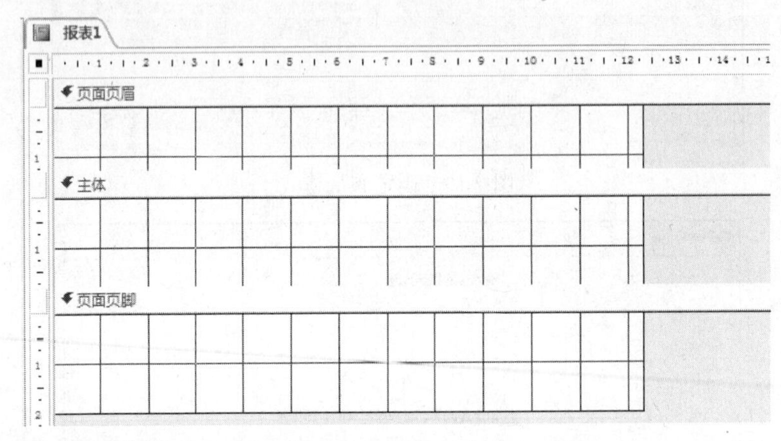

图 7.13 创建空白报表

（2）单击“设计”选项卡，单击“工具”命令组中的“添加现有字段”按钮，确定后在右边出现“字段列表”，如图 7.14 所示。

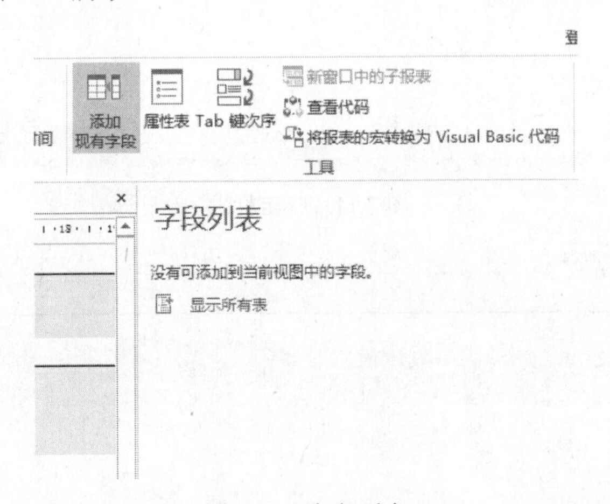

图 7.14 字段列表

（3）在报表页眉中添加一个标签控件，输入标题“学生成绩”，并设置标签格式；在“字段列表”中选择“学号”、“课号”和“成绩”3 个字段拖动到报表主体中，如图 7.15 所示。

（4）调整各个控件的布局和大小、位置及对齐方式等。修正报表页面页眉节和主体的高度，以合适的尺寸容纳其中包含的控件。

（5）运行报表，出现所创建的“学生成绩”报表，如图 7.16 所示。

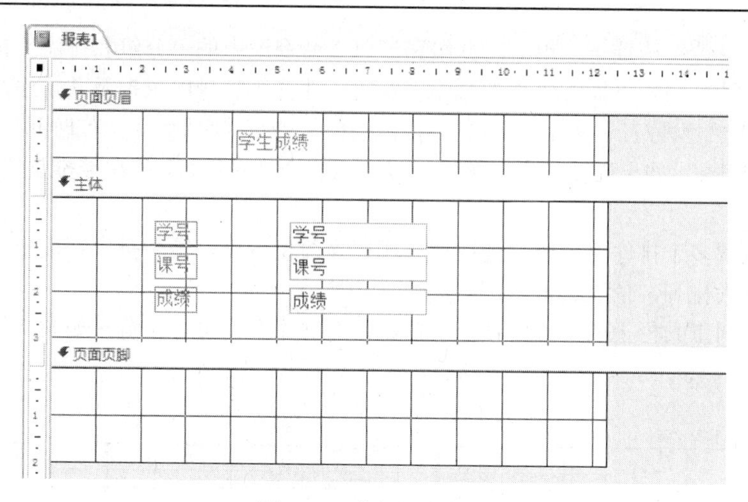

图 7.15 选择报表字段

图 7.16 “学生成绩”报表

7.2.3 在报表中排序和分组

在默认情况下，报表中的记录是按照自然顺序——数据输入的先后顺序来排列显示的。在实际应用过程中，经常需要按照某个指定的顺序来排列记录，如按照年龄从小到大排列等，称为报表“排序”操作。此外，报表设计时还经常需要就某个字段按照其值的相等与否，划分成组来进行一些统计操作并输出统计信息，这就是报表的“分组”操作。

1. 记录排序

使用“报表向导”创建报表时，会提示设置报表中的记录排序，这时，最多可以对4个字段进行排序。“报表向导”中设置字段排序，限制最多一次可设置4个字段，并且限制排序只能是字段，不能是表达式。

【例7.5】 在“教工信息”报表设计中按照教师“工作时间”由早到晚进行排序输出。

（1）在设计视图中创建一个“教工信息”报表。

（2）单击“设计”选项卡，单击“分组和汇总”命令组中的“分组和排序”按钮。

（3）单击设计视图最下面的“添加排序”按钮，选择第一排序依据及其排序次序（升序或降序）；这里，单击“字段/表达式”列的第一行并选择第一排序字段为“工作时间”，设置“排序次序”列的值为“升序”；如果需要可以在第二行设置第二个排序字段，依次类推设置多个排序字段，如图 7.17 所示。

在报表中设置多个排序字段时，先按第一排序字段值排列，第一排序字段值相同的记录再按第二排序字段值去排列，依次类推。

单击快速访问工具栏上的“打印预览”按钮，对排序数据进行预览，如图 7.18 所示。

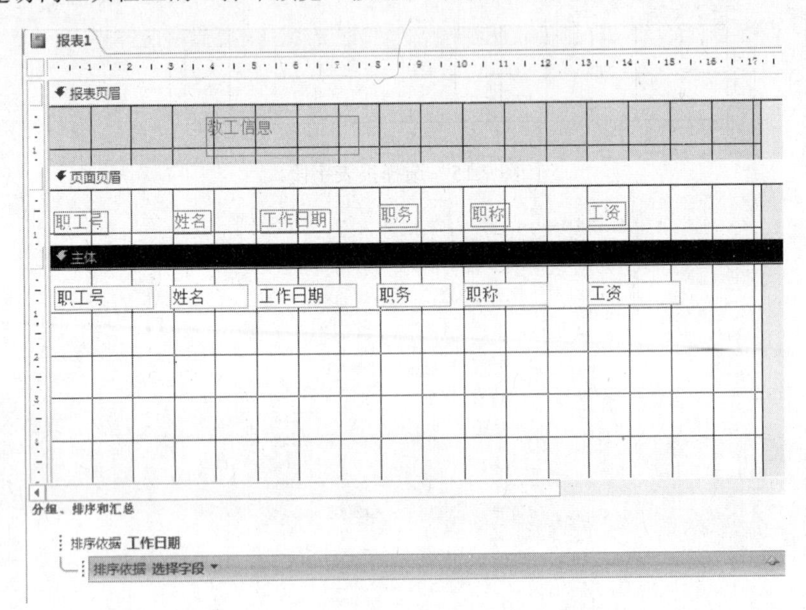

图 7.17 排序与分组

教工信息

教工信息

职工号	姓名	工作日期	职务	职称	工资
1981001	王伟华	1981/1/1	系主任	教授	¥6,600.00
1983001	陈平	1983/7/1		讲师	¥4,000.00
1983002	丁钢	1983/7/1	系主任	副教授	¥5,500.00
1985001	陈小兰	1985/9/1	副主任	副教授	¥5,400.00
2007001	王伟华	2007/7/1		讲师	¥3,800.00
2009001	吴小芳	2009/7/1	总支书记	讲师	¥3,900.00

图 7.18 报表预览

2．记录分组

分组是指报表设计时按选定的某个（或几个）字段值是否相等而将记录划分成组的过程。操作时，先选定分组字段，将这些字段上字段值相等的记录归为同一组，字段值不等的记录归为不同组。

报表通过分组可以实现同组数据的汇总和显示输出，增加了报表的可读性和信息的利用率。一个报表中最多可以对10个字段或表达式进行分组。

【例7.6】 对“学生选课成绩”报表进行分组统计。

（1）在设计视图中打开该报表。

（2）单击“设计”选项卡，单击“分组和汇总”命令组中的“分组和排序”按钮。

（3）在“分组、排序和汇总”窗口中，单击“选择字段”列的第一行，选择“学号”字段作为分组字段，保留排序次序为“升序”。

（4）在“分组、排序和汇总”窗口下部设置分组属性，“组页眉”属性设置为“是”，以显示组页眉节；“组页脚”属性设置为“是”，以显示组页脚节；“分组形式”属性设置为“每一个值”，以“编号”字段的不同值划分组；“组间距”属性设置为“1”，以指定分组的间隔值；“保持同页”属性设置为“不”，以指定打印时组页眉、主体和组页脚不在同页上；若设置为“整个组”，则组页眉、主体和组页脚会打印在同一页上。此时，“分组、排序和汇总”窗口的显示状态如图7.19所示。

（5）设置完分组属性后，会在报表中添加组页眉和组页脚两个节，分别用“学号页眉”和“学号页脚”来标识；将主体内的“学号”文本框移至“学号页眉”节。

（6）单击快速访问工具栏上的“打印预览”按钮，预览上述排序数据，如图7.20所示。

在报表分组操作设置字段“分组形式”属性时，属性值的选择是由分组字段的数据类型决定的。

对已经设置排序的分组的报表，可以进行以下操作：添加排序、分组字段或表达式，删除排序、分组字段或表达式，更改排序、分组字段或表达式。

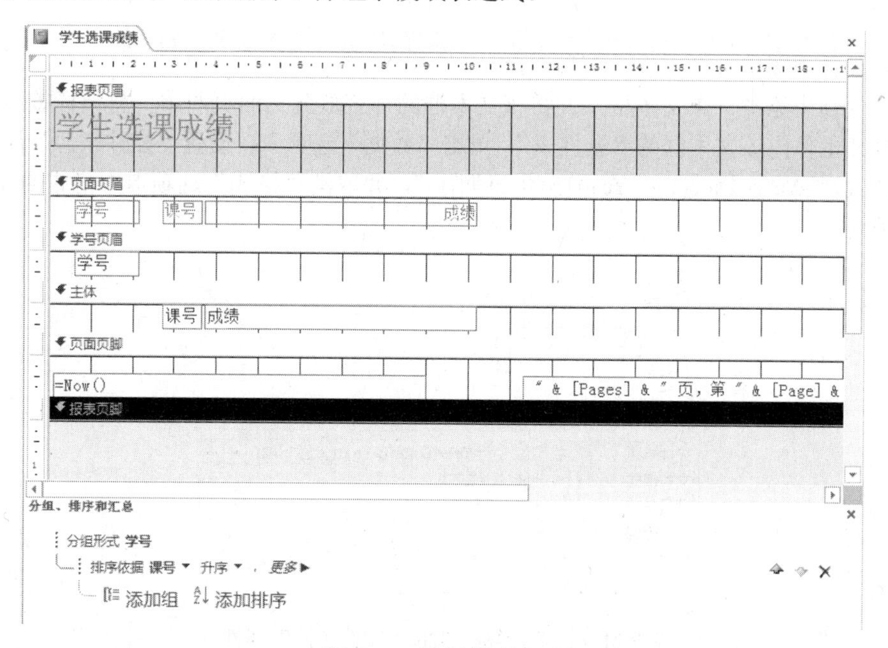

图7.19　设置报表布局

学生选课成绩

学生选课成绩

学号	课号	成绩
15001		
	1	80
	2	55
	3	78
	4	92
15002		
	2	36
	3	98
15003		
	3	35

图 7.20　报表预览

7.2.4　使用计算控件

1．在报表中添加计算控件

报表设计过程中，除在版面上设置绑定控件直接显示字段数据外，还经常要进行各种运算并将结果显示出来。例如，报表设计中页码的输出、分组统计数据的输出等均是通过设置绑定控件的控件来源为计算表达式形式而实现的，这些控件就称为“计算控件”。

计算控件的控件来源是计算表达式，当表达式的值发生变化时，会重新计算结果并输出显示。文本框是最常用的计算控件。

【例 7.7】 在“教工信息”报表设计中根据教工“工作日期”字段值使用计算控件来计算教工工龄。

（1）在设计视图中打开“教工信息”报表。

（2）在主体中添加一个文本框，并将该文本框的标签放到页面页眉中，将该标签标题更改为“年龄”，打开主体内该文本框的“属性表”，单击“数据”选项卡，设置“控件来源”属性为计算年龄的表达式“=Year(Date()) – Year([出生日期]) ”，并取消“格式”选项卡中格式的显示方式，如图 7.21 所示。

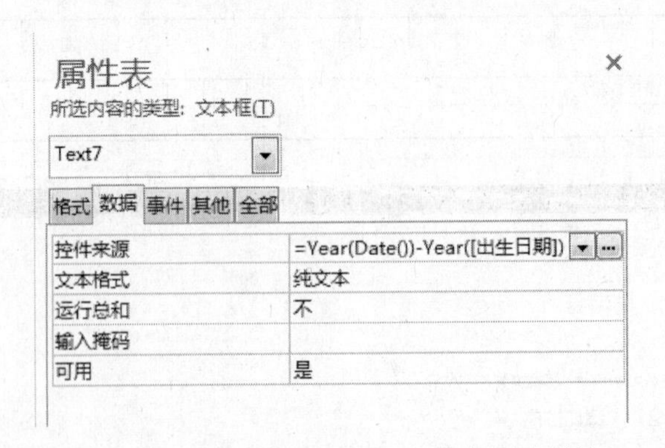

图 7.21　设置计算控件的“控件来源”属性

注意：计算控件的控件来源必须是“=”开头的一个计算表达式。

（3）单击“打印预览”按钮，预览报表中计算控件显示，如图7.22所示。保存该报表。

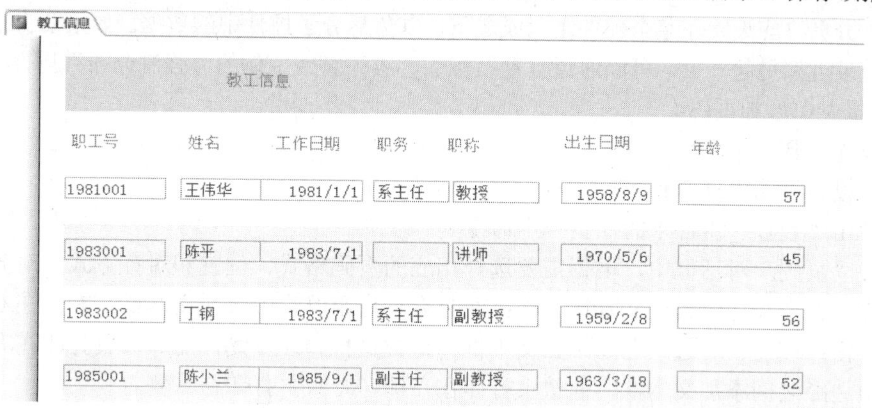

职工号	姓名	工作日期	职务	职称	出生日期	年龄
1981001	王伟华	1981/1/1	系主任	教授	1958/8/9	57
1983001	陈平	1983/7/1		讲师	1970/5/6	45
1983002	丁钢	1983/7/1	系主任	副教授	1959/2/8	56
1985001	陈小兰	1985/9/1	副主任	副教授	1963/3/18	52

图7.22 报表预览

2. 报表统计计算

报表设计中，可以根据需要进行各种类型统计计算并输出显示，操作方法就是使用计算控件设置其控件来源为合适的统计计算表达式。

在Access中利用计算控件进行统计计算并输出结果操作主要有两种形式。

（1）在主体内添加计算控件。

在主体内添加计算控件对每条记录的若干字段值进行求和或求平均计算时，只要设置计算控件的控件来源为不同字段的计算表达式即可。例如，当在一个报表中列出学生3门课“计算机实用软件”、“英语”和“高等数据”的成绩时，若要对每位学生计算3门课的平均成绩，只要设置新添计算控件的控件来源为“=([计算机实用软件] + [英语] + [高等数据]) / 3 ”即可。

这种形式的计算还可以前移到查询设计中，以改善报表的操作性能。若报表数据源为表对象，则可以创建一个选择查询，添加计算字段完成计算；若报表数据源为查询对象，则可以再添加计算字段完成计算。

（2）在组页眉/组页脚内或报表页眉/报表页脚内添加计算字段。

在组页眉/组页脚内或报表页眉/报表页脚内添加计算字段对某些字段的一组记录或所有记录进行求和或求平均统计计算时，这种形式的统计计算一般是对报表字段列的纵向记录数据进行统计，而且要使用Access提供的内置统计函数（Count函数完成计数，Sum函数完成求和，Avg函数完成求平均）来完成相应的计算操作。例如，要计算上述报表中所有学生的“英语”课程的平均分成绩，需要在报表页脚节内对应“英语”字段列的位置添加一个文本框计算控件，设置其控件来源属性为“=Avg（[英语]）”即可。

如果是进行分组统计并输出，则统计计算控件应该设置在组页眉/组页脚内的相应位置，然后使用统计函数设置控件来源即可。

7.2.5 编辑报表

1. 添加分页符和页码

1）在报表中添加分页符

在报表中，可以在某一节中使用分页控件控制符来标示要另起一页的位置。具体操作步骤如下。

（1）在设计视图中打开报表。

（2）单击“设计”组件下的“分页符”按钮。

（3）选择报表中需要设置分页符的位置然后单击，分页符会以短虚线标志在报表的左边界上。

注意：分页符应设置在某个控件之上或之下，以免拆分了控件中的数据。如果要将报表中的每个记录或记录组都另起一页，可以通过设置组标头、组注脚或主体的“强制分布”属性来实现。

2）在报表中添加页码

具体操作步骤如下。

（1）在设计视图中打开报表。

（2）单击“设计”组件下的“页码”命令。

（3）在“页码”对话框中，根据需要选择相应的页码格式、位置和对齐方式。对齐方式有下列选项：左：在左页边距添加文本框；中：在左右页边距的正中添加文本框；右：在右页边距添加文本框；内：在左、右边距之间添加文本框，奇数页打印在左侧，而偶数页打印在右侧；外：在左、右页边距之间添加文本框，偶数页打印在左侧，奇数页打印在右侧。

（4）如果要在第一页显示页码，勾选“在第一页显示页码”复选框。Access 使用表达式来创建页码。

2. 使用节修改报表的布局

报表中的内容是以节划分的。每一个节都有其特定的日的，而且按照一定的顺序打印在页面及报表上。

在设计视图中，节代表各个不同的带区，每一节只能被指定一次。在打印报表中，某些节可以指定很多次，可以通过放置控件来确定在节中显示内容的位置。

通过对属性值相等的记录进行分组，可以进行一些计算或简化报表使其易于阅读。

（1）添加或删除报表页眉、页脚和页面页眉、页脚。

在设计视图中单击鼠标右键，在打开的快捷菜单中选择“报表页眉/页脚”或“页面页眉/页脚”命令。

页眉和页脚只能作为一对同时添加。如果不需要页眉或页脚，可以将不要的节的“可见性”属性设为“否”，或者删除该节的所有控件，然后将其大小设置为“0”或将其“高度”属性设置为“0”。

如果删除页眉和页脚，Access 将同时删除页眉、页脚中的控件。

（2）改变报表的页眉、页脚或其他节的大小。

可以单独改变报表上各个节的大小。但是，报表只有唯一的宽度，改变一个节的宽度将改变整个报表的宽度。

可以将鼠标指针放在节的底边（改变高度）或右边（改变宽度）上，上下拖动改变节的高度，或左右拖动改变节的宽度。也可以将鼠标指针放在节的右下角上，然后沿对角线的方向拖动，同时改变高度和宽度。

3）为报表中的节或控件创建自定义颜色。

如果调色板中没有需要的颜色，用户可以利用节或控件的属性表中的“前景颜色”（对控件中的文本）、“背景颜色”或“边框颜色”等属性并配合使用“颜色”对话框来进行相应属性的颜色设置。

3. 在报表上绘制线条和矩形

在报表设计中，经常还会通过添加线条或矩形来修饰版面，以达到一个更好的显示效果。

1）在报表上绘制线条

在报表上绘制线条的具体操作步骤如下。

（1）在设计视图中打开报表。

（2）单击“设计”菜单，在“控件”组中单击“线条”工具。

（3）单击报表的任意处可以创建默认大小的线条，或通过单击并拖动的方式可以创建自定义大小的线条。

如果要细微调线条的长度或角度，可以单击线条，然后同时按住【Shift】键和方向键中的任意一个。如果要细微调整线条的位置，则同时按住【Ctrl】键和方向键中的一个。

在线条上单击鼠标右键，在弹出的快捷菜单中选择“属性”，在右边打开的“属性”设置中可以分别更改线条样式（实线、虚线和点画线）和边框样式。

2）在报表上绘制矩形

在报表上绘制矩形的具体操作步骤如下。

（1）在设计视图中打开报表，单击工具箱中的“矩形”工具。

（2）单击窗体或报表的任意处可以创建默认大小的矩形，或通过单击并拖动的方式创建自定义大小的矩形。

利用“格式”工具栏中的“线条/边框宽度”按钮和“属性”按钮，可以分别更改线条样式（实线、虚线和点画线）和边框样式。

4. 添加日期和时间

在报表设计视图中给报表添加日期和时间。操作步骤如下：

（1）在设计视图中打开报表。

（2）单击“设计”下面的“日期和时间”命令。

（3）在打开的“日期和时间”对话框中，选择显示日期还是时间及显示格式，单击“确定”按钮即可。

此外，也可以在报表上添加一个文本框，通过设置其“控件来源”属性为日期或时间的计算表达式（如“=Date()”或“=Time()”等）来显示日期与时间。该控件位置可以安排在报表的任何节中。

7.3 创建子报表

子报表是插在其他报表中的报表。在合并报表时，两个报表的一个必须作为主报表，主报表可以是绑定的也可以是非绑定的，也就是说，报表可以基于数据表、查询或 SQL 语句，也可以不基于其他数据对象。非绑定的主报表可作为容纳要合并的无关联子报表的“容器”。

主报表可以包含子报表，也可以包含子窗体，而且能够包含多个子窗体和子报表。

在子报表和子窗体中，还可以包含子报表或子窗体。但是，一个主报表最多只能包含二级子窗体或子报表。例如，某个报表可以包含一个子报表，这个子报表还可以包含子窗体或子报表。

7.3.1 在已有的报表中创建子报表

在创建子报表之前，首先要确保主报表和子报表之间已经建立了正确的联系，这样才能保证子报表中记录与主报表中的记录之间有正确的对应关系。

【例 7.8】 在“学生”表主报表中增添“选课成绩信息”子报表。

（1）利用前面的报表创建方法，首先创建基于“学生”表数据源的主报表，并适当调整其控件布局和纵向外观显示，如图 7.23 所示。注意：在主体下部要为子报表的插入预留出一定的空间。

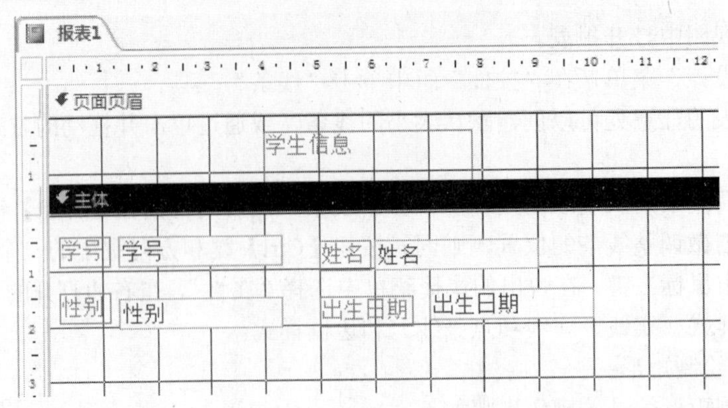

图 7.23　主报表设计视图

（2）单击“设计”选项卡，并使“控件”命令组中的“控件向导”按钮按下，然后单击“控件”命令组中的“子窗体/子报表”按钮。

（3）在子报表的预留插入区选择一插入点单击，这时打开“子报表向导”，如图 7.24 所示。在此需要选择子报表的数据来源，如果选中“使用现有的表和查询”单选按钮，创建基于表和查询的子报表；如果选中“使用现有的报表和窗体”单选按钮，创建基于报表和窗体的子报表。这里选中“使用现有的表和查询”单选按钮，单击“下一步”按钮，如图 7.25 所示。

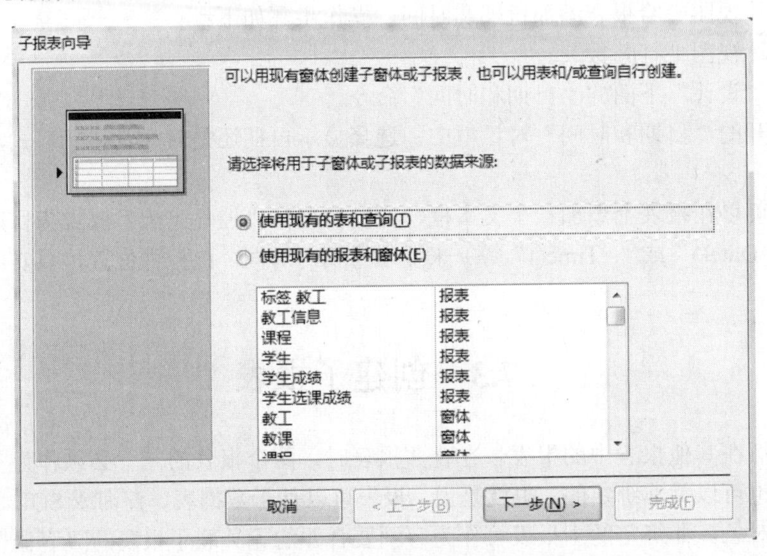

图 7.24　子报表向导

（4）在此选择子报表的数据源表或查询，再选定子报表中包含的字段，可以从一个或多个表或查询中选择字段。

这里，分别将字段选入“选定字段”列表中，如图 7.26 所示。单击“下一步”按钮，如图 7.27 所示。

（5）在此确定主报表与子报表的链接字段，可以从列表中选，也可以用户自定义。这里，选中“从列表中选择”单选按钮，单击“下一步”按钮，如图 7.28 所示。

（6）如果每个子报表都有一个与其主报表相同的字段，那么可以在主报表内增加并链接多个子报表。在此为子报表指定名称。这里，命名子报表为“选课成绩子报表”，单击“完成”按钮。

（7）单击快速访问工具栏上的“打印预览”按钮，预览报表显示，命名并保存报表。

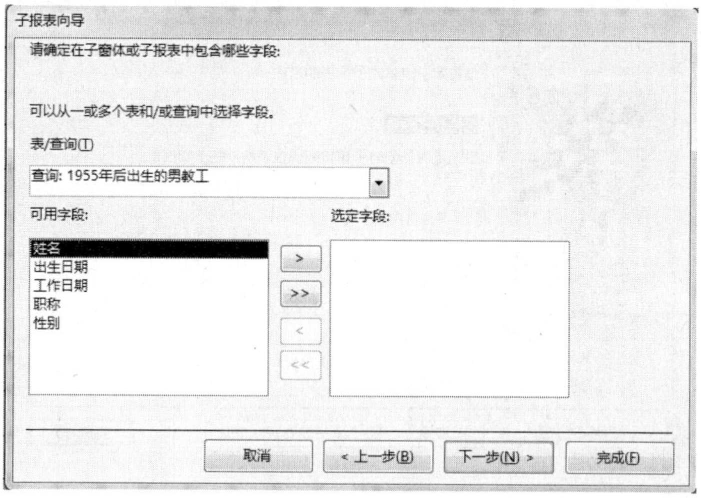

子报表向导
请确定在子窗体或子报表中包含哪些字段:
可以从一或多个表和/或查询中选择字段。
表/查询(T)
查询: 1955年后出生的男教工
可用字段:
选定字段:
姓名
出生日期
工作日期
职称
性别
取消
< 上一步(B)
下一步(N) >
完成(F)

图 7.25　选择数据源

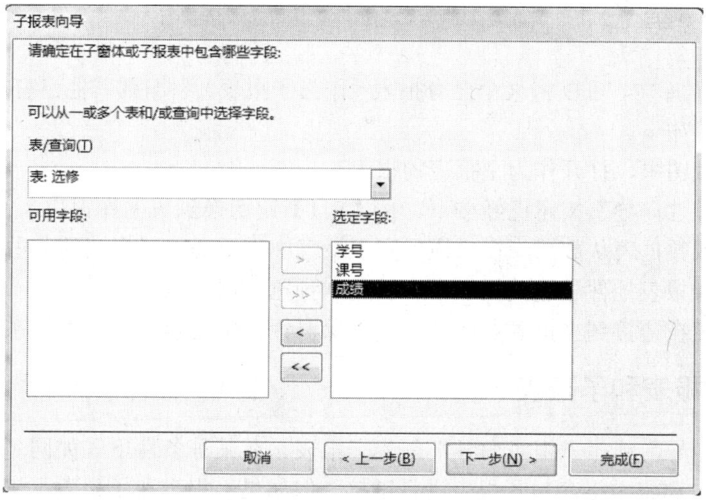

子报表向导
请确定在子窗体或子报表中包含哪些字段:
可以从一或多个表和/或查询中选择字段。
表/查询(T)
表: 选修
可用字段:
选定字段:
学号
课号
成绩
取消
< 上一步(B)
下一步(N) >
完成(F)

图 7.26　确定字段

子报表向导
请确定是自行定义将主窗体链接到该子窗体的字段，还是从下面的列表中进行选择:
从列表中选择(C)
自行定义(D)
对 <SQL 语句> 中的每个记录用 学号 显示 选修
无
对 <SQL 语句> 中的每个记录用 学号 显示 选修
取消
< 上一步(B)
下一步(N) >
完成(F)

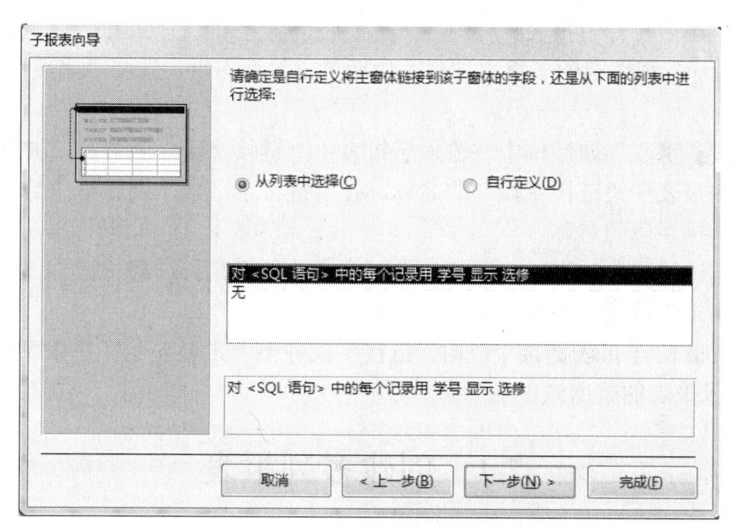

图 7.27　自定义链接字段

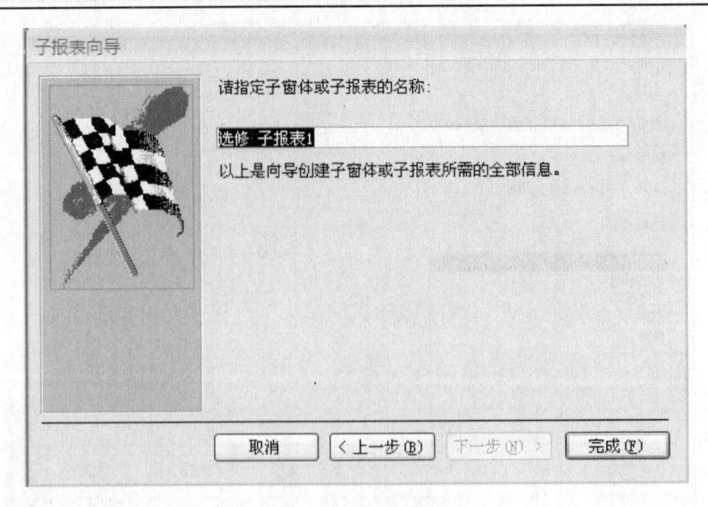

图 7.28 指定名称

7.3.2 添加子报表

在 Access 数据库中，可以将某个已有报表（作为子报表）添加到其他已有报表（作为主报表）中，具体操作步骤如下。

（1）在设计视图中，打开作为主报表的报表。

（2）确保“控件向导”按钮已经按下。按【F11】键切换到数据库窗口。

（3）将报表或数据表从数据库窗口拖动到主报表中需要插入子报表的节中，这样，Access 数据库就会自动将子报表控件添加到报表中。调整、预览并保存报表。

注意：子报表在链接到主报表之前，应当确保已经正确地建立了表间关系。

7.3.3 链接主报表和子报表

通过“报表向导”或“子报表向导”创建子报表，在某种条件下（如同名字段自动链接等）Access 数据库会自动将主报表与子报表进行链接。但如果主报表和子报表不满足指定的条件，则可以通过下列方法来进行链接。

（1）在设计视图中打开主报表。

（2）选择“设计”视图中的子报表控件，然后单击鼠标右键，选择“属性”，打开“子报表属性”对话框。

（3）在“链接子字段”属性框中，输入子报表中“链接字段”的名称，并在“链接主字段”属性框中，输入主报表中“链接字段”的名称。在“链接子字段”属性框中给的不是控件的名称而是数据源中的链接字段的名称。

如果难以确定链接字段，可以打开其后的“生成器”工具去选择构造。

（4）单击“确定”按钮，完成链接字段设置。

注意：设置主报表/子报表链接字段时，链接字段并不一定要显示在主报表或子报表上，但必须包含在主报表/子报表的数据源中。

7.4 创建多列报表

前面已经介绍过使用“标签向导”创建标签报表的方法。实际上，Access 数据库也提供了创建多列报表的能力。多列报表最常用的是标签报表形式，此外，也可以将一个设计好的普通报表设置成多列报表。

设置多列报表的操作步骤如下。

（1）创建一个普通报表。

在打印时，多列报表的组页眉、组页脚和主体将占满整个列的宽度。例如，如果要打印 4 列数据，要将控件放在一个合理宽度范围内。

（2）单击“页面设置”选项卡，单击“页面布局”命令组中的“页面设置”按钮，如图 7.29 所示。

（3）打开“页面设置”对话框，单击“列”选项卡，如图 7.30 所示。

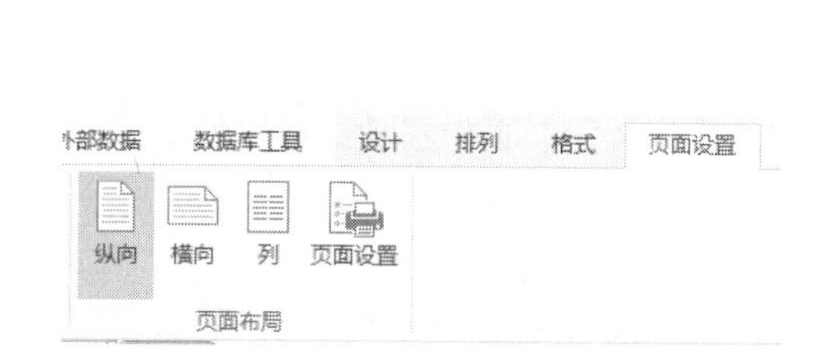

图 7.29 “页面设置”选项卡

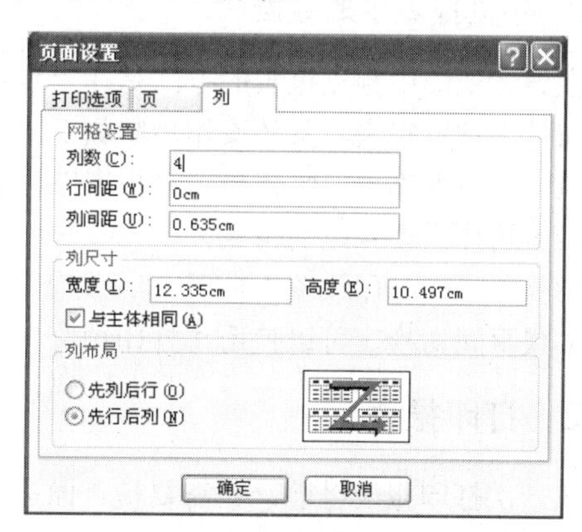

图 7.30 “页面设置”对话框

（4）在“网格设置”选项组中的“列数”文本框中输入每一页所需的列数，这里，设置“列数”为“4”。

（5）在“行间距”文本框中可以输入主体中每个标签记录之间的垂直距离。在“列间距”文本框中，输入各标签列之间的距离。在“列尺寸”选项组中的“宽度”文本框中输入单个标签的列宽；在“高度”文本框中输入单个标签的高度值。用户也可以用鼠标拖动节的标尺来直接调整主体节的高度。

（6）在“列布局”选项组中选中“先列后行”或“先行后列”单选按钮设置列的输出布局。

（7）单击“页”选项卡，在“打印方向”选项组中设置打印方向：纵向或横向。单击“确定”按钮，完成报表设计。预览、命名保存设计报表。

7.5　报表的预览和打印

预览报表可显示打印页面和版面，这样可以快速查看报表打印结果的页面布局，并通过查看预览报表的每页内容，以保证在打印之前确认报表数据的正确性。

打印报表则是将设计报表直接送往选定的打印设备进行打印输出。

按照需要可以将设计报表以对象方式命名保存在数据库中。

7.5.1　预览报表

1. 预览报表的页面布局

通过“版面预览”可以快速检查报表的页面布局，因为 Access 数据库只是使用基表中的数据或通过查询得到的数据来显示报表版面，这些数据只是报表上实际数据的示范。如果要审阅报表中的实际数据，可以使用“打印预览”的方法。

在报表“设计”选项卡中，单击的“视图”下拉按钮，在弹出的下拉列表中选择“版面预览”选项。

如果选择“版面预览”选项，对于基于参数查询的报表，用户不必输入任何参数，直接单击“确定”按钮即可，因为 Access 数据库将会忽略这些参数。

如果要在页之间切换，可以使用“打印预览”窗口底部的定位按钮。如果要在当前页中移动，可以使用滚动条。

2. 预览报表中的数据

在设计视图中预览报表的方法是在“设计”选项卡中，单击“打印预览”按钮。如果要在数据库窗体中预览报表，具体操作步骤如下。

（1）在数据库窗口中，单击“报表”标签。

（2）选择需要预览的报表。

（3）单击“打印预览”按钮。

如果页间切换，可以使用“打印预览”窗口底部的定位按钮；页中移动，可以使用滚动条。

7.5.2 打印报表

第一次打印报表以前，还需要检查面边距、面方向和其他页面设置的选项。当确定一切布局都符合要求后，打印报表的操作步骤如下。

（1）在数据库窗口中选定需要打印的报表，或在设计视图、打印预览或布局预览中打开相应的报表。

（2）执行“文件”→“打印”命令。

（3）在“打印”对话框中进行以下设置：在“打印机”中，指定打印机的型号。在“打印范围”中，指定打印所有页面或者确定打印页的范围。在“份数”中，指定复制的份数或是否需要对其进行分页。如果要在不激活对话框的情况下打印报表，可以直接单击快速访问工具栏上的“打印”按钮。

7.5.3 保存报表

通过使用“预览报表”功能检查报表设计，若满意，可以保存报表。单击快速访问工具栏上的“保存”按钮即可。

第一次保存报表时，就按照 Access 数据库对象命名规则在“另存为”对话框中输入一个合法名称，然后单击“确定”按钮。

习 题 7

一、选择题

1．如果要在整个报表的最后输出信息，需要设置（　　）。

A．页面页脚　　B．报表页脚　　C．页面页眉　　D．报表页眉

2．可作为报表记录源的是（　　）。

A．表　　B．查询　　C．Select 语句　　D．以上都可以

3．在报表中，要计算“数学”字段的最高分，就将控件的“控件来源”属性设置为（　　）。

A．“=Max([数学])”　　B．“Max(数学)”

C．“=Max[数学]”　　D．“=Max(数学)”

4．在报表设计时，如果只在报表最后一页的主体内容之后输出规定的内容，则需要设置的是（　　）。

A．报表页眉　B．报表页脚　C．页面页眉　D．页面页脚

5．若要在报表每一页底部都输出信息，需要设置的是（　　）。

A．页面页脚　B．报表页脚　C．页面页眉　D．报表页眉

6．如果设置报表上某个文本框的控件来源属性为“=7 Mod 4”，则打印预览视图中，该文本框显示的信息为（　　）。

A．未绑定　B．3　C．7 Mod 4　D．出错

7．在Access数据库中，专用于打印的是（　　）。

A．表　B．查询　C．报表　D．页

8．要实现报表的分组统计，其操作区域是（　　）。

A．报表页眉或报表页脚区域　　B．页面页眉或页面页脚区域

C．主体区域　　D．组页眉或组页脚区域

9．下面关于报表对数据的处理中，叙述正确的是（　　）。

A．报表只能输入数据　　B．报表只能输出数据

C．报表可以输入和输出数据　　D．报表不能输入和输出数据

10．为了在报表的每一页底部显示页码号，那么应该设置（　　）。

A．报表页眉　B．页面页眉　C．页面页脚　D．报表页脚

二、填空题

1．报表是以________的格式显示用户数据的一种有效的方式。

2．在使用报表设计器设计报表时，如果要统计报表中某个字段的全部数据，应将计算表达式放在________。

三、设计题

1．设计一个报表，输出所有的成绩记录，要求学号按升序排序。

2．设计一个报表，输出所有教师记录，要求按照年龄升序排序。

第8章　宏

宏的应用可以使 Access 数据库的操作更轻松便捷，它具有强大的功能。当执行所指定的以同样的方法运行的操作时，宏提高了数据库的准确性和有效性。

8.1　宏的基本概念

使用宏可以用来执行很多任务，且使用非常简单，只需利用几个宏操作便可以将已创建的数据库对象联系在一起，实现特定的功能。用户还可以根据自己的需要自由组合各式各样的宏，再加上宏对象里面可以定义条件判断，所以实现的功能更多，实用性也更强。

8.1.1　宏的定义

宏是指用来自动完成特定任务的操作或操作集，它可以包含一个或多个操作。其中每个操作实现特定的功能，诸如打开表、调入数据或报表、检查输入是否正确、切换不同窗口，打开不同的消息框、提供完整的菜单驱动系统等。总之，宏运用起来千变万化，可以实现很多不同的功能，其主要应用如下。

（1）代替执行重复的任务，节省时间。

（2）使数据库中各对象联系更加紧密，可以在窗体中设置宏，打开或使用其他窗体、查询、报表等。

（3）利用宏为窗体中的控件赋值。

（4）为窗体制作菜单，为菜单指定一些的操作。

（5）把筛选程序加到记录中，提高记录的查找速度。

（6）实现数据在应用程序之间的传送。

（7）利用宏为表等对象制作副本、改名。

（8）显示警告信息窗口。

（9）保存和删除数据库对象。

8.1.2　宏组的定义

通常情况下，为了完成一项功能而需要使用多个宏时，则可以将多个宏组成一个宏组，以便于数据库的管理。

宏组，顾名思义，就是一系列相关宏的集合。建立宏组可以方便地对应用程序中的多个宏进行有效的组织与管理。

在宏组中，“宏名”是唯一标识宏的名称。在宏组中执行宏时，如果“宏名”一旦为空，则把当前的操作作为当前宏的一个操作。

8.1.3　嵌入宏

因为有了嵌入宏的操作，宏的功能和操作变得更加强大和方便。嵌入宏可以嵌入到窗体、报表或控件对象中成为它们的一部分。嵌入的宏保存在一个事件属性中，是它所属对象的一部分。修改嵌入的宏时，不必担心可能使用这个宏的其他控件，因为每个嵌入的宏都是相对独立的。嵌入的宏在导航窗格中不可见，只能从属性表中进行访问。

嵌入宏是受信任的。即使安全设置禁止代码运行，它们也可以运行。使用嵌入宏可以把自己的应用程序发布为受信任的应用程序，因为嵌入的宏是自动禁止执行不安全操作的。

8.2 宏的创建

创建宏的目的是利用宏为用户完成一系列的任务，所以要求我们在创建宏之前，先应该了解一些常用的宏操作。

8.2.1 常用的宏操作

要熟练学习和使用宏，则必须了解一些常用的宏操作，下面向大家介绍一些常用的宏操作。

1. 打开或关闭数据表对象

（1）OpenForm 操作。

可以使用 OpenForm 操作来打开窗体视图中的窗体、窗体设计视图、打印预览或者数据表视图。可以为窗体选择数据项或窗口模式，并限制窗体所显示的记录。

（2）OpenQuery 操作。

使用 OpenQuery 操作，可以在数据表视图、设计视图或打印预览中打开选择查询或交叉表查询。该操作将运行一个操作查询。

此操作只在Access数据库环境（.mdb）下才可以使用，如果使用的是Access项目环境（.adp），请参见 OpenView、OpenStoredProcedure 或 OpenFunction 操作。

（3）OpenReport 操作。

使用 OpenReport 操作，可以在设计视图或打印预览中打开报表，或者可以立即打印报表。

（4）OpenTable 操作。

使用 OpenTable 操作，可以在数据表视图、设计视图或打印预览视图中打开表，也可以选择表的数据输入模式。

（5）Close 操作。

使用 Close 操作可以关闭指定的 Access 窗口，如果没有指定窗口，则关闭当前活动窗口。

2. 运行和控制流程

（1）RunApp 操作。

使用 RunApp 操作，可以从 Access 内部运行基于 Windows 或 MS-DOS 的应用程序，如 Excel、Word 或 PowerPoint。例如，可以将 Excel 电子表格数据粘贴到 Access 数据库中。

需要注意的是，在宏或应用程序中运行可执行文件或代码时要格外小心。对可执行文件或代码执行操作时可能危及计算机和数据的安全。

（2）RunCommand 操作。

使用 RunCommand 操作可以运行 Access 的内置命令。内置命令可以出现在 Access菜单栏、工具栏或快捷菜单上。

（3）RunMacro 操作。

使用 RunMacro 操作可以执行宏。该宏可以在宏组中。

可在以下情况中使用该操作：从某个宏中运行另一个宏；根据一定条件运行宏；将宏附加到自定义菜单命令中。

（4）RunSQL 操作。

用于执行指定的 SQL 语句，如 Select 语句。

（5）Quit 操作。

使用 Quit 操作可以退出 Access，另外，Quit 操作还可以从几个有关退出 Access 之前保存数据库对象的选项中指定一个。

（6）StopMacro 操作。

使用 StopMacro 操作可终止当前正在运行的宏。

3．设置值

SaveVale 操作：用于设置对象的属性值。

4．刷新查找数据和定位记录

（1）FindRecord 操作。

可以使用 FindRecord 操作来查找满足由 FindRecord 参数所指定的条件的数据的第一个实例。该数据可以在当前的记录中、在后面或前面记录中或在第一个记录中。所查找的记录可以位于活动的数据表、查询数据表、窗体数据表或窗体中。

（5）FindNext 操作。

可以使用 FindNext 操作来查找满足由 FindNext 参数所指定的条件的数据的下一个实例。该数据可以在当前的记录中、在后面或前面记录中或在下一个记录中。所查找的记录可以位于活动的数据表、查询数据表、窗体数据表或窗体中。

（3）GotoRecord 操作。

可以使用 GotoRecord 操作来查找满足由 GotoRecord 操作参数所指定的当前数据的一个实例。该数据可以在当前的记录中。所查找的记录可以位于活动的数据表、查询数据表、窗体数据表或窗体中。

（4）Requery 操作。

可以使用 Requery 操作实施指定控件重新查询，即刷新控件数据。

（5）ApplyFilter 操作。

可以使用 ApplyFilter 操作对表、窗体或报表应用筛选、查询或 SQL WHERE 子句，以便限制或排序表的记录，以及窗体或报表的基础表或基础查询中的记录。对于报表，只能在其“打开”事件属性所指定的宏中使用该操作。

5．控制显示

（1）Maximize。

用于最大化激活窗口。

（2）Minimize。

用于最小化激活窗口。

（3）Restore。

用于将最大化窗口或最小化窗口恢复至原来的大小。

6．通知或警告用户

（1）Beep 操作。

可以使用 Beep 操作，使计算机的扬声器发出“嘟嘟”声。

（2）MsgBox 操作。

可以使用 MsgBox 操作来显示包含警告或告知性消息的消息框。例如，可以将 MsgBox 操作与验证宏一起使用。当控件或记录未能通过宏中的一个验证条件时，可以用消息框显示出错消息，并指导用户应当输入哪种数据。

（3）SetWarnings 操作。

用于关闭或打开系统消息。

7．导入和导出数据

（1）TransferDatabase 操作。

用于从其他数据库导入和导出数据。

（2）TransferText 操作。

用于从文本文件导入和导出数据。

8．对数据库对象操作

（1）CopyObject 操作。

使用 CopyObject 操作，可以将指定的数据库对象复制到另外一个 Access 数据库（.mdb）中，或以新的名称复制到同一数据库或 Access 项目（.adp）中。例如，可以在另一个数据库中复制或备份一个已有的对象，也可以快速地创建一个略有更改的相似对象。

（2）DeleteObject 操作。

使用 DeleteObject 操作可删除指定的数据库对象。

（3）Save 操作。

使用 Save 操作可以保存一个指定的 Access 对象或在没有指定的情况下保存当前活动的对象。在某些情况下还可以使用新名称保存活动对象（此功能与“文件”菜单中的“另存为”命令一样）。

8.2.2　单个宏的创建

宏是由一个或多个操作组成的集合。可以把各种动作依次组织在宏中。

【例 8.1】 在 JXDB 数据库中创建打开“学生”窗体的单个宏。

（1）在数据库窗口中，单击“创建”选项卡，如图 8.1。

（2）单击“宏与代码”命令组中的“宏”按钮，进入宏设计界面，如图 8.2 所示。

（3）单击“添加新操作”下拉按钮，在弹出的下拉列表中选择要使用的 OpenForm 操作，并指出窗体名称“学生”，如果有多个操作，可以再次单击“添加新操作”下拉按钮，如图 8.3 所示。

（4）命名保存设计好的宏。

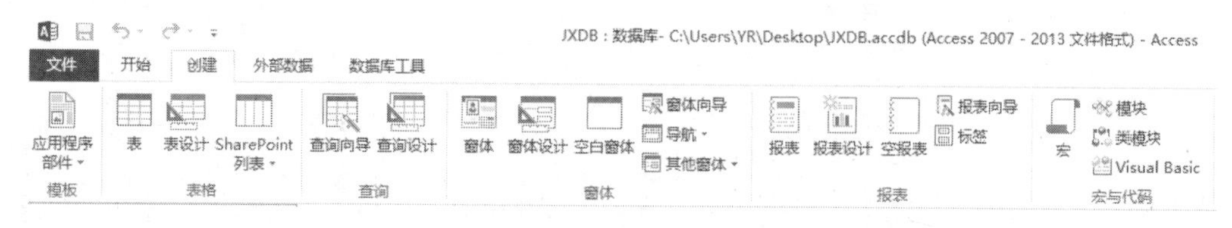

图 8.1　“创建”选项卡

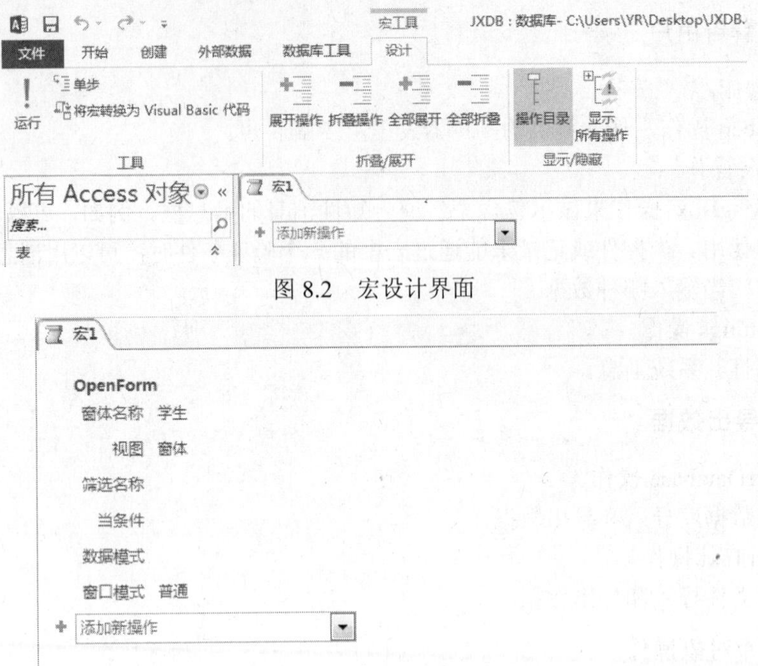

图 8.2 宏设计界面

图 8.3 宏的界面

8.2.3 宏组的创建

将功能相关或相近的宏组织在一起，构成宏组，将有助于宏的管理和维护。

【例 8.2】 在 JXDB 数据库中创建一个打开学生信息的报表和打开教师信息的窗体的宏组。

（1）在数据库窗口中，单击创建。

（2）单击“宏与代码”命令组中的“宏”按钮，进入宏的设计界面。

（3）单击“添加新操作”下拉按钮，在弹出的下拉列表中选择需要宏执行的操作 OpenReport，并指出报表名称“学生”。再次单击“添加新操作”下拉按钮，在弹出的下拉列表中选择宏执行的操作 OpenForm，并指出窗体名称“教工”。设计结果如图 8.4 所示。

（4）命名保存设计好的宏。

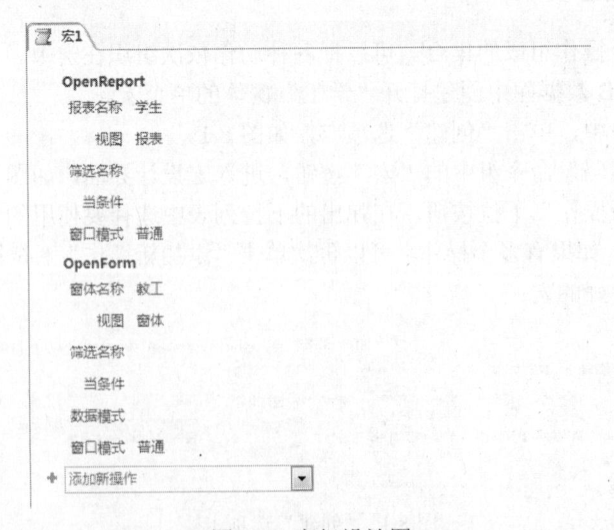

图 8.4 宏组设计图

8.2.4　条件宏的创建

在某些情况下希望当特定条件为真时才执行宏中的一个或多个操作，这时需要创建具有条件的宏。

【例 8.3】 在 JXDB 数据库中创建一个条件宏。

（1）在数据库窗口中，单击“创建”选项卡。

（2）单击“宏与代码”命令组中的“宏”按钮，进入宏的设计界面。

（3）如图 8.5 所示，在“当条件=”属性框中输入条件即可。

如果条件为真，则执行此操作；如果条件为假，则忽略其后的操作。

图 8.5　条件宏的示例

8.2.5　临时变量的使用

在 Access 2013 之前，开发人员只能在 VBA 代码中使用变量；宏只能执行一系列操作，而无法记住前一操作的任何结果。在 Access 2013 中，有 3 个新的宏操作 SetTempVar、RemoveTempVar 和 RemoveAllTempVar。可用于在宏中创建和使用临时变量。在条件表达式中使用这些变量，可以控制要执行哪些操作，或者把数据传递给窗体或报表或从它们获取数据。甚至可以在 VBA 中访问这些变量，从而在模块之间交换数据。

SetTempVar 操作有两个参数：“名称”和“表达式”。“名称”参数就是临时变量的名称。“表达式”参数就是变量的值。一次最多只能定义 255 个临时变量。引用通过 SetTempVar 操作创建的临时变量，语法如下: [Tempvars]！[变量名]。

RemoveTempVar 和 RemoveAllTempVar 能删除临时变量，如果没有删除临时变量，则这些变量一直位于内存中，直到数据库关闭为止，使用完临时变量后删除它们是一个很好的习惯。

警告：使用 RemoveAllTempVars 操作可以删除通过 SetTempVar 操作创建的所有临时变量，除非确定要这样做，否则还是使用 RemoveTempVar 操作为好。

【例 8.4】 建立临时变量，然后输出临时变量的值。

（1）在数据库窗口中，单击“创建”选项卡。

（2）单击“宏与代码”命令组中的“宏”按钮，进入宏的设计界面。

（3）定义临时变量名“aaaa”，定义“aaaa”变量的值为“"how are you"”，如图 8.6 所示。

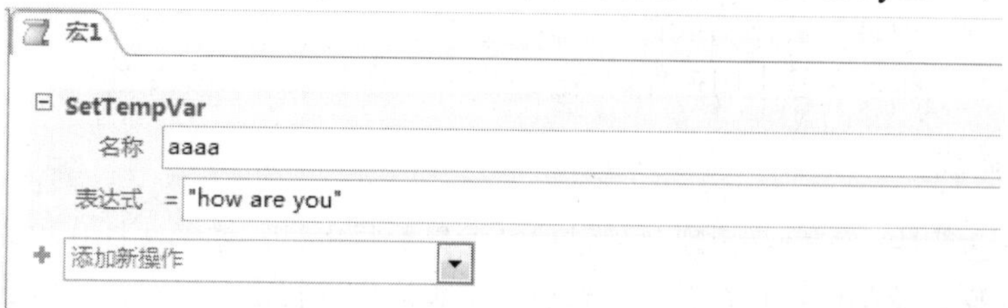

图 8.6　定义临时变量“aaaa”

8.2.6 宏的操作参数设置

在宏中添加了某个操作之后，可以在窗口的下部设置这个操作的参数。关于操作参数的设置，说明如下。

（1）可以在参数文本框中输入数值，或者在很多情况下，可以从列表中选择某个设置。

（2）一般而言，按参数排列顺序来设置操作参数是很好的方法，因为选择某一参数将决定该参数后面的参数的选择。

（3）如果通过从数据库窗口拖动数据库对象的方式来向宏中添加操作，Microsoft Access 将自动为这个操作设置适当的参数。

（4）如果操作中有调用数据库对象名的参数，则可以将对象从数据库窗口中拖动到参数文本框，从而设置参数及其对应的对象类型参数。

（5）可以用前面加等号(=)的表达式来设置许多操作参数。

（6）有关设置特定操作参数的详细内容，单击操作参数或按【F1】键。

8.3 宏的运行与调试

宏的运行方式很多，可以选择自己喜欢的运行方式，也可以根据需要进行设计。而宏的调试更为重要，通过调试可以发现宏的各种错误，然后利用反推方法找出可能存在的各种问题。

8.3.1 宏的运行

宏的运行方式很多，可以直接运行某个宏，也可以运行宏组中的宏，还可以为窗体、报表及其上的控件的事件响应而运行宏。

1．直接运行宏的方法

（1）如果要从宏窗口中运行宏，单击“运行”按钮。

（2）如果要从数据库窗口中运行宏，单击“宏”对象，然后双击相应的宏名。

（3）单击“数据库工具”菜单，选择“运行宏”命令，再选择或输入要运行的宏。

（4）使用 DoCmd 对象的 RunMacro 方法，从 VBA 代码过程中运行。

2．运行宏组中的宏的方法

（1）将宏指定为窗体或报表的事件属性，或指定为 RunMacro 操作的宏名参数。使用下列的方法来引用：宏组名．宏名。

（2）单击“数据库工具”菜单，选择“运行宏”命令，再选择或输入要运行的宏组里的宏。

（3）使用 Docmd 对象的 RunMacro 方法，从 VBA 代码过程中运行。

3．运行宏或事件过程以响应窗体、报表及其上的控件的事件

（1）在设计视图中打开窗体或报表。

（2）设置窗体、报表及其上的控件的有关事件属性为宏的名称或事件过程。

8.3.2 宏的调试

宏在运行的过程中，可能是出现各种错误。如果运行出错，或无法打开相关的宏对象，就应该检查设置的宏操作及其参数是否有错，然后一步步反推，找出可能存在的问题，这个解决问题的方法就是调试。

使用单步执行宏，就可以观察宏的流程和每一个操作的结果，并且可以排除导致错误或产生非预期结果的操作。

调试的操作步骤如下。

（1）打开要调试的宏。

（2）单击“单步”按钮，确保其处于按下状态。

（3）单击“运行” 按钮，打开“单步执行宏” 对话框。

（4）单击“单步”按钮，以执行显示在“单步执行宏”对话框中的操作。

（5）单击“暂停”按钮，以停止宏的运行并关闭对话框。

（6）单击“继续”按钮以关闭“单步执行”并执行宏的未完成部分。如果要在宏运行过程中暂停宏的执行，再以单步运行宏，可按快捷键【Ctrl+Break】。

习 题 8

一、选择题

1．假设某数据库已建有宏对象“宏 1”，“宏 1”中只有一个宏操作 SetValue，其中第一个参数项目为“[Label0].[Caption]”，第二个参数表达式为“[Text0]”，窗体“fmTest”中有一个标签 Label0 和一个文本框 Text0，现设置控件 Text0 的“更新后”事件为运行“宏 1”，则结果是（　　）。

A．将文本框清空

B．将标签清空

C．将文本框中的内容复制给标签的标题，使二者显示相同内容

D．将标签的标题复制到文本框，使二者显示相同内容

2．不能够使用宏的数据对象是（　　）。

A．数据表　　B．窗体　　C．宏　　D．报表

3．在下列关于宏和模块的叙述中，正确的是（　　）。

A．模块是能够被程序调用的函数

B．通过定义宏可以选择或更新数据

C．宏或模块都不能是窗体或报表上的事件代码

D．宏可以是独立的数据库对象，可以提供独立的操作动作

4．某窗体中有一命令按钮，在窗体视图中单击此命令按钮打开另一个窗体，需要执行的宏操作是（　　）。

A．OpenQuery　　B．OpenReport　　C．OpenWindow　　D．OpenForm

5．使用宏组的目的是（　　）。

A．设计出功能复杂的宏　　B．设计出包含大量操作的宏

C．减少程序内存消耗　　D．对多个宏进行组织和管理

6．要限制宏命令的操作范围，可以在创建宏时定义（　　）。

A．宏的操作对象　　B．宏的条件表达式

C．宏的属性　　D．宏的操作目标

7．VBA 的自动运行宏，应当命名为（　　）。

A．Autoexec　　B．Autoexe　　C．Auto　　D．Autoexec.bat

8．为窗体上的控件设置属性值的宏命令是（　　）

A．Echo　　B．MsgBox　　C．Beep　　D．SetValue

9．在宏的表达式中要引用报表上控件的值，可以使用的引用式是（ ）。

A．Report!text!txtName
B．text!txtName
C．txtName
D．Report!txtName

10．有关宏操作，以下叙述错误的是（ ）。

A．宏的条件表达式中不能引用窗体或报表的控件值
B．所有宏操作都可以转化为相应的模块代码
C．使用宏可以启动其他应用程序
D．可以利用宏组来管理相关的一系列宏

二、填空题

1．宏是一个或多个________的集合。

2．实际上，所有宏操作都可以转换成相应的代码，它可以通过________来完成。

3．有多个操作构成的宏，执行时是按________依次执行的。

4．如果要引用宏组中的宏，采用的语法是________。

5．在设计条件宏时，对于连续重复的条件，可以用________符号来代替重复的条件式。

6．如果要引用宏组中的宏，语法是________。

7．Access 为很多对象提供了创建的向导工具，但在其支持的 6 种对象中________和模块的创建没有向导工具。

8．要使数据库打开时自动打开某一窗体，可以建立一个自动宏来打开这个窗体，该宏名为________。

三、思考题

1．宏的主要作用是什么？

2．执行宏的条件是什么？

3．建立宏和宏组的主要步骤是什么？

第 9 章　SharePoint 网站

Access 和 SharePoint 集成在一起，可在网络上无缝地共享数据。Access 可以非常简单地链接到位于 SharePoint 网站上的数据源，也可以从中进行复制。因此数据存在 SharePoint 网站上的某个位置，如同存储在 Access 的表中。SharePoint Service 和 Access 安装之间的连接可以建立在 TCP/IP 连接上。这意味着该连接可以在 Internet 上运行。所以，从技术上说，SharePoint 可以给 Access 提供外部数据源，这与 SQL Server 这样的外部数据库通过 ODBC 连接给 Access 提供数据类似。下面将对 SharePoint 网站的使用进行介绍。

9.1　基 本 概 念

本节将介绍 SharePoint、SharePoint Services 技术、SharePoint Portal Server 以及它们之间的关系。

1．SharePoint

SharePoint 是基本的存储框架（在特定位置），信息可以在整个网络上共享。当前，SharePoint 通常都是在公司内部的局域网（LAN）中实现的，有时候也会同客户或合作伙伴共享。SharePoint 主要安装在 Intranet 上，帮助公司在网络上共享信息。

SharePoint 帮助公司实现信息在公司内部甚至公司客户内部的协作共享，产生一个名为 collaborativ 的网站，如果需要，可以允许其穿过防火墙，实现 SharePoint 可伸缩性。但遇到的实际问题是网络带宽。简单地说就是共享大量的信息需要非常大的带宽容量。大部分 Internet 用户仍然使用低速的拨号方式连接访问 IP7 Internet，所以 SharePoint 对于常规的 Internet 使用者来说有点不实用。当然，SharePoint 软件所共享的信息需要尽可能简单，但是这与使用 SharePoint 的初衷相违背。简单的信息可能更加适合那些比 SharePoint 简单的工具。

SharePoint 实现中涉及各种软件。一些软件只能在 Windows Server 2003 中使用。通常，SharePoint 由两个主要软件组成：SharePoint Services 和 SharePoint Portal Server。

2．SharePoint Services 技术

SharePoint Services 技术提供了一个基础结构，允许公司和客户（特别是合作伙伴）在 Internet 上共享信息。这些共享的数据类型也是不同的，有时候可能包括大的复杂结构，如字处理文档、电子表格及大型的报表和图表。

从本质上说，SharePoint Services 技术就是向用户提供服务的过程。

3．SharePoint Portal Server

服务器程序或者服务器计算机就是信息的提供者。服务器向网络上的用户的计算机提供信息。以 Web 服务为例，Web 服务执行的任务包括：从数据库中的数据生成网页，或者根据特定用户的请求，提供特定于用户或组的网页内容。服务器计算机最重要的功能是作为应用程序服务器和 Web 服务器。这些类型的服务器管理着高强度的计算机的连接共享（如数据库服务器）。Internet

可以同时驻留数百万用户。一台数据库服务器不可能同时为数千个用户提供数据请求服务。所以服务器程序依次为每台计算机提供信息服务。数据库计算机就是数据库服务器。Web 服务器和应用程序服务器从较低的层次（如数据库服务器计算机）向 Internet 社区提供信息。

SharePoint Portal Server 在 SharePoint 数据源和使用该数据的应用程序（如 Access）之间提供一个门户。SharePoint Portal Server 管理着数据和对访问该数据的请求之间的连接。SharePoint Portal Server 是一个过程（计算机程序），运行在 Windows Server 计算机上，所扮演的角色与 Web 服务器或应用程序服务器类似。因此，SharePoint Portal Server 和 SharePoint Server 向用户提供数据服务。这就是 SharePoint Portal Server 的作用也是 SharePoint Portal Server 构建在 SharePoint Services 之上的原因。实际上，SharePoint Portal Server 是在 SharePoint Server 的基础上，提供了额外的功能。这些额外的功能包括检索、快速搜索（使用索引）、根据用户人群（甚至是单个用户）进行专门的目标修改，以及通过用户名和密码进行安全性验证。换句话说，不是每个人都可以使用 SharePoint Services，这需要用户名和密码。机密信息会保密。

通过 SharePoint 网站，用户可以与外界网站实现资源共享和数据更新等，但要创建 SharePoint 网站，也要得到管理员的允许才可以。

4．SharePoint 列表

SharePoint 列表是 SharePoint Services 技术的重要部分。它提供基本的静态信息（如联系人列表、任务列表、到网站的链接列表等其他内容）。这些列表可以存储为 SharePoint 列表对象，在 Access 2013 数据库中也可以。

通常，SharePoint 列表称为 SharePoint 列表类型，或者 SharePoint 列表数据类型。在关系数据库术语中，数落类型是存储数据的基本定义。表是一个数据类型。在 Access（它也是一个关系数据库）中，Access 2013 只能链接到 SharePoint 网站的 SharePoint 列表，Access 不能复制或存储 SharePoint 网站上的数据。

Access 2013 允许特定的类型，可以将其假定为最常使用的 SharePoint 列表数据类型。这里有联系人、任务、问题和事件。Access 2013 还允许创建自定义设计的 SharePoint 列表，还允许使用已经存在的 SharePoint 列表。

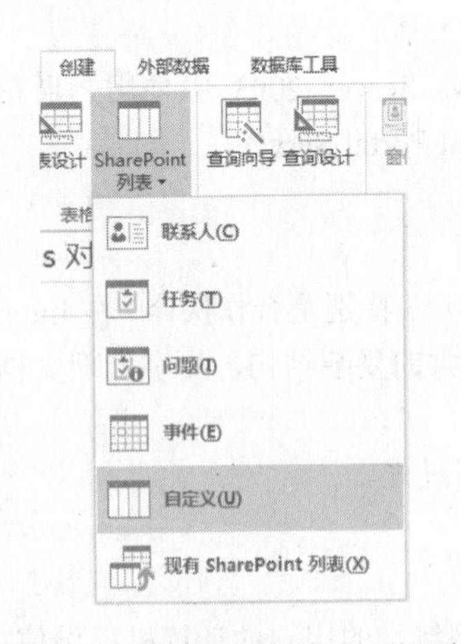

图 9.1 “SharePoint 列表”下拉列表

注意：SharePoint 列表类型也可以称作多值字段或多值列表。关系数据库的建模术语通常指的是由字符串值组成的以逗号分隔的字符串列表，也就是多值列表或多值字段。

【例 9.1】 网站的创建。

（1）打开数据库，在“创建”选项卡的“表格”命令组中，单击“SharePoint 列表”下拉按钮，在弹出的下拉列表中选择“自定义”选项来定义 SharePoint 列表，如图 9.1 所示。

（2）此时，打开了“创建新列表”对话框，需要指定 SharePoint 网站和 SharePoint 列表的名称，勾选“完成后打开列表”复选框，则单击“确定”按钮后，将打开 SharePoint 列表，如图 9.2 所示。但要注意：SharePoint 网站地址必须是存在的，且得到管理员的允许，否则，将打开提示对话框，要求用户与网站管理员联系。

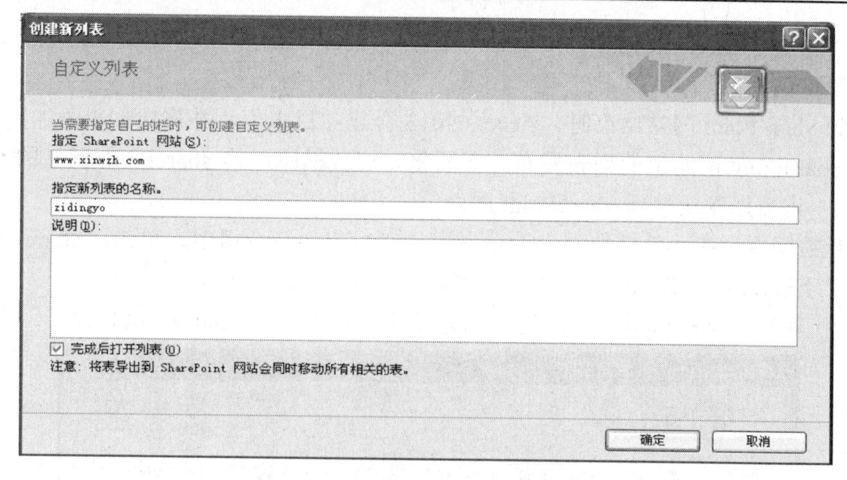

图 9.2 “创建新列表”对话框

9.2　将数据链接到 SharePoint 网站

在将数据库迁移到 SharePoint 网站时，应该在 SharePoint 网站上创建列表，它们将保持与数据库中的表的链接关系，在创建了 SharePoint 列表之后，用户可以使用网站的功能管理数据，通过为不同的组分配不同级别的权限，可以管理 SharePoint 网站上的数据的权限，下面将介绍如何将数据库链接到 SharePoint 网站。

【例 9.2】 将数据库链接到 SharePoint 网站。

（1）打开数据库，在“外部数据”选项卡中的“导出”命令组中，单击“SharePoint 列表”按钮，如图 9.3 所示。

图 9.3 “导出”命令组

（2）打开“导出-SharePoint 网站”对话框，如图 9.4 所示。

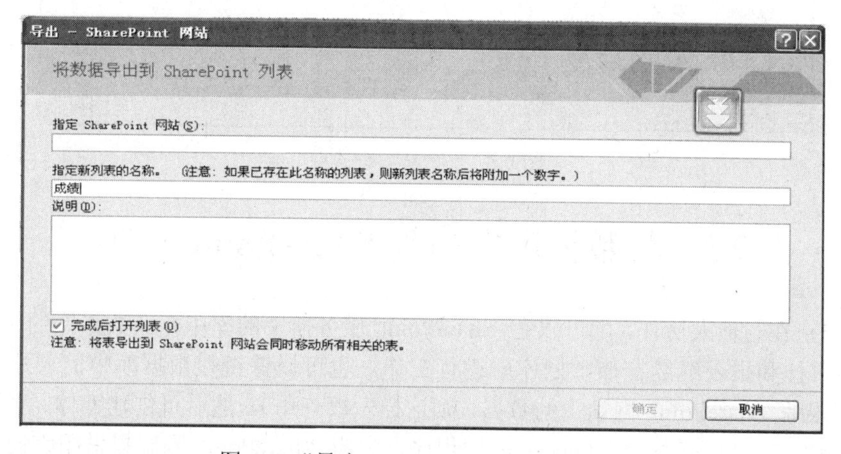

图 9.4 “导出-SharePoint 网站”对话框

（3）在“导出-SharePoint 网站”对话框中，指定 SharePoint 网站和新列表的名称，完成后，单击“确定”按钮。

当导出到 SharePoint 网站结束时，Access 2013 会建立日志表，并将数据表添加到数据库中，但不会作为 SharePoint 网站上的列表发布。下面将介绍数据库迁移 SharePoint 网站的方法。

【例 9.3】 将数据库迁移到 SharePoint 网站。

（1）打开数据库，在“外部数据”选项卡中的“导出”命令组中，单击“SharePoint 列表”按钮，打开“迁移到 SharePoint 网站向导”对话框，如图 9.5 所示。

（2）在“迁移到 SharePoint 网站向导”对话框中，需要指定 SharePoint 网站。

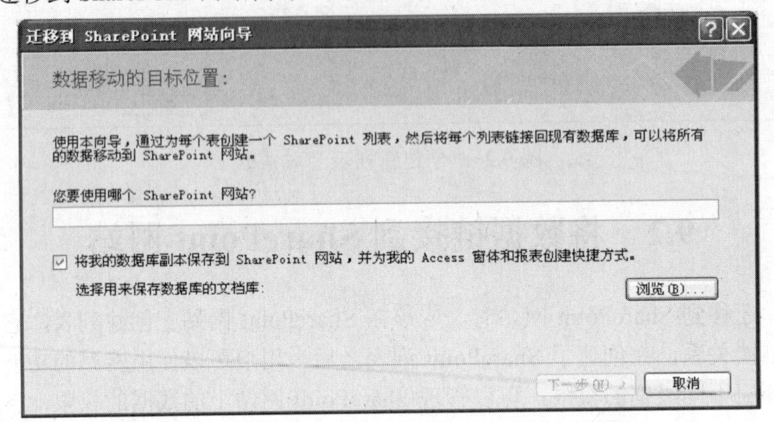

图 9.5 “迁移到 SharePoint 网站向导”对话框

（3）在“迁移到 SharePoint 网站向导”对话框中，还可以通过单击“浏览”按钮，打开“位置”对话框，指定数据库副本的位置，如图 9.6 所示。

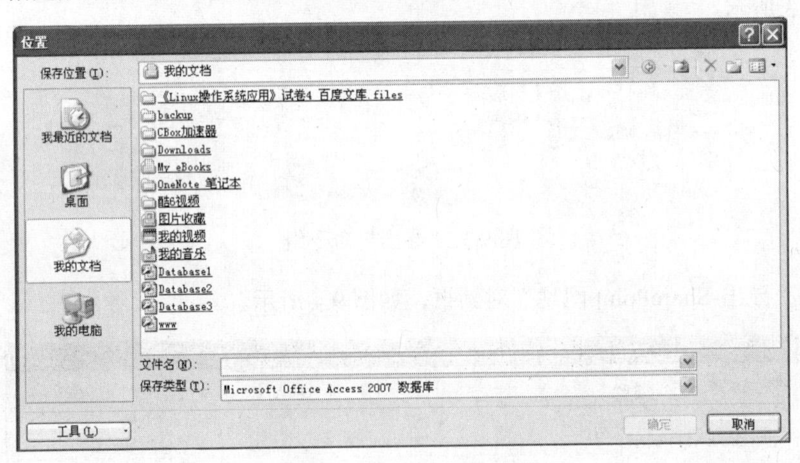

图 9.6 “位置”对话框

9.3 将数据库发布到 SharePoint 网站

如果用户正在与他人协作，则可以在 SharePoint 服务器上的库中存储数据库的副本，并使用 Access 中的窗体和报表继续在该数据库中进行工作。也可以像链接数据库中的表那样链接列表（如果用户想跟踪 SharePoint 网站上的数据，则这样做很有用），然后可创建窗体、查询和报表以使用数据。例如，可以创建一个 Access 应用程序，它为 SharePoint 列表提供跟踪问题和管理雇员信息的查询和报表。当用户在 SharePoint 网站上使用这些列表时，他们可以从 SharePoint 列表的“视图”菜单打开这些 Access 查询和报表。例如，如果要查看和打印用于月度会议的 Access 问题报表，则可以从 SharePoint 列表直接进行。

在首次将数据库发布到服务器时，Access 将提供一个 Web 服务器列表，该列表使导航到要发布到的位置（如文档库）更加容易。发布数据库之后，Access 将记住该位置，这样当用户要发布更改时，就无须再次查找该服务器。在将数据库发布到 SharePoint 网站之后，有权使用该 SharePoint 网站的用户都可以使用该数据库。

下面将介绍如何将数据库发布到 SharePoint 网站。

【例 9.4】 将数据库发布到 SharePoint 网站。

（1）打开数据库，在“外部数据”选项卡中的“导入并链接”命令项组中，单击“SharePoint 列表”按钮，如图 9.7 所示，打开“获取外部数据-SharePoint 网站对话框”。

图 9.7 “导入并链接”命令组

（2）在“获取外部数据-SharePoint 网站对话框”中指定所需要的网站，如图 9.8 所示。

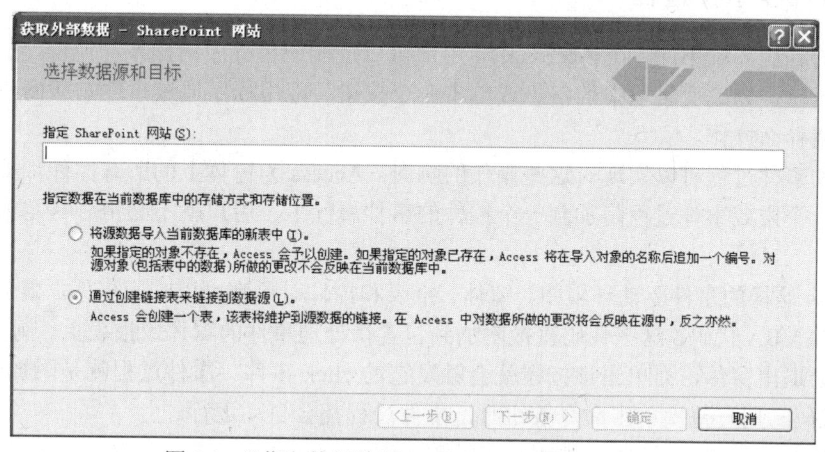

图 9.8 “获取外部数据-SharePoint 网站”对话框

习　题　9

一、简答题

1．什么是 SharePoint？
2．什么是 SharePoint 列表？

二、设计题

1．设计一个学生管理数据库，并将数据库发布到 SharePoint 网站。
2．设计一个学生日常收支管理数据库，并将数据库迁移到 SharePoint 网站。

第 10 章　VBA 编程基础

在 Access 系统中，除了借助宏对象完成事件的响应处理外，还可以使用 VBA（Visual Basic for Application）编程语言开发出结构更加复杂、功能更加强大的数据库应用系统。作为 Microsoft Office 内置编程语言的 VBA，不仅具有 Office 家族的一些特征，同时还有其独特的语法结构和使用规则。为了学习的方便，本书将 VBA 编程知识分成两章，本章主要讨论 VBA 编程语言的基本语法知识，下一章则重点讨论 VBA 的一些高级应用技术。

10.1　创建 VBA 程序

Access 提供了很多的工具，用于处理表、查询、窗体和报表。但是在某些场合下，需要创建更为复杂的应用程序（如想通过加强数据项验证或者实现更好的错误处理，从而让应用程序变得更加健壮），就要用到像 VBA 这样的高级编程语言的功能。

学习 Access 的 VBA 编程前，需要了解其事件驱动环境。

10.1.1　事件和事件过程

与传统的编程环境不同，在 Access 中，用户可以控制应用程序的操作和流程，能够决定做什么，以及何时做，如改变字段中的信息或单击命令按钮。应用程序通过事件响应而决定进行什么操作或者忽略什么操作。

使用宏和事件过程可以实现对这些操作的响应。Access 为窗体上的所有控件都提供了事件属性。通过把一个宏或事件过程附加到一个控件的事件属性上，用户就不必担心特定窗体上用户操作的顺序。

在 Access 这样的事件驱动环境中，窗体、报表和控件对象都可以响应事件。事件过程是事件发生时执行的 VBA 代码，这些代码直接附加到包含待处理事件的窗体或报表上。例如，单击“退出”按钮后会退出窗体，而单击该按钮就会触发它的 click 事件。事件过程就是附加到 click 事件上的 VBA 代码。用户每次单击命令按钮时，事件过程都会自动运行。

过程分为两种类型：子过程（Sub）和函数（Function）。

子过程和函数过程被组合在一起，并保存在模块中。如登录窗体对应的模块对象中，就保存了与登录窗体事件处理有关的所有过程。

1. 子过程

子过程中的 VBA 代码语句是过程执行时用户想要运行的代码。下面是一个“退出”按钮的子过程：

```
Sub cmdExit_click()
  DoCmd.Close
End Sub
```

这个过程的第一行通知 VBA 引擎，该过程是一个子过程，其名称是 cmdExit_click。如果这个子过程带有参数（传递给过程的数据），它们会出现在括号中。

这个子过程中只有一条 VBA 语句（DoCmd.Close），位于底部的 End Sub 语句用于结束这个过程。cmdExit_click 子过程被附加到“退出”按钮的单击事件上。当用户单击“退出”按钮时，事件过程就会关闭窗体。

2. 函数

在函数体中，可以给函数名指定一个返回值，然后使用该返回值作为表达式的一部分。如编写一个求解圆面积的函数过程 Area( )。实现代码如下：

```
Function Area(R As Single) As Single
  Area=3.14*R*R
End Function
```

该函数接收一个参数，要计算圆的半径 *R*。函数体中给函数名指定的计算所得有面积值，作为该函数的返回值。

10.1.2 模块

模块及其过程是 VBA 编程语言中的主要对象。VBA 代码是保存在模块的过程中的。VBA 代码模块可以是与特定窗体及报表无关的标准模块，也可以是集成于窗体和报表的类模块。依附于窗体的类模块，称之为窗体模块，依附于报表的类模块，称之为报表模块。

为 Access 应用程序创建 VBA 过程时，需要用到以上两类模块。

1. 窗体和报表模块

所有的窗体和报表均支持事件。与窗体和报表事件相关联的过程可以是宏或 VBA 代码。添加到数据库中的任何窗体或报表都包含一个窗体或报表模块（除非将其 Has Module 属性设置为 No）。这个模块是窗体或报表的一个组成部分，而且被用作存放为窗体或报表创建的事件过程的容器。使用这种方法可以方便地将窗体中的所有事件过程存放于同一个位置。

窗体模块中包含的事件过程都将成为窗体的一部分。如果要把窗体导出到另一个 Access 数据库中，该窗体包含的事件过程会一起被导出。

修改控件的事件过程十分简单：只要单击事件属性旁边的“…”按钮，就会打开该过程的窗体代码模块窗口。图 10.1 显示了访问“登录窗体”中的“登录”按钮的 click 事件过程。

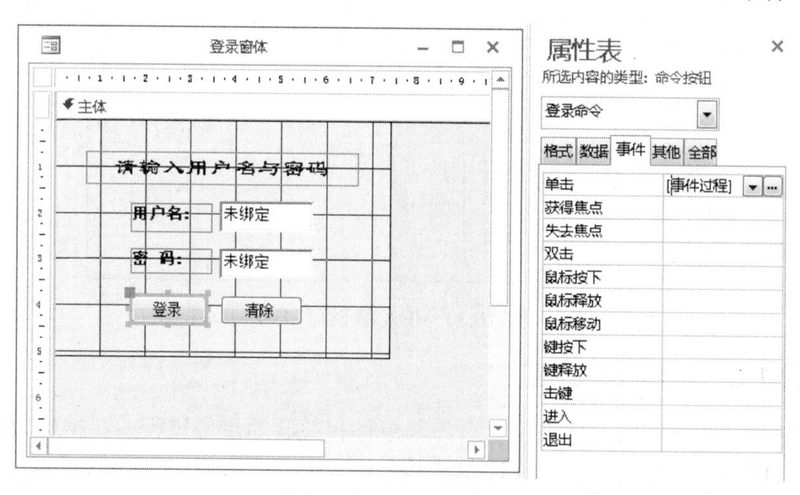

图 10.1　“登录”按钮的 click 事件

控件的“单击”属性中的“[事件过程]”，表示有代码附加到了控件的事件过程。单击“…”按钮后，将会打开 VBA 代码编辑器，并显示事件过程。

2．标准模块

标准模块独立于窗体和报表之外。可以在应用程序中的任何地方使用标准模块中保存的代码。这些过程通常被称作是全局或公共的，因为 Access 应用程序中的所有元素都是可以访问的。要使用一个公共过程，只要在应用程序中事件过程或任意其他过程的 VBA 代码中引用它即可。

标准模块保存在导航窗格的模块部分中。

10.1.3 创建模块

1．标准模块的创建

使用导航窗格的模块部分，可以创建和编辑标准模块中包含的 VBA 代码。例如，可以创建一个 Beep 过程，当程序中出现某些特定情况时发出“嘟嘟”声，警告或通知用户。每个过程都是执行某种操作或计算的一系列代码语句。

创建模块的步骤是，在“创建”选项卡中的“宏与代码”命令组中，单击“模块”按钮，如图 10.2 所示。

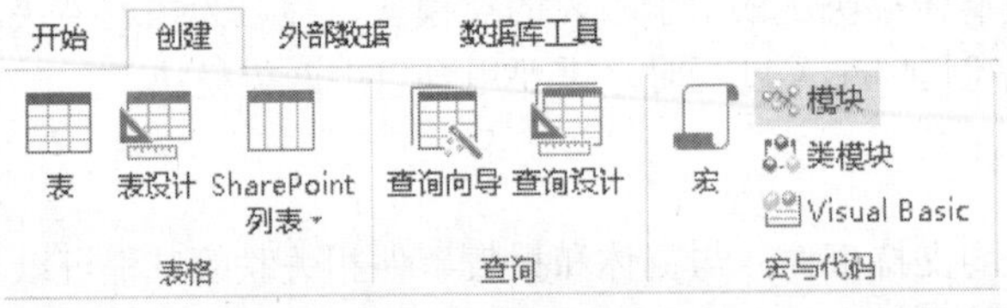

图 10.2 创建模块

Access 会打开 VBA 编辑器，然后添加一个新模块，如图 10.3 所示。

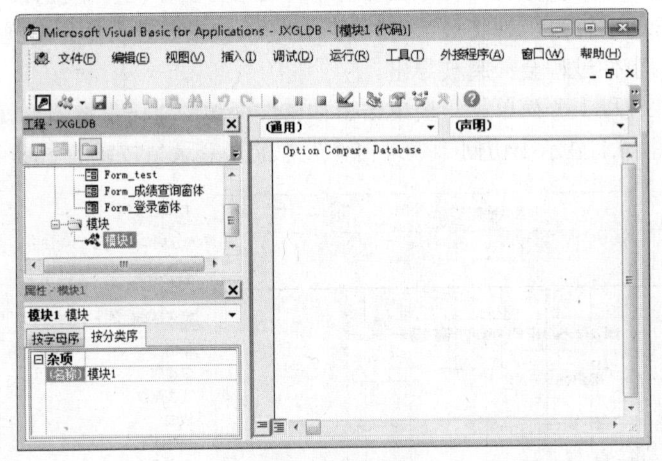

图 10.3 VBA 编辑窗口

2．窗体模块或报表模块的创建

所有窗体、报表和它们的控件都可以有与其事件相关联的事件过程。在窗体或报表的设计视图中，可以通过以下 3 种方法添加事件过程。

（1）右击，在弹出的快捷菜单中执行“事件生成器”命令，如图 10.4 所示。

（2）在“属性表”窗口中单击事件右边的“…”按钮时，选择“选择生成器”窗口中的“代码生成器”选项。

（3）在事件属性中输入或从下拉列表中选择“[事件过程]”选项，如图 10.5 所示。

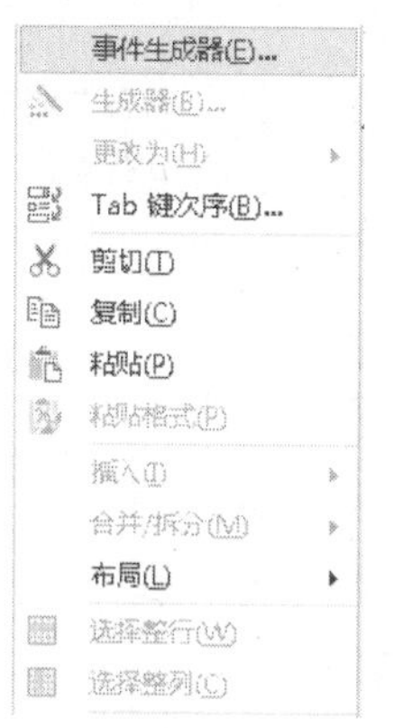
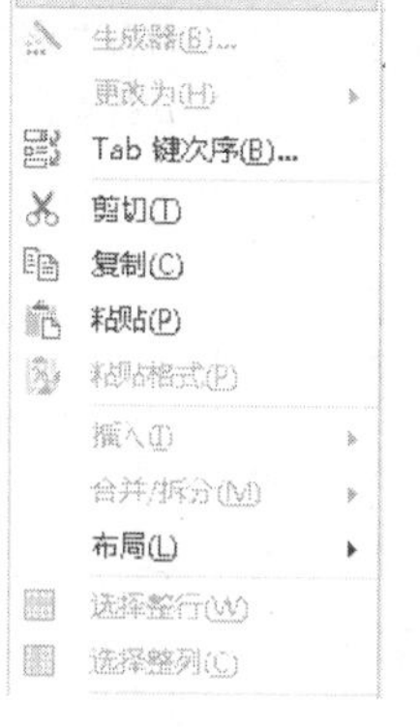

图 10.4　利用快捷菜单创建事件

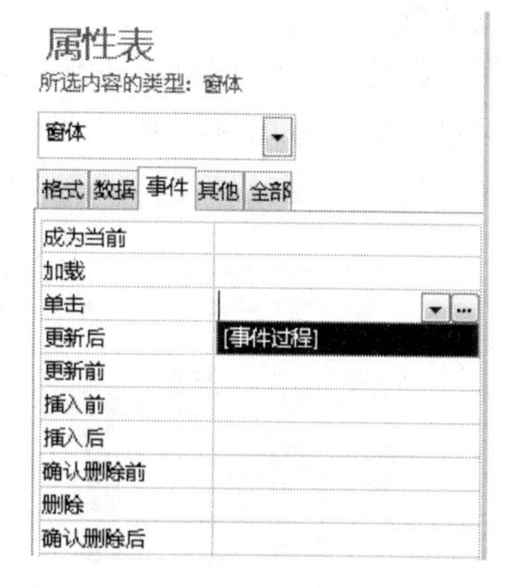

图 10.5　在事件属性中创建事件

无论是从快捷菜单中执行“事件生成器”命令，还是单击“属性表”窗口中的“…”按钮，都会打开“选择生成器”窗口。选择“代码生成器”选项，将会打开 VB 代码编辑器，如图 10.3 所示。

10.1.4　使用 VBA 编程环境

在 Office 中提供的 VBA 开发界面为 VBE（Visual Basic Editor），它以微软的 VB 编程环境的布局为基础，提供了集成的开发环境。所有 Office 应用程序都支持 VBA 编程环境，并且其编程接口都是相同的，可以使用该编辑器创建过程，也可编辑已有的过程。

1．使用代码窗口

为 Access 应用程序创建 VBA 过程时，需要在代码窗口中编辑代码。进入到模块的代码窗口时，就能看到 VBA 编辑器及其菜单和工具栏，可以创建或编辑过程，如图 10.6 所示。

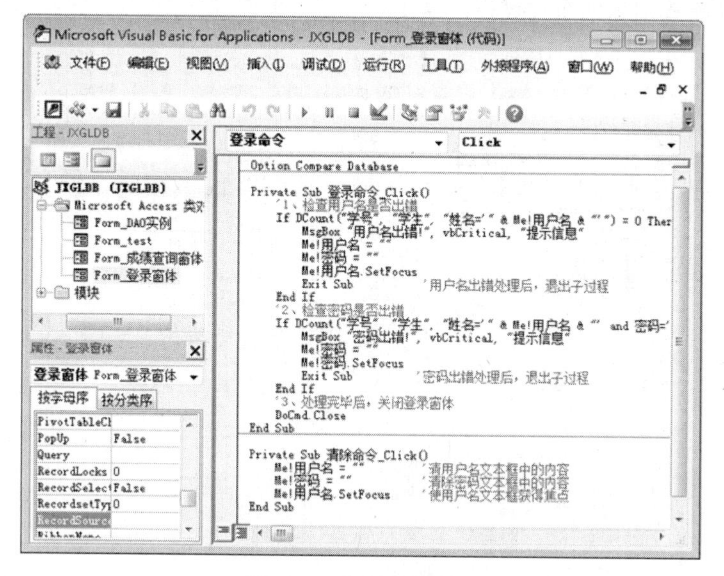

图 10.6　代码编辑窗口

在窗体（或报表）模块内显示 VBA 代码时，位于代码窗口顶部的“对象”和“过程”下拉列表中包含了该窗体的控件和事件。选择这些对象和事件可以创建或编辑窗体的事件过程。窗体和报表模块还可以包含与控件的事件无关的过程。

（1）对象浏览器。

使用对象浏览器工具可以快速对所操作对象的属性及方法进行检索。单击“对象”下拉按钮，可显示此模块中的所有对象名称。其中“通用”表示与特定对象无关的通用代码，一般在此声明模块级变量或编写用户自定义过程，如图 10.7 所示。

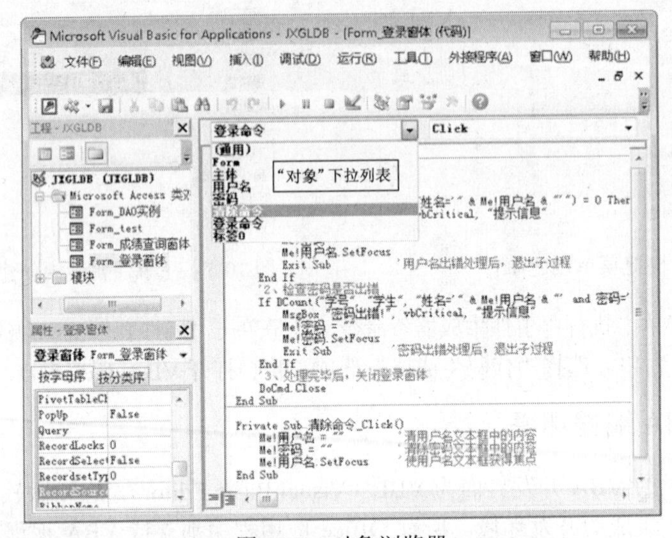

图 10.7 对象浏览器

（2）快速访问子过程。

利用代码窗口顶部右边的“过程”下拉列表，可以快速定位到所需的子过程位置。“过程”下拉列表中列出了“对象”下拉列表中的对象所对应的对象事件的过程名和用户自定义的过程名。在“对象”下拉列表中选中某一对象名称，同时在“过程”下拉列表中选中某一事件过程名称，系统会自动产生所选中对象的事件过程，以便用户在该事件过程内输入代码，如图 10.8 所示。

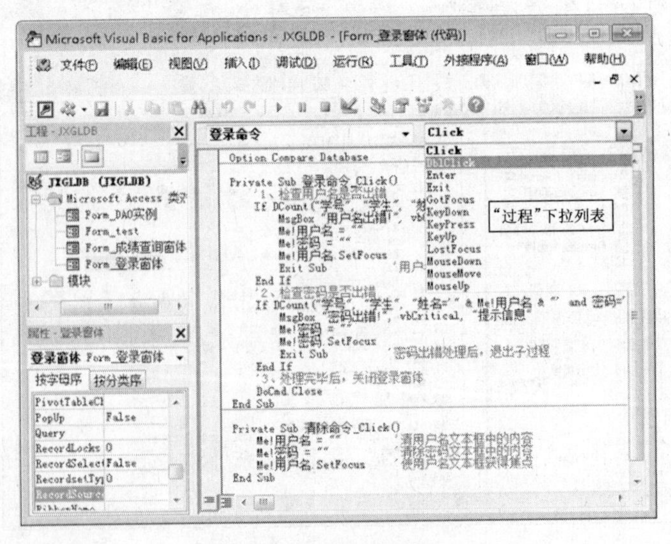

图 10.8 过程浏览器

（3）过程视图。

过程视图用来显示所选过程的代码。配合代码窗口顶部右边的“过程”下拉列表，可以一次单独显示用户选中的某一个过程的代码信息，方便用户对此过程代码的编写与修改操作，如图 10.9 所示。

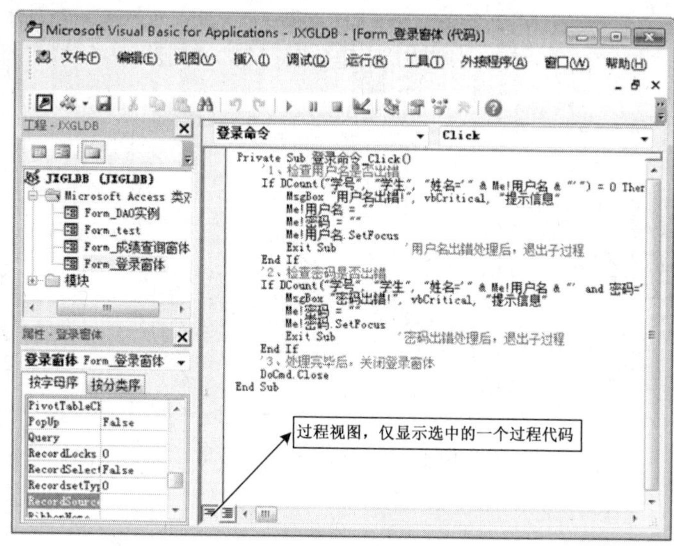

图 10.9　过程视图

（4）全模块视图。

全模块视图用来显示模块中所有过程，如图 10.10 所示。

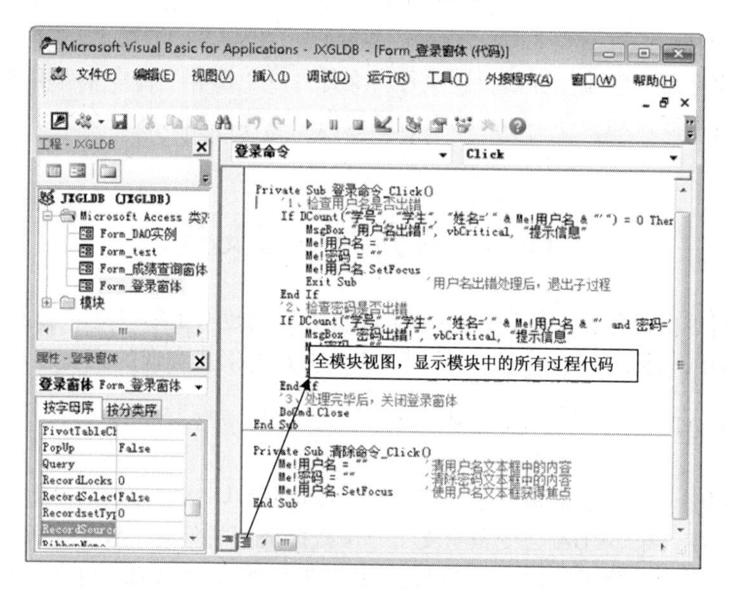

图 10.10　全模块视图

（5）自动显示提示信息。

在代码窗口内输入代码时，系统会自动显示关键字列表、关键字属性列表及过程参数列表等提示信息。用户使用键盘上的上、下方向键选中某一选项后，按空格键即可自动填上，如图 10.11 所示。

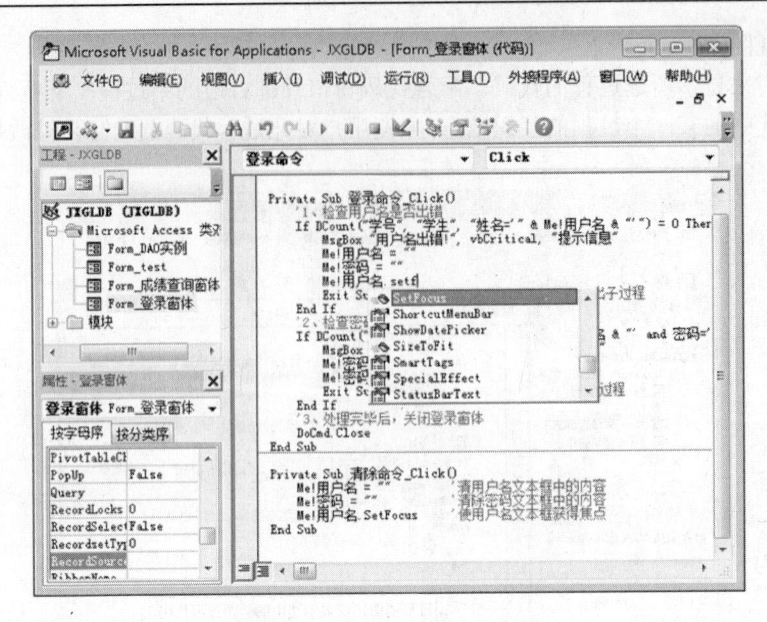

图 10.11　自动显示提示信息

2. 编译过程

创建完一个过程之后，应该从代码窗口菜单栏中执行“调试”→“编译”命令来对其进行编译。编译器会检查代码里的错误，并将 VBA 代码转换为计算机可以理解的二进制格式。如果编译不成功，则会出现一个出错提示。

3. 编译过程

创建过程结束之后，应该保存模块。执行“文件”→“保存”命令来保存模块，或者只要关闭代码编辑器，也会被自动保存。如果尚未为模块指定名称，Access 将会提示用户指定一个模块名称。

10.2 数据类型与变量

程序是用来对数据进行加工与处理的代码，而被处理的数据必须以某种形式进行组织和存储。在 VBA 编程语言中，被处理的数据是以数据类型与变量的形式实现的。

10.2.1 数据类型

在 VBA 程序中，使用变量来保存计算结果、设置属性、指定方法的参数，以及在过程间传递数据值。为了提高效果，VBA 为变量定义了一个数据类型的集合。Access 数据库创建表对象时所涉及的字段数据类型（除了 OLE 对象和备注数据类型外），在 VBA 语言中都有相对应的数据类型。

传统 BASIC 语言使用类型说明标点符号来定义数据类型。VBA 除此之外，还可以使用类型说明字符来定义数据类型。表 10.1 中详细列出了 VBA 数据类型的类型标识、符号、字段类型及取值范围。

对于表 10.1 中描述的数据类型，说明如下几点。

表 10.1 VBA 数据类型

数据类型	字段类型	取值范围
Byte	字节	0～255
Integer	整数	−32768～32767
Long	长整型	−2147483648～2147483647
Boolean	布尔型	True 或 False
Single	单精度数	负数：−3.402823E38～−1.401298E−45 正数：1.401298E−45～3.402823E38
Double	双精度数	负数：−1.79769313486232E308～−4.94065645841247E−324 正数：4.94065645841247E−324～1.79769313486232E308
Decimal	实数	+/− 79228162514264337593543950335,不带小数点 +/− 7.9228162514264337593543950335，小数点右边有 28 位
Currency	货币	−922337203685477.5808～922337203685477.5807
String	字符串	0～65500 字符
Date	日期型	8 字节日期/时间值
Object	对象引用	4 字节
Variant	变体类型	数值型时为 16 字节，文本型时随数据大小而变化

1．表示数据类型的符号

声明变量时，既可以使用类型说明字符，也可以使用类型说明标点符号。例如，整型用符号“%”表示，长整型用“&”表示，单精度浮点型用“!”表示，双精度浮点型用“#”表示。

2．布尔型数据的值

布尔型数据只有两种值：True 和 False。但是，将其他类型数据转化为布尔型数据时，0 为 False，其他数据为 True；将布尔型数据转化为其他数据类型时，False 转化 0，True 转化为−1。

3．日期型变量的值

任何可以识别的文本日期都可赋值给日期型变量。日期型数据必须用符号“#”括起来，如“#2008-10-1#”。

4．Variant 数据类型

如果未给变量指定数据类型，则 Access 将自动指定为 Variant 数据类型。Variant 是一种特殊的数据类型，其不仅可以包含字符串、日期、布尔型或者数字型，还可以包含 Empty、Error、Nothing 及 Null 特殊值。

可以用 Variant 数据类型来替换任何数据类型。使用时，可以用 VarType 与 TypeName 两个函数来检查 Variant 中的数据。

将 Access 字段的值赋给某个变量时，要保证变量类型能够容纳字段的数据类型。表 10.2 显示了 Access 字段数据类型及其对应的 VBA 数据类型。

表 10.2 Access 字段数据类型及其对应的 VBA 数据类型

Access 字段数据类型	VBA 数据类型	Access 字段数据类型	VBA 数据类型
自动编号（长整型）	Long	数字（单精度型）	Single
货币	Currency	数字（双精度型）	Double
时期/时间	Date	OLE 对象	String
备注	String	文本	String
数字（字节）	Byte	超链接	String
数字（整型）	Integer	是/否	Boolean
数字（长整型）	Long		

10.2.2 变量

变量是计算机内存中用于保存数据的临时存储区域。在程序运行的过程中，可以修改其中的数值。在使用变量之前，一般情况下会先声明变量，声明变量会通知 VBA 其对应的名字和数据类型。

1. 变量的命名

在给变量命名时必须遵循如下几个规则。

（1）变量名必须以字母开头，最大长度为 255。

（2）变量名只能使用字母、数字和下画线（_）。

（3）不能使用保留名字来命名变量。

2. 声明变量

声明变量有两个作用：一是指定变量类型；二是指定变量的适用范围（应用程序中可以引用此变量的作用域）。根据变量是否进行了直接声明，可以将变量分为隐含型变量和显式变量两种形式。

1）隐含型变量

VBA 程序中，在使用变量前，可以不对变量进行明确的声明，此时系统会默认为 Variant 数据类型，即隐式声明变量。例如：

```
NewVar=100
```

该语句声明一个 Variant 类型变量 NewVar，值是 100。

可以在变量名称后使用类型说明标点符号来指明隐含型变量的数据类型。例如：

```
NewVar%=100
```

该语句声明一个整数型的变量 NewVar，值是 100。

注意：变量名称与类型说明标点符号之间不能有空格。

2）显式变量

隐含型变量虽然方便，但是可能会在程序中导致严重错误，并且 Variant 类型数据比其他类型数据占用更多的内存。对初学者来说，为了方便调试程序，一般对使用的变量都要进行显式声明。

显式声明变量意味着在使用变量之前声明变量，尽管可以在代码的任意位置声明变量，但最好在程序的开始位置声明所有变量。声明变量最常用的形式为：

```
Dim 变量名称 As 数据类型
```

例如：

```
Dim NewVar As Integer
```

该语句声明了一个整数类型的变量 NewVar。如果没有 As Integer 部分，NewVar 将默认为 Variant 数据类型。

对于变量的声明，需要注意如下几点。

（1）可以在模块设计窗口的顶部说明区域中，加入 Option Explict 语句来强制要求所有的变量必须声明之后才能使用。

（2）一条 Dim 语句可以同时定义多个变量，但每个变量必须有自己的类型声明，类型声明不能公用。例如：

```
Dim NewVar1 As Integer, NewVar2 As Integer, NewVar3 As Single
Dim NewVar4, NewVar5 As Integer
```

前一条语句分别声明了整型变量 NewVar1、NewVar2 和单精度浮点型变量 NewVar3，而后一条语句则声明了变体型变量 NewVar4 和整型变量 NewVar5。

（3）对于字符串类型变量，根据其存放的字符串长度是否固定，可发声明为定长型或者变长型字符串变量。

若声明定长型的字符串，存放的最多字符数由*后面的数字决定，多余部分截去。例如：

```
Dim str1 As String * 50
```

此语句声明一个固定长度的字符串变量 Str1，其中可以存放 50 个字符。

（4）变量在声明时，系统都会对其设定一个默认值。

数字类型的变量，其默认值为 0；字符串类型变量，其默认值为空字符串（""）。

10.2.3　常量

常量就是命名项，在程序执行期间，其值不能被修改。常量可以是数字、字符串，也可以是其他类型值。VBA 支持两种类型的常量，即内置常量和用户自定义常量。

1. 内置常量

VBA 提供了一些预定义的内部符号常量，它们主要作为 DoCmd 命令语句中的参数。内部常量以前缀 ac 开头，如 acCmdSaveAs。可通过在对象浏览器窗口中，选择“工程/库”列表中的“Access”选项，再在“类”列表中选择“全局”选项，Access 的内部常量都会显示在右边的列表中。

在列表“成员”中选择一个常量后，它的数值将出现在对象浏览器窗口的底部，如图 10.12 所示。一个好的编程习惯是尽可能地使用常量名字而不使用它们的数值。用户不能将这些内部常量的名字作为用户自定义常量或变量的名字。

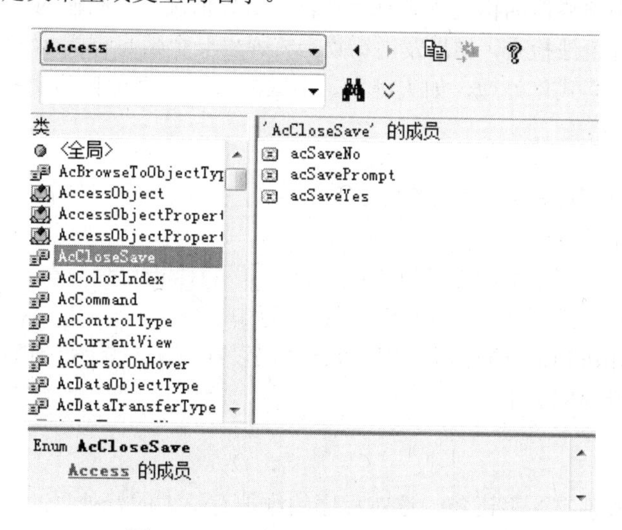

图 10.12　对象浏览器显示内部常量

2. 用户自定义常量

如果在程序中经常使用某些常数，或者为了便于程序的阅读或修改，可以创建用户自定义的常量。要声明常量，必须用 const 关键字，其格式为：

```
const 常量名 [as 数据类型]=表达式
```

其中，常量名应遵循标准变量的命名约定；数据类型是可选的，若省略数据类型项，则常量的类型由表达式的数据类型决定。例如：

```
const PI=3.14
const MYCONST As Integer=108
```

尽管声明常量与声明变量很相似，但二者之间还是有些差别：对于常量，必须在声明时进行初始化；而对于变量，可以在声明时初始化，也可以在后面初始化；一旦初始化了常量，那么在程序运行期间就不能修改其值。

10.3 程序控制语句

VBA 中的语句是执行具体操作的指令，每个语句以【Enter】键结束。程序语句是 VBA 关键字、属性、函数、运算符及 VBA 可识别的指令符号的任意组合。

VBA 程序语句按照其功能分为两大类型：一是声明语句，用于给变量、常量或过程定义命名；二是执行语句，用于执行赋值操作、调用过程、实现各种流程操作。

执行语句又分为 3 种结构。

顺序结构：按照语句顺序顺次执行，如赋值语句、过程调用语句等。

条件结构：又称选择结构，根据条件选择执行路径。

循环结构：重复执行某一段程序语句。

在具体讲解这 3 种执行语句前，要先了解下 VBA 程序的书写格式。

10.3.1 程序书写格式

书写程序语句时必须遵循的构造规则称为语法。缺省情况下，在输入语句的过程中，VBA 将自动对输入的内容进行语法检查，如果发现错误，将弹出一个信息框提示出错的原因。VBA 还会约定对语句进行简单的格式化处理，如关键字、函数的第一个字母自动变为大写。

1. 语句书写规定

在 VBA 编程中，必须遵循下面几条规则。

（1）一个语句写在一行。

（2）语句较长，一行写不下时，可以用续行符“_”将语句连续写在下一行。

（3）可以使用冒号“:”将几个语句分隔写在一行中。

当输入一行语句并按【Enter】键后，如果该行代码以红色文本显示（有时伴有错误信息出现），则表示该行语句存在错误应更正。

2. 注释语句

一个好的程序一般都有注释语句，这对程序的维护有很大的好处。

在 VBA 程序中，注释可以通过以下两种方式实现。

（1）使用 Rem 语句，使用格式为：Rem 这是注释信息。

（2）用单引号“'”，使用格式为：'这是注释信息。

使用 Rem 关键字实现注释时，如果注释是单独一行，则在注释前加上 Rem 关键字即可。但如果是在一行代码的后面，则必须先冒号“:”，以标识是同一行中的多条语句。

例如：声明两个变量

```
Str1="北京":      Rem 注释，在语句之后要用冒号隔开
Str2="上海"       '这也是一条注释。这时，无须使用冒号
```

注释可以添加到程序模块的任何位置，并且默认以绿色文本显示。

10.3.2 赋值语句

赋值语句是任何程序设计中最基本的语句，其格式为：

```
变量名=表达式
```

其中，“变量名”可以是预声明的变量，也可以是未预先声明而直接使用的变量；“表达式”可以是任何类型的表达式，但其类型一般要与变量的类型一致。例如：

```
Dim NewVar As Integer
NewVar=100
```

使用赋值语句时，需注意以下几点。

（1）赋值语句兼有计算与赋值的双重功能，它首先计算赋值符号“=”右边表达式的值，然后将值赋给左边的变量。

（2）在赋值时，右边表达式类型与左边变量类型不同时，将做如下处理。

①当表达式为数值，但其精度与变量精度不同时，强制转换成左边变量的精度。

②当表达式是数字型的字符串，而左边变量是数字类型，则自动转换成数字类型后再进行赋值。但当表达式中含有非数字字符或为空串时，则出错。

③任何非字符串型表达式赋值给字符型量时，系统都会将自动转换为字符串。

例如：

```
NewVar%=6.25          '转换时四舍五入，NewVar 中的结果为 6
NewVar%="123"         'NewVar 中的结果为 123
NewVar%="12a3"        '出现类型不匹配错误
```

（3）赋值号左边只能是变量，不能是常量或表达式。

（4）不能在一条赋值语句中，同时给多个变量赋值。例如：

```
Dim x As Integer, y As Integer, z As Integer
x=y=z=100
```

虽然在语法上没有错误，但在编译时会将右边的两个“=”作为关系运算符，最左边的一个“=”作为赋值运算符处理。

10.3.3 条件结构语句

条件结构将依据条件的值而选择执行程序的不同代码。在 VBA 中有两种条件语句：IF 语句和 Select Case 语句。其中，IF 语句是所有编程语言中使用的条件结构，且具有多种形式，如单分支、双分支、多分支等形式。

1. If…Then 语句

If…Then 结构是最简单的条件语句，其格式为：

```
If <条件> Then <程序代码>
```

或

```
If <条件> Then
    <程序代码>
End If
```

其中，“条件”可以是关系表达式、逻辑表达式，也可以是算术表达式(非 0 为 True,0 为 False)。若表达式的值为 True，则执行“程序代码”，否则跳过 If 语句，其流程如图 10.13 所示。

【例 10.1】 当对输入的数据求平方根时，一般先检查数据是否合法，只有大于或等于 0 时才能求其平方根。相应的语句为：

```
If a>=0 Then Res=sqr(a)
```

也可以定成：

```
If a>=0 Then
     Res=sqr(a)
End If
```

2. If…Then…Else 结构

语句格式为：

```
If <条件> Then
     <程序代码 1>
Else
     <程序代码 2>
 End If
```

该语句的作用是当条件的值为非零（True）时，执行 Then 后面的程序代码 1，否则执行 Else 后面的程序代码 2，其流程如图 10.14 所示。

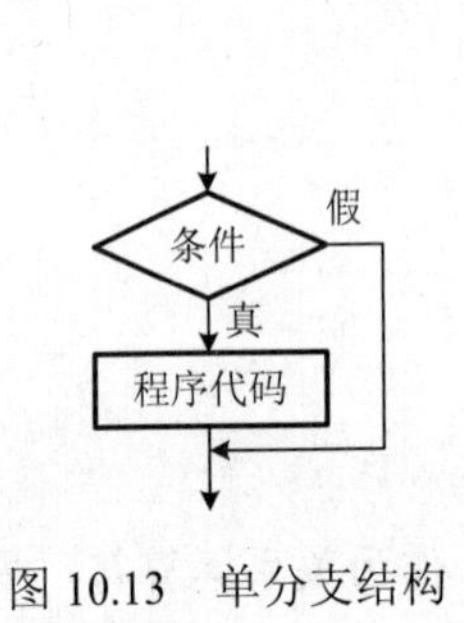

图 10.13 单分支结构

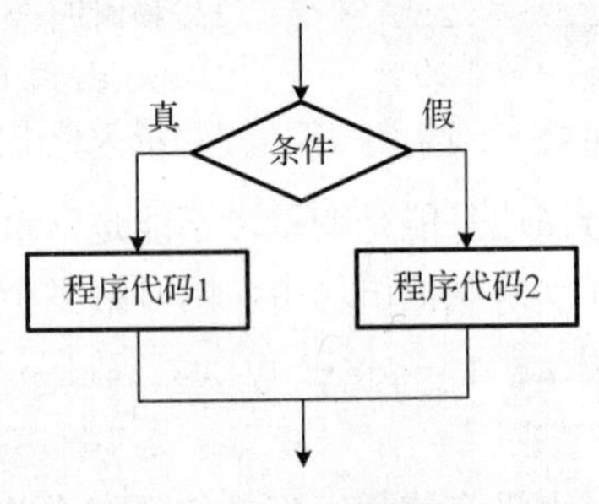

图 10.14 双分支结构

【例 10.2】 对输入的数据求平方根，当数据小于 0 时，提示用户数据小于零，否则求其平方根。相应的语句为：

```
If a>=0 Then
    Res=sqr(a)
Else
    MsgBox "数据小于 0! ",VbCritical,"提示信息"
End If
```

3. If…Then…ElseIf 结构

使用多分支结构可以处理多个条件，其格式为：

```
If <条件1> Then
    <程序代码1>
ElseIf <条件2> Then
    <程序代码2>
    …
[Else
    <程序代码n+1>]
End If
```

该语句的作用是根据不同的条件确定执行哪个语句块，VBA 测试条件的顺序为条件 1、条件 2，…，条件 n，一旦遇到条件的结果为 True，则执行该条件下的语句块，其流程如图 10.15 所示。

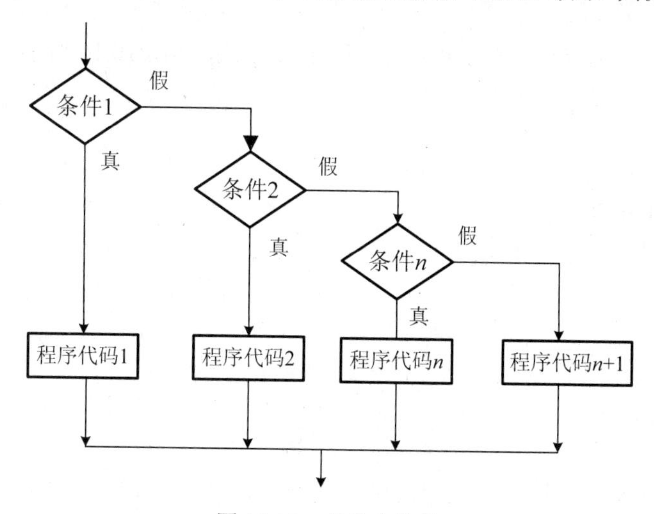

图 10.15　多分支结构

【例 10.3】 某商场进行促销活动，采用购物打折扣的优惠方法，每位顾客一次购物：

（1）在 1000 元以上者，按八折优惠；

（2）在 800 元以上，但不足 1000 元者，按八五折优惠；

（3）在 500 元以上，但不足 800 元者，按九折优惠；

（4）在 300 元以上，但不足 500 元者，按九五折优惠；

（5）不足 300 元者，无优惠。

则计算折扣后的购物总额的实现代码为：

```
Dim x As Single, y As Single    'x为购物款，y为折扣后应付款
If x>=1000  Then
    Y=0.8*x
Else If x>=800 Then
    Y=0.85*x
Else If x>=500 Then
    y=0.9*x
Else If x>=300 Then
    y= 0.95*x
Else
    y=x
End If
```

4．嵌套 If 结构

当 If…Then…Else 结构包含于另一个 If…Then…Else 结构之内时，就称为嵌套的 If 结构，其格式为：

```
If <表达式 1> Then
    ……
    If<表达式 2>  Then
        ……
    End If
    ……
End If
```

【例 10.4】 求变量 a、b、c 中的最大值。程序的流程图如图 10.16 所示。

```
Dim max as Integer
If a > b Then
    If a > c    Then
        Max=a
    Else
        Max=c
    End If
Else
    If b > c    Then
        Max=b
    Else
        Max=c
    End If
End If
```

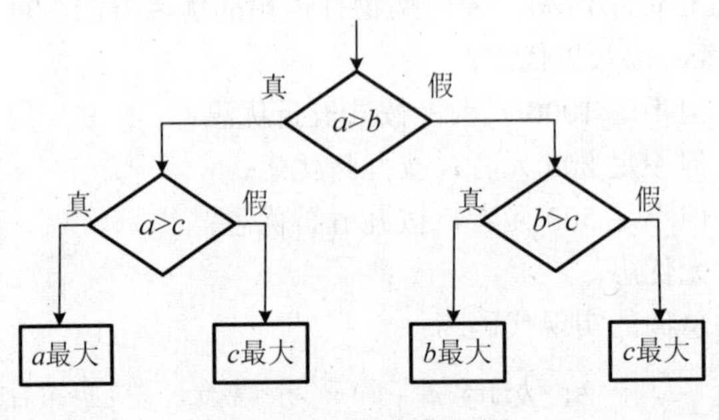

图 10.16 程序流程图

5．Select Case 语句

Select Case 语句是多分支结构的另一种表示形式，其条件部分表示直观，但必须符合其规定的语法规则书写。其格式为：

```
Select Case <变量或表达式>
    Case <表达式 1>
        <程序代码 1>
    Case <表达式 2>
        <程序代码 2>
```

```
      ……
      [Case Else
          <程序代码 n+1>]
  End Select
```

在这个语法中，首先计算“变量或表达式”的结果，再将其结果与各 Case 子句中的“表达式 *n*”的值进行比较，决定执行哪一组语句块。如果多个 Case 子句中的值与计算结果相匹配，则根据自上而下的判断原则，只执行第一个与之匹配的语句块，其流程图如图 10.17 所示。

将例 10.3 改用 Select Case 结构实现的代码为：

```
    Dim x As Single, y as Single
                          'x 为购物款，y 为折扣后应付款
    Select Case x
        Case Is>=1000
            Y=0.8*x
        Case Is>=800
            Y=0.85*x
        Case Is>=500
            Y=0.9*x
        Case Is>=300
            Y=0.95*x
        Case Else
            Y=x
    End Select
```

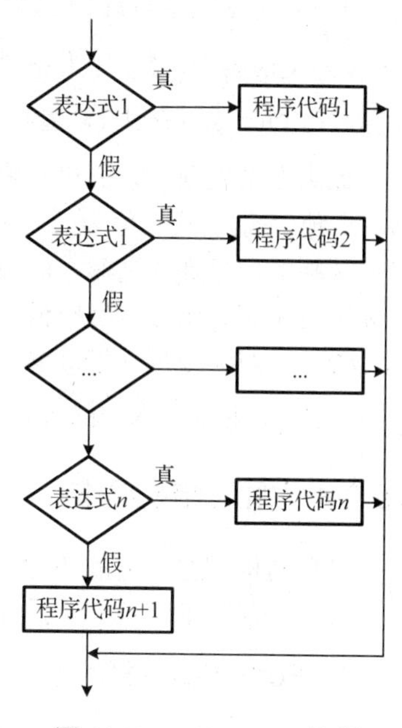

图 10.17　Select Case 流程

Select Case 语句中的 Case 表达式可以是下列 4 种格式之一。

（1）单一数值或者一行并列的数值，用来与“表达式”的值相比较。成员之间以逗号隔开，如 Case 100，90，80。

（2）由关键字 To 分隔开的两个数值之间的范围。前一个值必须小于比后一个值。字符串的比较是从它们的第一个字符的 ASCII 码开始比较的，直到分出大小为止，如 Case 80 To 100。

（3）关键字 Is 接关系运算符，如<>、<、<=、=、>或>=，后面再跟变量或常量。

（4）关键字 Case Else 是在前面的 Case 条件都不满足的情况下,缺省时执行。

6. 选择函数

除上述的 IF 语句和 Select Case 语句两种条件语句结构外，VBA 还提供 3 个函数来完成相应选择操作。

（1）IIf 函数。其格式为：

```
    IIf(条件表达式，表达式 1，表达式 2)
```

该函数是根据“条件表达式”的值来决定函数的返回值的。“条件表达式”值为“真（True）”，函数返回“表达式 1”的值；否则函数返回“表达式 2”的值。

例如，将变量 *a* 和变量 *b* 中的最大值存放在变量 Max 中。

```
    Max=IIf(a>b,a,b)
```

（2）Switch 函数。其格式为：

```
    Switch(条件表达式 1，表达式 1，条件表达式 2，表达式 2，…，条件表达式 n，表达式 n)
```

该函数是分别根据“条件表达式 1”、“条件表达式 2”直至“条件表达式 *n*”的值来决定函数返回值的。条件表达式是由左至右进行计算判断的，函数返回第一个条件表达式为真时所对应的表达式的值。如果所的条件表达式都为假时，则返回 Null 值。

例如，根据变量 *x* 的正负来为变量 *y* 赋值。

```
y=Switch(x>0,1,x=0,0,x<0,-1)
```

（3）Choose 函数。其格式为：

```
Choose(索引式，选项 1[，选项 2，…[，选项 n]])
```

该函数是根据“索引式”的值来返回选项列表中的某个值。“索引式”值为 1，函数返回“选项 1”值;“索引式”值为 2，函数返回“选项 2”值；依次类推。只有在“索引式”的值界于 1 和可选择的项目数 *n* 之间，函数才返回其后的选项值；当“索引式”的值小于 1 或大于列出的选择项数目 *n* 时，函数返回空值（Null）。

例如，根据变量 *x* 的值来为变量 *y* 赋值。

```
y=Choose(x, 5, 7, 9)
```

10.3.4 循环结构语句

循环结构是在指定的条件下多次重复执行一组语句。VBA 支持两种类型的循环结构：For 循环、Do Loop 循环。

1. For…Next 语句

For…Next 语句能够重复执行程序代码区域指定的次数，使用格式如下：

```
For 循环变量=初值 To 终值 [Step 步长]
    循环主体
Next 循环变量
```

For…Next 语句的流程图如 10.18 所示，其执行过程解释如下。

（1）循环变量取初值。

（2）循环变量与终值比较，确定循环是否进行。

若循环变量值<=终值，继续循环，执行步骤（3）；若循环变量值>初值，结束循环。

（3）执行循环体。

（4）循环变量增加步长（循环变量=循环变量+步长），程序跳转至（2）。

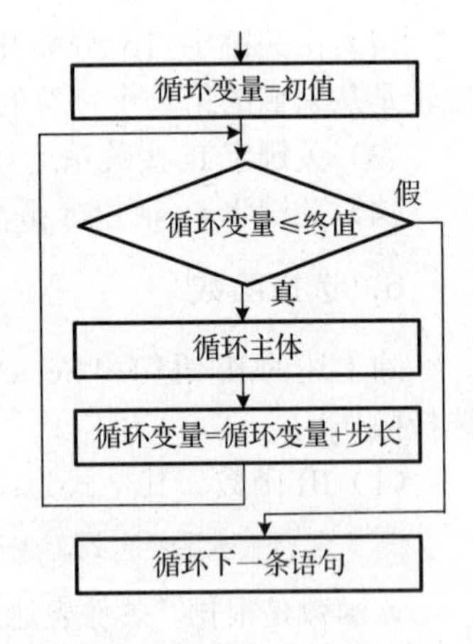

图 10.18 For 循环

【例 10.5】 使用 For…Next 语句，实现 1～100 整数的求和。

其实现代码如下：

```
For I=1 To 100 Step 1
    Sum=Sum+I
Next I
```

在使用 For…Next 语句的过程中，要区分步长部分与循环主体部分。这两部分是相互独立的部分，在循环过程中，是先执行循环主体部分，再执行步长部分。特别是当这两部分中都涉及循环变量的修改时，初学者容易出错。

【例 10.6】 当下列代码运行结束后，变量 *S* 的值是多少？

```
For K=5 to 10 Step 2
    K=2*K
S=S+1
Next K
```

依据 For 循环的流程分析可知，先执行循环主体，*K* 被修改成 10，再执行增加步长，*K* 被修改成 12。故循环仅被执行 1 次，变量 *S* 的结果为 1。

对于 For…Next 语句而言，要注意两点。

（1）步长为 1 时，关键字 Step 可以省略。

（2）可选择性的 Exit For 语句可以组织在循环体中的 If…Then…End If 条件语句结构中，用来提前中断并退出循环。

2．Do…While（或 Until）…Loop 语句

Do…While…Loop 语句使用格式如下：

```
初始化条件
Do While 条件判断
    循环主体
    修改条件
Loop
```

这种循环结构是在条件判断结果为真时，执行循环主体，并持续到条件判断结果为假而退出循环。其流程图如 10.19 所示。

【例 10.7】 用 Do…While…Loop 语句，实现 1～100 整数的累加和。

其实现代码如下：

```
I=1
Do While I<=100
     Sum=Sum+I
     I=I+1
Loop
```

与 Do…While…Loop 语句相对应，还有另一个循环结构 Do…Until…Loop 语句。该结构是条件判断的值为假时，执行循环主体，直到条件判断的值为真，结束循环。其流程图如 10.20 所示，使用格式如下：

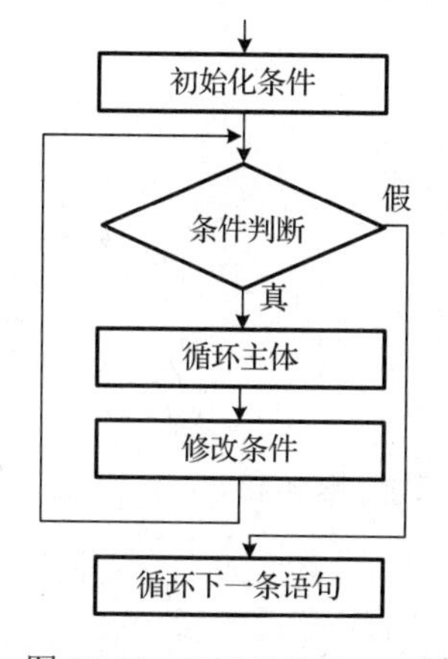

图 10.19　Do While Loop 循环

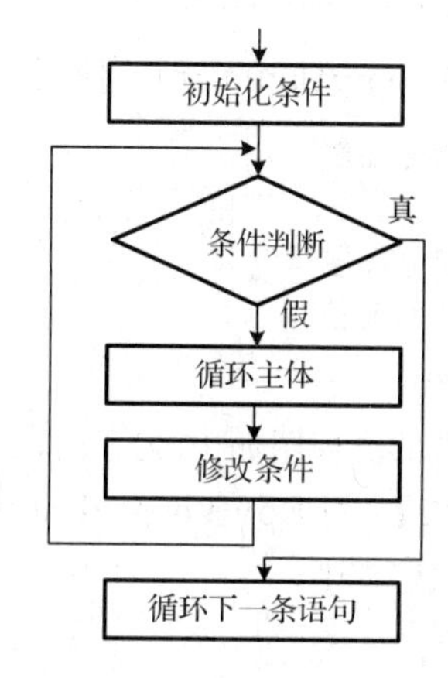

图 10.20　Do Until Loop 循环

```
初始化条件
Do Until 条件判断
     循环主体
     修改条件
Loop
```

【例 10.8】 用 Do…Until…Loop 语句，实现 1～100 整数的累加和。

其实现代码如下：

```
I=1
Do Until I>100
   Sum=Sum+I
   I=I+1
Loop
```

3．Do…Loop…While（或 Until）语句

Do…While…Loop 语句和 Do…Until…Loop 语句都是先进行条件判断而后执行循环主体，而实际应用中，有时也涉及要先执行循环主体而后进行条件判断的情况。为此，引入了相应的两个循环语句，分别是 Do…Loop…While 语句和 Do…Loop…Until 语句。

Do…Loop…While 语句的使用格式如下：

```
初始化条件
Do
     循环主体
     修改条件
Loop While 条件判断
```

其所对应的流程图如 10.21 所示。

【例 10.9】 用 Do…Loop…While 语句，实现 1～100 整数的累加和。

其实现代码如下：

```
I=1
Do
   Sum=Sum+I
   I=I+1
Loop While I<=100
```

而 Do…Loop…Until 语句的使用格式如下：

```
初始化条件
Do
     循环主体
     修改条件
Loop Until 条件判断
```

其所对应的流程图如 10.22 所示。

【例 10.10】 用 Do…Loop…Until 语句，实现 1～100 整数的累加和。

其实现代码如下：

```
I=1
Do
```

```
        Sum=Sum+I
        I=I+1
    Loop Until I>100
```

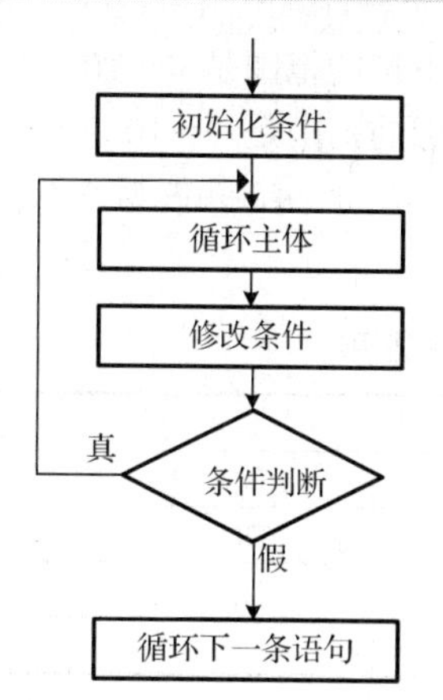

图 10.21　Do Loop While 循环

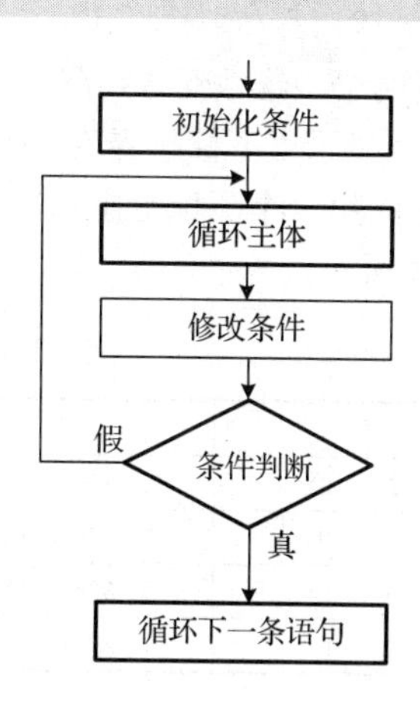

图 10.22　Do Loop Until 循环

10.4　数　　组

在程序设计中，经常需要处理同一类型的成批数据。例如，为了处理一个班级中所有学生的某门课程的成绩，可以使用 *S*(1)、*S*(2)、*S*(3)、…、*S*(*n*)分别代表 *n* 学生的分数，其中 *S*(1)代表第一个学生的分数，*S*(2)代表第二个学生的分数，*S*(*n*)代表第 *n* 个学生的分数。这里的 *S*(1)、*S*(2)、*S*(3)、…、*S*(*n*)就是按顺序存储的一组数据值，即数组。

10.4.1　数组的定义

数组并不是一种数据类型，而是一种相同类型的变量的集合。在程序中使用数组的最大好处是用一个数组名代表逻辑上相关的一批数据，而使用下标表示该数组中的各个元素。数组的形式为：

```
    数组名(下标 1[，下标 2……])
```

下标表示顺序号，每个数组有一个唯一的顺序号，下标不能超过数组声明时的上、下界范围。一个下标，表示一维数组，如 *S*(5)；多个下标，表示多维数组，如 *St*(2，2)。

1．静态数组

数组必须先声明后使用。声明数组，就表示在内存分配一个连续的区域，数组名便是这个区域的名称，下标就是区域的各个单元的地址。在声明时确定了大小的数组称为静态数组。

与声明变量一样，可以使用 Dim 语句声明数组，其格式为

```
    Dim 数组名(下标 1[，下标 2……]) [As 数据类型]
```

其中，下标的形式为“[下界 To 上界]”，下标下界最小可为−32768，最大上界可为 32767，若省略下界，则其默认值为 0。下标必须是常数，不能是表达式或变量。

Dim 语句声明的数组，实际上为系统提供了几种信息：数组名、数组类型、数组的维数和各维的大小。例如：

```
Dim S0(10) As Single
Dim S1(1 To 10) As Single
Dim S2(3,4) As Integer
```

首先声明了两个一维数组 *S0*、*S1*，*S0* 有 11 个元素，下标的范围是 0～10，若在程序中使用 *S0*(11)，则系统会显示“下标越界”；*S1* 有 10 个元素，下标的范围是 1～10。接着又声明了一个二维数组 *S2*，它的第一个下标范围为 0～3，第二个下标范围是 0～4，共占据 4×5 个整型变量的空间，如表 10.3 所示。

表 10.3 二维数组 *S2* 各元素排列

下标	0	1	2	3	4
0	*S2*(0，0)	*S2*(0，1)	*S2*(0，2)	*S2*(0，3)	*S2*(0，4)
1	*S2*(1，0)	*S2*(1，1)	*S2*(1，2)	*S2*(1，3)	*S2*(1，4)
2	*S2*(2，0)	*S2*(2，1)	*S2*(2，2)	*S2*(2，3)	*S2*(2，4)
3	*S2*(3，0)	*S2*(3，1)	*S2*(3，2)	*S2*(3，3)	*S2*(3，4)

2．动态数组

在很多情况下，不能确定数组的大小，如想把每个学生的名字存储在列表中，但并不知道总共有多少学生。虽然可以猜测，但如果猜测的数量太小，而实际上数据需求较多就会产生错误信息；另一方面，如果猜测的数量太大，又会导致内存的浪费。为避免产生这些问题，VBA 允许在程序运行时为数组动态分配空间，即使用动态数组。

动态数组是在声明数组时未给定数组的大小，当要使用它时，再使用 ReDim 语句重新指定数组的大小。

ReDim 语句的格式为：

```
ReDim 数组名 （下标 1[，下标 2……]）[As 数据类型]
```

其中，下标可以是常量，也可以是有了确定值的变量。类型可以省略，若不省略，必须与 Dim 声明语句保持一致。

例如，使用不确定大小数组。

```
Dim StuName() As String
Sub Test()
……
ReDim StuName(100)
    ……
End Sub
```

在过程中不仅可多次使用 ReDim 语句来改变数组的大小，也可改变数组的维数。每次使用 ReDim 语句都会使原来数组中的值丢失，但可以在 ReDim 语句后面加 Preserve 参数来保留数组中的数据。例如：

```
ReDim Preserve StuName( n+20)
```

但使用 Preserve 后只能改变最后一维的大小，前面几维大小不能改变。如果数组的大小变小，则会删去多余部分。

另外，可使用 Lbound 和 Ubound 函数，查找数组的上界值和下界值。

10.4.2　数组的使用

一般来说，在程序中，凡是简单变量出现的地方，都可以用数组元素代替。数组元素可以参加表达式的运算，也可以被赋值。要注意的是，数据声明时用数组名表示该数组的整体，但在具体操作时是针对每个数组元素进行的。

【例 10.11】 从键盘上任意输入 10 个整数，然后从中查找出最大数，并显示出来。

实现代码为：

```
Dim A(1 To 10) As Integer
Dim Max As Integer
'从键盘输入 10 个整数
For I=1 To 10
    A(I)=InputBox("请输入第" & Str(i) & "个数据：","排序数据")
Next I
'从 10 个数中查找出最大的数
Max=A(1)              '假定数组中第一个数据是最大的，即 A(1)最大
For I= 2 To 10        '对数组中剩余的 9 个数逐一进行验证，假设不对时进行改正
    If A(I)>Max then
        Max=A(I)
    End If
Next I
'显示查找的结果
MsgBox "最大值为：" & Max
```

10.5　自定义的数据类型

数组能够存放一组性质相同的数据，但要存放学生信息这样性质不同的数据，就需要用到自定义数据类型。即在基本数据类型不能满足实际需求时，用户可以在基本数据类型的基础上，按照一定的语法规则定义而成的数据类型。

10.5.1　自定义数据类型的实现

自定义数据类型是由若干个标准数据类型构造而成的，其定义的格式为：

```
Type 自定义类型名
    元素名 1 As 数据类型
元素名 2 As 数据类型
    …
End Type
```

其中，元素名表示自定义数据类型中的一个成员，元素既可以是普通变量，也可以是数组变量；元素类型既可以是任何标准数据类型，也可以是自定义数据类型。

例如，定义一个有关学生基本情况的自定义数据类型：

```
Type Student
   No As String*8            '学号
   Name As String            '姓名
```

```
    Sex As String*1          '性别
    Birthday As Date         '出生年月
End Type
```

10.5.2 自定义数据类型的使用

一旦定义好了数据类型，就可以在变量声明时使用该类型，如定义一个具有 Student 类型的变量 Stud 的格式为：

```
Dim Stud As Student
```

使用自定义类型变量中的某个元素的格式为： 变量名.元素名。

例如，要表示 Stud 变量中的姓名，需写成 Stu.Name。但若要表示每个 Stud 变量的各个元素，这样书写太烦琐，可以使用 With 语句进行简化。例如，要对 Stud 变量的各个元素进行赋值，可写成：

```
With Stud
    .No="20080001"
    .Name="张三"
    .Sex="男"
    .Birthday=#1998-10-1#
End With
```

可见，自定义数据类型与数组的不同之处在于：自定义数据类型的元素代表不同性质、不同类型的数据，并且以元素名表示不同的元素；而数组存放的是同种性质、同种类型的数据，以下标表示不同的元素。

10.6 过程与函数

VBA 应用程序中代码都被放置在模块中。模块本身包含很多过程、变量和常量声明，以及 VBA 引擎可以理解的其他指令。VBA 中的过程主要分为子过程和函数两大类。

子过程和函数都包含可以运行的多行代码。需要运行子过程或函数时，调用它们即可。调用的意思是执行子过程或函数中的语句。无论以何种方式调用一个 VBA 过程（使用 Call 关键字，通过子过程名引用子过程，还是在立即窗口中运行它），实际都是执行其中的代码行。

子过程与函数之间的唯一区别在于，函数被调用后有返回值。有返回值意味着函数运行时将会生成一个值，而且调用该函数的代码可以使用这个值。

10.6.1 子过程

Sub 过程，又称子过程。执行一系列操作以实现某一特定功能，无返回值。定义格式如下：

```
Sub 子过程名([形参列表])
    程序代码
End Sub
```

可以引用子过程名来调用该子过程。此外，VBA 提供了一个关键字 Call，以显式调用一个子过程。在子过程名前加上关键字 Call 是一个很好的程序设计习惯。

子过程的两种调用形式为：

```
Call 子过程名([实参列表]) 或 子过程名 [实参列表]
```

【例 10.12】 在前面讲述的宏对象中，宏操作 OpenForm 可用来打开一个指定的窗体。也可以编写一个打开指定窗体的子过程 MyOpenForm( )。实现代码如下：

```
Sub MyOpenForm(strFormName As String)  '参数为需要打开的窗体名称
    If strFormName="" Then
        MsgBox "必须指定打开窗体的名称！", VbCritical,"提示信息"
        Exit Sub                       '显示提示信息后，结束过程运行
    Exit If
    DoCmd.OpenForm strFormName         '打开指定窗体
End Sub
```

如果此时需要调用该子过程打开名为“学生成绩窗体”的窗体，只需在调用过程的位置使用调用语句：

```
Call MyOpenForm("学生成绩窗体")  或  MyOpenForm  "学生成绩窗体"
```

10.6.2 函数

Function 过程，又称函数过程。执行一系列操作以进行数据的运算，有返回值。定义格式如下：

```
Function 函数过程名([形参列表])[As 数据类型]
    程序代码
    函数过程名=表达式          '用于返回一个值
End Function
```

可以在函数过程名末尾使用一个类型声明标识字符或使用 As 子句来声明被这个函数过程返回值的数据类型。否则 VBA 将自动赋给该函数过程一个最合适的数据类型。

函数过程的调用形式只有一种：函数过程名（[实参列表]）。

由于函数过程会返回一个值，所以一般是将函数过程返回值作为赋值成分赋予某个变量，其格式为“变量=函数过程名 [实参列表]”。

【例 10.13】 编写一个求解圆面积的函数过程 Area( )。实现代码如下：

```
Function Area(R As Single) As Single   '返回一个单精度型值
    If R<=0 Then
        MsgBox "圆的半径必须是正数值！",VbCritical,"提示信息"
        Area=0                         '若圆半径<=0,设置函数过程返回 0 值
        Exit Function                  '结束过程运行
    End If
    Area=3.14*R*R                      '求半径为 R 的圆的面积 Area
End function
```

需要特别指出的是，函数过程可以被查询、宏等调用使用，因此在进行一些计算控件的设计中特别有用。

10.6.3 参数的传递方式

过程定义时可以设置一个或多个形参（形式参数的简称）。含参数的过程被调用时，主调过程中的调用语句必须提供相应的实参（实际参数的简称），并通过实参向形参传递数据的方式完成实参与形参的结合，然后执行被调过程体。

例如，当主过程 Test 执行到 swap 过程调用时，主过程中断，系统记住返回的地址，实参和形参结合（此时，形参 *a* 等于实参 *x*，形参 *b* 等于实参 *y*），如图 10.23 所示。执行完 swap 过程（运行到 End 或 Eixt Sub 语句）后，返回到主调程序 Test 中断处，继续执行后续语句。

在 VBA 中，实参与形参的结合有两种方法：传址（ByRef）和传值（ByVal）。其中传址又称引用，是默认的方法。

1. 传值的结合过程

当调用一个过程时，系统将实参的值复制给形参，实参与形参将断开联系。被调用过程中的操作是在形参自己的存储单元中进行的。当过程调用结束时，这些形参所占用的存储单元也同时被释放。因此，在过程体内对形参的任何修改不会影响到实参。

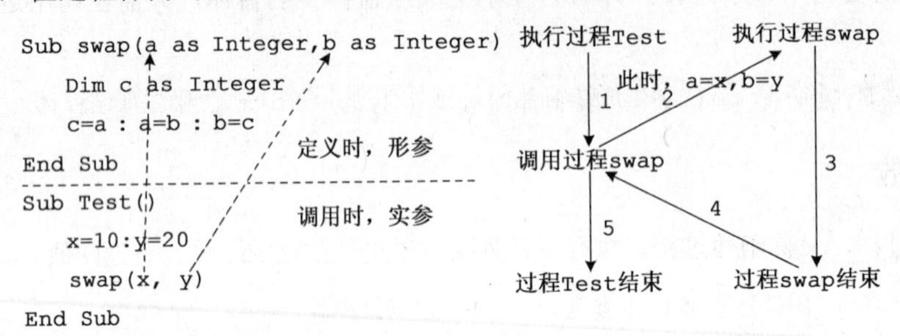

图 10.23 过程调用的过程

【例 10.14】 实现将实参以传值（ByVal）方式传递给形参，其中主调过程 Test( )，被调过程 GetData( )。

```
'主调过程
Sub Test()
    Val=5                                  '变量 Val 的初始值为 5
    Call GetData(Val)                      '调用过程，传递实参 Val
    MsgBox Val                             '实参 Val 的值的没有变化，还是 5
End Sub
'被调过程
Sub GetData(ByVal data As Integer)  '形参被说明为 ByVal 传值形式
    data=data+2
End Sub
```

当运行 Test( )过程，并调用 GetData( )后，执行 MsgBox Val 语句，会显示实参变量 Val 的值还是 5，没有发生任何的变化。即被调过程 GetData( )中形参 data 变化对主调用过程中的实参 Val 没有任何影响。

2. 传址的结合过程

当调用一个过程时，它将实参的地址传递给形参。此时，实参与形参指向同一个存储单元，因此在被调用过程中对形参的任何操作都会影响到实参，实参的值也会随之而改变。

【例 10.15】 实现将实参以传址（ByRef）方式传递给形参，其中主调过程 Test( )，被调过程 GetData( )。

```
'主调过程
Sub Test()
```

```
        Val=5                       '变量 Val 的初始值为 5
        Call GetData(Val)           '调用过程，传递实参 Val（实际上是的 Val 地址）
        MsgBox Val                  '实参 Val 的值发生变化，改变成了 7
    End Sub
    '被调过程
    Sub GetData(ByRef data As Integer)  '形参被说明为 ByRef 传址形式
        data=data+2
    End Sub
```

当运行 Test( )过程，并调用 GetData( )后，执行 MsgBox Val 语句，会显示实参变量 Val 的值已经变化为 7，即被调过程 GetData( )中形参 data 的值变为最后的值 7（=5+2）。

10.6.4　变量的作用域

一个应用程序可以包含多个模块，一个模块中可以包含很多个过程或变量，每个过程中也可以含有变量，那么这些变量能否通用呢？这就涉及了变量的作用范围，一个变量可被访问的范围就称为变量的作用域。

1．变量的作用域

变量的作用域取决于声明该变量的位置及方式。根据变量的作用域的大小，可将变量分为局部变量、模块级变量和全局变量。

（1）局部变量。

在过程内用 Dim 语句声明的变量为局部变量，它只能在本过程中使用，其他过程不可访问。当声明它的过程开始运行时，该变量开始存在，而当该过程停止运行时，则自动消亡。例如：

```
    Sub MySub()
    Dim Val As Integer              '此变量 Val 为此过程的局部变量
        …                           '此部分代码之中可用
    End Sub
```

（2）模块级变量。

模块级变量也称私有变量，它是在模块的通用声明段中用 Dim 或 Private 语句声明的变量。这样的变量，只能由它所在模块内的过程访问，而其他模块的过程是不能访问的。

例如：

```
    Private Sex As String*1
    Dim Name As String
    …                   '在本模块中都可用
```

（3）全局变量。

在模块开头的通用声明段中，使用 Public 关键字声明的变量为全局变量。全局变量可以由它所在的应用程序内的所有过程访问。例如：

```
    Public Val As Integer
```

当定义了某一名称的全局变量时，还可以在过程中定义同名的局部变量。此时，在此过程内部使用同名的变量时，默认使用的是局部变量，即局部变量优先。

【例 10.16】 在模块中先定义了一个全局变量 *x*，3 个子过程分别是 Test、*s*1 和 *s*2。其中，子

过程 *s*2 中也定义了一个名称为 *x* 的局部变量，故在程序运行过程中，子过程 *s*2 中修改的是该过程自己的局部变量 *x* 的值，对全局变量 *x* 没有任何的影响。

```
Public x integer          '定义全局变量
Sub Test ()
    x=10                  '此处是全局变量加 10
    Call s1
    Call s2
    MsgBox x              '打印全局变量：30
End Sub
Sub s1( )
    x=x+20                '此处是全局变量加 20
End Sub
Sub s2()
    Dim x As Integer      '定义局部变量
    x=x+20                '此处是局部变量加 20
End Sub
```

2. 静态变量

除了使用 Public、Private 和 Dim 关键字声明变量外，VBA 还提供了 Static 关键字，用以声明静态变量。静态变量在程序运行过程中可保留变量的值，也就是每次调用过程时，用 Static 声明的变量都会保持原来的值，而用 Dim 说明是声明变量，每次调用过程时都会重新初始化。

用 Static 声明静态变量的形式如下：

```
Static 变量名 [As 类型]
```

若在过程前加 Static，表示该过程内的局部变量都是静态变量。其形式如下：

```
Static Sub 过程名 [(参数列表)]
```

【例 10.17】 编写一个测试过程 Test，左边的例子中为局部变量的情况，而右边的例子中为局部静态变量的情况。则各自连续调用 3 次时，打印的结果如下所示。

```
'局部变量的例子
Public Sub Test()
    Dim 计数 As Integer
    计数=计数+1
    MsgBox 计数
End Sub
Call Test   '结果为 1
Call Test   '结果为 1
Call Test   '结果为 1
```

```
'局部静态变量
Public Sub Test()
    Static 计数 As Integer
    计数=计数+1
    MsgBox 计数
End Sub
Call Test   '结果为 1
Call Test   '结果为 2
Call Test   '结果为 3
```

3. 过程的作用域

与变量的作用域类似，过程也有其作用范围。在 VBA 中，过程的作用域分为模块级和全局级。

（1）模块级过程。

模块级过程是在定义过程时，在 Sub 或 Function 过程前加 Private，它只能被本模块中定义的过程调用。 例如：

```
Private Sub Test()
    '过程代码
End Sub
```

（2）全局级过程。

在标准模块中定义的过程，被默认是全局的，也可加 Public 进行显式说明，它能被应用程序中的所有模块中的过程调用。例如：

```
Public Sub Test()
    '过程代码
End Sub
```

习　题　10

一、选择题

1．执行下列代码后，消息框的输出结果是（　　）。

```
A=75
If A>60 Then I=1
If A>70 Then I=2
If A>80 Then I=3
If A>90 Then I=4
MsgBox  I
```

A．1　　B．2　　C．3　　D．4

2．执行下列代码后，消息框的输出结果是（　　）。

```
s="ABBACDDCBA"
For I=6 To 2 Step -2
    x=Mid(s,I,I)
    y=Left(s,I)
    z=Right(s,I)
    z=x & y & z
Next  I
MsgBox  z
```

A．AABAAB　　B．ABBABA　　C．BABBA　　D．BBABBA

3．假定有以下循环结构：

```
Do Until 条件
    循环体
Loop
```

则正确的叙述是（　　）。

A．如果“条件”值为 0，则一次循环体也不执行

B．如果“条件”值为 0，则至少执行一次循环体

C．如果“条件”值不为 0，则至少执行一次循环体

D．不论“条件”是否为“真”，至少要执行一次循环体

4．执行下列代码后，消息框的输出结果是（　　）。

```
Dim a(10,10)
    For m=2 To 4
       For n=4 To 5
         a(m,n)=m*n
       Next n
    Next m
    MsgBox a(2,5)+a(3,4)+a(4,5)
```

A．22　　B．32　　C．42　　D．52

5．语句 Dim NewArray(10) As Integer 的含义是（　　）。

A．定义了一个整型的变量且初值为 10　B．定义了 10 个整数构成的数组

C．定义了 11 个整数构成的数组　D．将数组的第 10 元素设置为整型

6．标准模块和类模块的主要区别是（　　）。

A．只是作用范围　B．只是生命周期

C．作用范围和生命周期　D．以上都不对

7．设有如下程序：

```
Private Sub Commandl_Click()
Dim Sum As Double, x As Double
Sum=0
n=0
For i=1 To 5
    x=n/i
    n=n +1
    Sum=Sum+x
Next i
End Sub
```

该程序通过 For 循环来计算一个表达式的值，这个表达式是（　　）。

A．1+1/2+2/3+3/4+4/5　B．1+1/2+1/3+1/4+1/5

C．1/2+2/3+3/4+4/5　D．1/2+1/3+1/4+1/5

8．下列 Case 语句中错误的是（　　）。

A．Case 0 To 10　B．Case Is>10

C．Case Is>10 And Is<50　D．Case3,5,Is>10

二、填空题

1．设有如下代码：

```
x=1
do
   x=x+2
Loop Until ________
```

运行程序，要求循环体执行 3 次后结束循环，在空白处填入适当诗句。

2．在窗体中添加一个命令按钮（名称为 Command1），然后编写如下代码：

```
Private Sub Command1_Click( )
Dim b,k
    For k=1 to 6
        b=23+k
    Next k
    MsgBox b+k
End Sub
```

窗体打开运行后，3 次单击命令按钮，消息框的输出结果是________。

3．在使用 Dim 语句定义数组时，在缺省情况下数组下标的下限为________。

4．在窗体上添加一个名称为 Command1 的命令按钮，然后编写如下程序：

```
Private Sub s(ByVal p As Integer)
    P=p*2
End Sub
Private Sub Command1_Click()
    Dim i As Integer
    i=3
    Call s(i)
    If I>4 Then i=i^2
    MsgBox i
End Sub
```

窗体打开运行后，单击命令按钮，消息框的输出结果为________。

5．在窗体上有一个命令按钮 Commandl，编写事件代码如下：

```
Private Sub Command1_Click()
    Dim a(10), p(3) As Integer
        k=5
    For i=1 To 10
        a(i)=i*i
    Next i
    For i=1 To 3
        p(i)=a(i*i)
    Next i
    For i=1 To 3
        k=k+p(i)*2
    Next i
    MsgBox k
End Sub
```

打开窗体运行后，单击命令按钮，消息框中输出的结果是________。

6．以下程序的功能是在立即窗口中输出 100～200 所有的素数，并统计输出素数的个数。请在程序空白处填入适当的语句，使程序可以完成指定的功能。

```
Private Sub Command2_Click()
    Dim i%, j%, k%, t%              't 为统计素数的个数
    Dim b As Boolean
    For i=100 To 200
        b=True
        k=2
        j=Int(Sqr(i))
            Do While k<=j And b
                If i Mod k=0 Then
                b=__________
            End If
            k=__________
        Loop
        If b=True Then
            t=t+1
            Debug.Print i
        End If
    Next i
    Debug.Print "t=" & t
End Sub
```

三、程序设计题

1. 从键盘上任意输入 10 个整数，实现从小到大的排序，并显示出来。

2. 设计一个计算竞赛评分程序。要求输入 10 位评委的成绩，去掉一个最高分和一个最低分，计算平均分。

第 11 章　VBA 高级编程

在掌握了 VBA 编程基础之后，本章继续讲述 VBA 编程的一些高级话题，主要涉及 VBA 的对象模型、事件处理、数据库编程和调试技术。

11.1　VBA 对象模型

VBA 应用程序是由很多对象组成的，如窗体、标签、命令按钮等。对象就是帮助构造应用程序的元素，以特定的方式组织这些对象或元素，就形成了应用程序。

11.1.1　Access 对象

VBA 是面向对象的编程语言，用户能够创建一个完整的对象，它同时包含数据和对这些数据进行的操作，以及创建对象之间的关系。

为了能够在程序中对具体数据库进行操作和管理，Access 提供了一整套数据库的对象。每个对象都有各自的属性、方法和事件。通过这些对象的方法和属性就可以完成对数据库的全部操作，包括数据库的建立、表的建立与删除、记录的查询及修改等。

在利用对象对数据库进行管理和操作时，根对象是 Access 内部支持的，不需要声明就可以使用。在 VBA 代码中访问对象，必须从根对象开始，逐步取其子对象，直到需要访问的对象。表 11.1 中列出了 Access 中常用的根对象。

表 11.1　Access 常用的根对象

对　象　名	说　　明
Application	应用程序，即 Access 环境
DBEngine	数据库管理系统，表对象、查询对象、记录对象、字段对象等都是它的子对象
Debug	立即窗口对象，在调试阶段可用其 Print 方法在立即窗口显输出信息
Forms	所有处于打开状态的窗体所构成的对象
Reports	所以处于打开状态的报表所构成的对象
Screen	屏幕对象
DoCmd	使用此对象可以在 VBA 代码中执行宏操作

例如，Forms 对象是一个集合对象，它包含 Access 数据库中当前打开的所有 Form 对象。为了引用某个窗体，需要使用下面的语法：

```
Forms!FormName
```

其中，FormName 是需要访问窗体的名称。如果窗体的名称包含空格，就需要像下面这样把 FormName 放在方括号内：

```
Forms![FormName]
```

每个 Form 对象都有一个 Controls 集合，其中包含该窗体上的所有控件，如命令按钮、文本框等。要引用窗体上的控件，可以显式或隐式地引用 Controls 集合，如要引用“登录窗体”上名为“用户名”的控件，可写成：

```
Forms!登录窗体!用户名                    '隐式引用
Forms!登录窗体.Controls!用户名           '显式引用
```

11.1.2 对象的属性

每个对象都有许多属性，属性就是用来描述和反映对象相关状态的。例如，一个汽车对象的属性包括颜色（银色）、门（4 个）和汽缸（4 个）。一个对象的有些属性能很容易被改变。如果想改变汽车的颜色，只要找一个汽车零配商并选取另一种颜色。然而，不能轻易地改变汽车门的数量（可以把它卸下来，但这样一来就不再是一个完整的车了）。不更换引擎，不可以更改汽缸的数量。

VBA 里的对象也有相关的属性，有些可以改变（可读写的），而有些则不可以改变（只读的）。例如，一个文本框的名称、颜色、字体、是否可见等属性，决定了该控件展现给用户的外观及功能。

在设计视图中，可以通过属性窗口直接设置对象的属性。而在程序代码中，则要通过赋值的方式来设置对象的属性，其格式为：

```
对象.属性名=属性值
```

例如，将一个标签（名称为 UserNameLable1）的 Caption 属性赋值为字符串“用户名”，其在程序代码中的书写形式为：

```
UserNameLable1.Caption="用户名"
```

需要注意的是，在 VBA 中，控件对象都是属于某一窗体或某一报表的，不能单独存在。因此，在访问窗体或报表中控件的属性时，必须遵循如下的规则。

（1）如果在类模块中访问本窗体或本报表中的控件，其对应的形式为：

```
Me!控件名称.属性名称
```

此时 Me 代表本窗体的含义。也可以省略 Me，写成：

```
控件名称.属性名称
```

（2）如果是访问其他窗体或报表中的控件，其对应的形式为：

```
Forms!窗体名称!控件名称.属性名称
```

或者

```
Reports!报表名称!控件名称.属性名称
```

11.1.3 对象的方法

对象属性描述了对象的相关状态，而对象方法指明了用这个对象可以进行的动作。当用户在汽车里时，可以执行对引擎的起动方法、停止方法、对变速器的变速方法等。所有这些方法都会让某些事情发生，如启动、停止和加速等。

VBA 里的对象也有相应的方法。事实上，方法是一些系统封装起来的通用过程和函数，可方便用户的调用。对象方法的调用格式为：

```
[对象.]方法名称 [参数名表]
```

在 VBA 编程中，用得比较多的是 DoCmd 对象的一些方法。使用 DoCmd 对象的方法，可以在 VBA 代码中执行 Access 的宏操作，如执行打开窗体（OpenForm）、关闭窗体（Close）等。例如，使用 DoCmd 的 OpenForm 方法打开“学生登录窗体”窗体的语句为：

```
    DoCmd.OpenForm  "学生登录窗体"
```

DoCmd 对象的大多数方法都有参数，其中有些参数是必需的，有些则是可选的。如果忽略可选的参数，则这些参数将被设定为相应方法的默认值。

11.1.4　对象的事件

对于对象而言，事件就是发生在该对象上的事情或消息。系统为每个对象预先定义好了一系列的事件，如 Click（单击）、DblClick（双击）等。

当对象发生了事件后，应用程序就要处理这个事件，而处理的步骤就是事件过程。事件过程是针对某一对象的事件过程，并与该对象的一个事件相联系的。VBA 的主要工作就是为对象编写事件过程中的程序代码，如单击 Command1 命令按钮，使用户名标签（UserNameLabel）的字体颜色变为红，对应的事件为：

```
Private Sub Command1_Click ( )
    UserNameLabel.ForeColor=255
End Sub
```

当用户对一个对象发出一个动作时，可能同时在该对象上发生多个事件。例如，单击鼠标，同时发生了 Click、MouseDown 和 MouseUp 事件。在编写程序时，并不要求对这些事件都进行编写代码，只需要对感兴趣的事件过程编码，没有编码的为空事件过程，系统也就不处理该事件过程。

11.2　VBA 事件处理

日常生活中人们之间的大部分交互是通过事件和对事件的响应这种形式进行的，如电话铃响时拿起电话，电话铃响就是事件，而拿起电话的动作就是对事件的响应。VBA 程序也是以事件驱动的方式运行的，即通过对用户事件的响应来运行，而非按照某种固定的时序来执行。本节主要讲述 VBA 编程中涉及的各种事件及其事件处理的实现。

11.2.1　常用的事件

Access 事件可以分为七类：窗体或报表事件、键盘事件、鼠标事件、焦点事件、数据事件、打印事件、错误与定时事件。下面主要介绍鼠标事件、焦点事件、键盘事件、窗体事件和控件事件。

1．鼠标事件

鼠标事件是一种非常常见的事件，既可以作用于窗体上，也可以作用于控件上。

（1）Click。

当用户在一个对象（窗体或控件）上按下然后释放鼠标按键时，Click 事件发生。

（2）DblClick。

DblClick 是 Double Click（双击鼠标）的缩写，当用户在系统双击时间限度内，在一个对象上按下并释放鼠标左键两次，DblClick 事件发生。

（3）MouseDown、MouseUP、MouseMove。

当用户按下鼠标按键时 MouseDown 事件发生；当用户释放鼠标按键时 MouseUp 事件将发生；用户移动鼠标时 MouseMove 事件发生。

在窗体上移动鼠标时，MouseMove 事件每秒可以触发多次，因此，建议不要在此事件过程中编写任何复杂的计算。

2. 焦点事件

焦点事件包含有 LostFocus 事件和 GotFocus 事件。

GotFocus 事件在窗体或控件获得焦点时发生。而 LostFocus 事件在窗体或控件失去焦点时发生。

控件只有在它的“可见性”（Visible）属性和“可用”（Enabled）属性都设置为“是”时才能获得焦点。而窗体只有在它没有控件或所有可见的控件都失效时，才能获得焦点。如果窗体包含了任何可见的、有效的控件，则窗体的 GotFocus 事件不会发生。

3. 键盘事件

在 VBA 窗体中，键盘的输入是针对当前聚焦的窗体或控件。如果当前窗体中有得到焦点的控件，则键盘事件是作用到此控件上，否则键盘事件是作用到当前窗体上。故键盘事件既可以是窗体事件，也可以是控件事件，有 KeyPress、KeyDown 和 KeyUp 三个不同的事件。

（1）KeyPress。

KeyPress 事件发生在当窗体或控件获得焦点，然后用户按下并释放一个对应 ANSI 代码的键或组合键时。KeyPress 事件可用于捕获用户按过的键，这使程序能够逐字节监视用户的输入，以便立即测试击键是否有效，或者在键入字符时设定其格式。

（2）KeyDown 和 KeyUp。

使用 KeyDown 和 KeyUp 事件可以捕获没有 ASCII 值的击键，如光标键、功能键、编辑键和导航键。对于具有焦点的控件或窗体，用户每次按包括【Shift】、【Ctrl】和【Alt】键在内的键时，将触发此事件。当用户释放按住的键时，KeyUp 事件将发生。

如果按住一个键不放，KeyDown 和 KeyPress 事件将交替重复发生（KeyDown、KeyPress、KeyDown、KeyPress 以此类推），直到键释放，然后 KeyUp 事件才发生。

4. 窗体事件

在 VBA 窗体上，除了上述的鼠标事件、焦点事件和键盘事件外，还有很多其他的事件。常见的事件有 Open、Load、Unload、Close 和 Timer 等。

（1）Open。

在窗体已打开，但第一条记录尚未显示时，Open 事件发生。在窗体的 Open 事件发生时，通过运行宏或事件过程可以关闭另一个窗口，或者将焦点移到窗体中某一特定的控件上。

（2）Load。

窗体打开并且显示其中记录时 Load 事件发生。通过在窗体的 Load 事件发生时运行宏或事件过程，可以指定控件的默认设置，也可以显示取决于窗体记录中数据的计算数据。

首次打开窗体时，先发生 Open 事件而后发生 Load 事件。

（3）Unload 事件。

Unload 事件发生在窗体被关闭之后，但从屏幕上删除之前。通过在窗体的 Unload 事件发生时运行宏或事件过程，可以验证窗体是否应该卸载，也可以指定在窗体卸载时应该发生的操作。

（4）Close 事件。

当窗体或报表被关闭并从屏幕删除时，Close 事件发生。Close 事件在 Unload 事件之后发生。

（5）Timer 事件。

VB 中提供 Timer 时间控件可以实现“定时”功能。但 VBA 并没有直接提供 Timer 时间控件，而是通过设置窗体的“计时器间隔”（TimerInterval）属性与添加“计时器触发”（Timer）事件来完成类似“定时”功能。

计时器事件的处理过程是：Timer 事件每隔 TimerInterval 时间间隔就会被激发一次，并运行 Timer 事件过程来响应。这样重复不断，即实现“定时”处理功能。

5．控件事件

VBA 窗体中的控件，除了上述的鼠标事件、焦点事件和键盘事件外，也有很多其他的事件，并且不同的控件，事件也各不相同。在实际应用中，可以参考 VBA 帮助文档。

（1）BeforeUpdate 事件和 AfterUpdate 事件。

对于大多数可编辑内容的控件，如文本框控件、组合框控件、选项组控件等，在控件中的数据被改变或记录被更新之前发生 BeforeUpdate 事件，在控件中的数据被改变或记录被更新之后发生 AfterUpdate 事件。

BeforeUpdate 事件带有一个参数 Cancel，用来设置确定是否发生 BeforeUpdate 事件。将 Cancel 参数设为 True（–1）可取消 BeforeUpdate 事件。

通常使用 BeforeUpdate 事件来验证数据的有效性，特别是在运行复杂的有效性检验的情况，如一个窗体上有多个值的情况、对不同的输入数据显示不同的错误消息。

（2）Change 事件。

当文本框或组合框中文本部分的内容更改时，Change 事件发生。在选项卡控件中从一页移到另一页时，该事件也会发生。在 Change 事件发生时，通过运行宏或事件过程，可以调整控件中的数据显示。

11.2.2　事件处理代码

在 Access 数据库系统里，可以通过两种方式来实现窗体、报表或控件的事件响应。一是使用宏对象来设置事件属性；二是为某个事件编写 VBA 代码过程，完成指定动作，这样的代码过程称为事件过程或事件响应代码。

对于窗体事件而言，其事件过程代码的形式为：

```
Private Sub Form_事件名称( )
    '事件处理代码
End Sub
```

而对于控件事件而言，其事件过程代码的形式为：

```
Private Sub 控件名称_事件名称( )
    '事件处理代码
End Sub
```

在 VBA 编程环境中，可以在打开窗体或控件的“属性表”窗口后，单击“事件”选项卡，单击相应的事件后面的“…”按钮，会打开“选择生成器”对话框，选中“代码生成器”就可以打开事件过程编写窗口，如图 11.1 所示。

【例 11.1】 演示在窗体上显示的数字时钟。一个标签控件根据计算机系统时钟显示当前时间。操作步骤如下。

（1）创建窗体 test，并在其上添加一个命名为“Clock”的标签。

（2）打开窗体“属性表”窗口，设置“计时器间隔”属性值为“1000”，并选择“计时器触发”

属性为“[事件过程]”，如图 11.2 所示。单击其后的“…”按钮，进入 Timer 事件过程编辑环境编写事件代码。

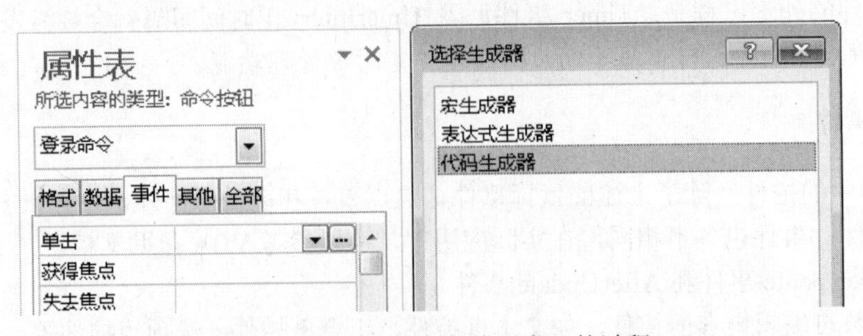

图 11.1　打开事件过程编写窗口的过程

注意：“计时器间隔”属性值以毫秒为计量单位，故输入 1000 表示间隔为 1 秒。

（3）设计 test 窗体 Timer 事件。

```
Private Sub Form_Timer()
    Clock.Caption=Time()          '每隔 1 秒，更新显示时间
End Sub
```

运行测试，如图 11.3 所示。“计时器间隔”属性值也可以安排在代码中进行动态设置（TimerInterval=1000）。而且可以通过设置“计时器间隔”属性值为 0（TimerInterval=0）来终止 Timer 事件继续发生。

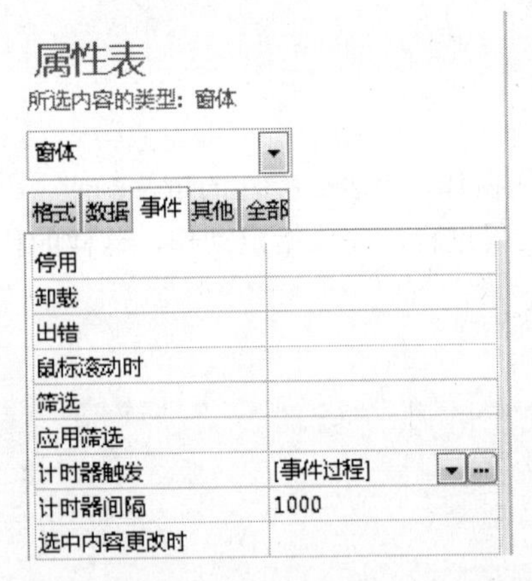

图 11.2　设置计时器的间隔和计时器事件

图 11.3　计时器的运行效果图

11.2.3　常用的属性

在 VBA 的事件处理代码中，经常涉及对窗体或控件属性的操作。窗体或控件的这些属性，既可以在设计视图的“属性表”窗口中直接设置，也可以在 VBA 代码中编程设置。但在 VBA 代码中，应采用“对象.英文属性名”的方式进行操作。下面列出常用的窗体与控件的相关属性，更多的属性可以参考 VBA 帮助文档。

1. 常用控件的属性

在 VBA 的所有控件中，分成结合型的控件和非结合型的控件，如标签和命令按钮之类的为非结合型的控件，而文本框、组合框之类的为结合型的控件。对于结合型的控件，具有“控件来

源”属性，无“标题”属性。而对于非结合型的控件，刚好相反。在实际应用时，可参考 VBA 帮助文档。常用的控件属性如表 11.2 所示。

表 11.2　常用控件的属性

编　号	属性中文名	属性英文名	值 类 型
1	标题	Caption	字符串
2	名称	Name	字符串
3	控件来源	ControlSource	字符串（表名、查询名或 SQL 语句）
4	可见性	Visible	是/否型：True 或 False
5	可用	Enabled	是/否型：True 或 False
6	背景颜色	BackColor	Long 型
7	前景颜色	ForeColor	Long 型
8	文本对齐	TextAlign	1：左对齐；2：居中；3：右对齐
9	字体名称	FontName	字符串
10	字体大小	FontSize	数值
11	左边距	Left	数值
12	上边距	Top	数值
13	宽度	Width	数值
14	高度	Height	数值

对于组合框和列表框而言，数据来源不是控件来源，而是行来源（RowSource）。配合使用 RowSourceType 属性以告知 Access 如何为列表框、组合框提供数据。两者之间的对应情况如表 11.3 所示。

表 11.3　RowSourceType 属性值

RowSourceType 属性	RowSource 属性
表/查询	表名称、查询名称或 SQL 语句
值列表	以分号“；”作为分隔符的数据项列表
字段列表	表名称、查询名称或 SQL 语句中的字段名组成的列表

2．常用窗体的属性

常用窗体的属性如表 11.4 所示。

表 11.4　常用窗体的属性

编　号	属性中文名	属性英文名	值 类 型
1	标题	Caption	字符串
2	名称	Name	字符串
3	记录源	RecordSource	字符串（表名、查询名或 SQL 语句）
4	默认视图	DefaultView	0：单一窗口；1：连续窗体；2：数据表
5	允许分隔线	DividingLines	是/否型：True 或 False
6	最大最小化按钮	MinMaxButtons	0：无；1：最大化；2：最小化；3：两者都有
7	关闭按钮	CloseButton	是/否型：True 或 False
8	浏览按钮	NavigationButtons	是/否型：True 或 False
9	滚动条	ScrollBars	0：二者均无；1：只垂直；2：只水平；3：二者都有

11.2.4 常用的操作方法

在 VBA 事件过程中会经常用到一些操作。例如，打开或关闭某个窗体和报表、给某个变量输入一个值、根据需要显示一些提示信息、对控件输入数据进行验证或实现一些“定时”功能（如动画）等。这些功能都可以使用 VBA 的输入框、消息框及计时事件 Timer 等来完成。

1. 打开和关闭窗体

一个程序中往往包含多个窗体，可以用代码的形式打开这些窗体，从而形成完整的程序结构。

（1）打开窗体操作。

打开窗体的命令格式为：

```
DoCmd.OpenForm formname[,view][,filtername][,wherecondition][,datamode]
[,windowmode]
```

OpenForm 操作的参数说明如表 11.5 所示。

表 11.5 OpenForm 各参数的含义

参　数	说　明
Formname	字符串表达式，代表窗体的有效名称
view	下列固有常量之一： acDesign，acFormDS，acNormal（默认值），acPreview
filtername	字符串表达式，代表过滤查询的有效名称
wherecondition	字符串表达式，不包含 WHERE 关键字的有效 SQL WHERE 子句
datamode	下列固有常量之一： acFormAdd，acFormEdit，acFormPropertySettings（默认值），acFormReadOnly
windowmode	下列固有常量之一： acDialog，acHidden，acIcon，acWindowNormal（默认值）

其中的 filtername 与 wherecondition 两个参数用于对窗体的数据源数据进行过滤和筛选；windowmode 参数则规定窗体的打开形式。

例如，以对话框形式打开“学生信息登录窗体”窗体的语句为：

```
DoCmd.OpenForm "学生信息登录窗体",,,,,acDialog
```

注意：参数值可以省略（此时取缺省值），但分隔符“,”不能省略。

（2）关闭窗体操作。

关闭窗体的命令格式为：

```
DoCmd.Close [objecttype,objectname],[save]
```

Close 操作的参数说明如表 11.6 所示。

表 11.6 Close 各参数的含义

参　数	说　明
objecttype	下列固有常量之一： acDataAccessPage，acDefault（默认值），acDiagram，acForm，acMacro，acModule，acQuery，acReport，acServerView，acStoredProcedure，acTable
objectname	字符串表达式，代表有效的对象名称
save	下列固有常量之一： acSaveNo，acSavePrompt（默认值），acSaveYes

实际上，由 DoCmd.Close 命令参数看到，该命令可以广泛用于 Access 各种对象的关闭操作。省略所有参数命令（DoCmd.Close）可以关闭当前窗体。

例如，关闭名为“学生信息登录窗体”窗体的语句为：

```
DoCmd.Close acForm,"学生信息登录窗体"
```

如果“学生信息登录窗体”就是当前窗体，则可以使用语句：

```
DoCmd.Close
```

2. 打开和关闭报表

报表的打开与关闭也是 Access 应用程序中的常用的操作。VBA 也就此提供了两个操作命令：打开报表 DoCmd.OpenReport 和关闭报表 DoCmd.Close。

（1）打开报表操作。

命令格式为：

```
DoCmd.OpenReport reportname[,view][,filtername][,wherecondition]
```

OpenReport 操作的参数说明如表 11.7 所示。

表 11.7 OpenReport 各参数的含义

参　数	说　明
reportname	字符串表达式，代表报表的有效名称
view	下列固定常量之一： acViewDesign，acViewNormal（默认值），acViewPreview
filtername	字符串表达式，代表当前数据库中查询的有效名称
wherecondition	字符串表达式，不包含 WHERE 关键字的有效 SQL WHERE 子句

其中的 filtername、wherecondition 两个参数用于对报表的数据源数据进行过滤和筛选，view 参数则规定报表以预览还是打印机等形式输出。

例如，预览名为“学生成绩报表”报表的语句为：

```
DoCmd.OpenReport "学生成绩报表",acViewPreview
```

（2）关闭报表操作。

关闭报表操作也可以使用 DoCmd.Close 命令来完成。

例如，关闭名为“学生成绩报表”报表的语句为：

```
DoCmd.Close acReport, "学生成绩报表"
```

3. 输入框

输入框（InputBox）用于在一个对话框中显示提示，等待用户输入正文并按下按钮、返回包含文本框内容的数据信息。在 VBA 中是以函数调用形式使用的，其使用格式如下：

```
InputBox(prompt[,title][,default][,xpos][,ypos][helpfile,context])
```

InputBox 函数的参数说明如表 11.8 所示。

例如，若要输入学生的性别信息，可用调用语句：

```
strSex=InputBox("请输入学生的性别","输入提示信息","男")
```

则运行时显示的结果如图 11.4 所示。

表 11.8　InputBox 各参数的含义

参　　数	说　　明
prompt	必需的。提示字符串，最大长度大约是 1024 个字符。如包含多个行，则可在各行之间用回车符[Chr(13)]，换行符[Chr(10)]或回车与换行的组合[Chr(13)&Chr(10)]来分隔
title	可选的。显示对话框中的字符串表达式。如果省略 title，则把应用程序名放入标题栏中
default	可选的。显示文本框中的字符串表达式，在没有其他输入时作为缺省值。如果省略 default，则文本框为空
xpos	可选的。指定对话框的左边与屏幕左边的水平距离。如果省略 xpos，则对话框会在水平方向居中
ypos	可选的。数值表达式，成对出现，指定对话框的上边与屏幕上边的距离。如果省略 ypos，则对话框被放置在屏幕垂直方向距下边大约 1/3 的位置
helpfile	可选的。字符串表达式，识别帮助文件，用该文件为对话框提供上下文相关的帮助。如果已提供 helpfile，则也必须提供 context
context	可选的。数值表达式，由帮助文件的作者指定给某个帮助主题的帮助上下文编号。如果已提供 context，则也必须要提供 helpfile

图 11.4　InputBox 显示结果

4．消息框

消息框（MsgBox）用于在对话框中显示消息，等待用户单击按钮，并返回一个整型值告诉用户单击了哪一个按钮。在 VBA 中也是以函数调用形式使用的，其使用格式如下：

```
MsgBox(prompt[,buttons][,title][,helpfile,context])
```

MsgBox 的参数说明如表 11.9 所示。

表 11.9　MsgBox 各参数的含义

参　　数	说　　明
prompt	必需的。显示在对话框中的消息，最大长度约为 1024 个字符。如包含多个行，可以在每一行之间用回车符[Chr(13)]，换行符[Chr(10)]或回车与换行的组合[Chr(13)&Chr(10)]将各行分隔开来
buttons	可选的。指定显示按钮的数目及形式、使用的图标样式、缺省按钮是什么，以及消息框的强制回应等。如果省略，则 buttons 的缺省值为 0
title	可选的。在对话框标题栏中显示的字符串表达式。如果省略 title，则将应用程序名放在标题栏中
helpfile	可选的。字符串表达式，识别用来向对话框提供上下文相关的帮助文件。如果提供了 helpfile，则也必须提供 context
context	可选的。数值表达式，由帮助文件的作者指定给适当的帮助主题的帮助上下文编号。如果提供了 context，则也必须提供 helpfile

在 MsgBox 中还可以显示一些图标信息，如提问等，不同的图标信息和按钮可以使用“+”号连接起来共同显示。常见的按钮信息如表 11.10 所示，而常见的图标信息如表 11.11 所示。

例如，要求用户确认删除数据的对话框，可调用如下代码：

```
MsgBox "确实要删除数据吗？",VbCritical+VbYesNo,"删除提示信息"
```

则运行时显示的结果如图 11.5 所示。

表 11.10　MsgBox 的按钮信息

按 钮 值	说　明
VbOKOnly	只显示 OK 按钮
VbOKCancel	显示 OK 和 Cancel 按钮
VbAbortRetryIgnore	显示 Abort、Retry 和 Ignore 按钮
VbYesNoCancel	显示 Yes、No 和 Cancel 按钮
VbYesNo	显示 Yes、No 按钮
VbRetryCancel	显示 Retry 和 Cancel 按钮

表 11.11　MsgBox 的图标信息

按 钮 值	说　明
VbCritical	显示 Critical Message 图标
VbQuestion	显示 Warning Query 图标
VbExclamation	显示 Warning Message 图标
VbInformation	显示 Information Message 图标

5. VBA 验证数据函数

使用窗体和数据访问页保存记录数据时，所做的更改都会保存到数据库的相应表中。在控件中的数据被改变之前或记录数据被更新之前会发生 BeforeUpdate 事件。通过创建窗体或控件的 BeforeUpdate 事件过程，可以实现对输入到窗体控件中的数据进行各种验证，如数据类型验证、数据范围验证等，以保证保存数据的合法性。

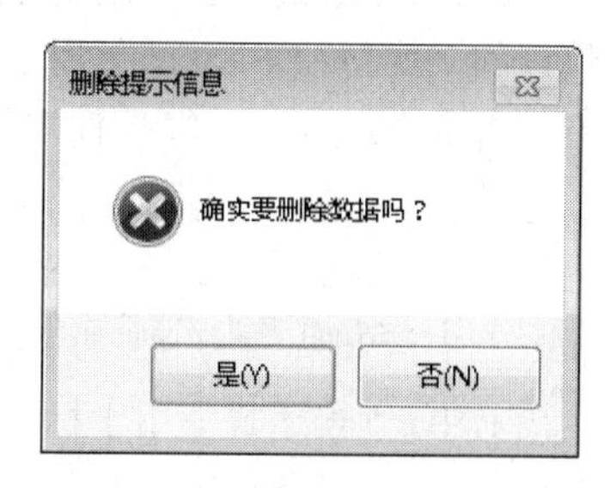

图 11.5　MsgBox 显示结果

在进行控件输入数据验证时，VBA 提供了一些相关函数来帮助进行验证。常用的验证函数如表 11.12 所示。

表 11.12　VBA 常用的验证函数

函 数 名 称	返 回 值	说　明
IsNumeric	Boolean	指出表达式的运算结果是否为数值。返回 True，为数值
IsDate	Boolean	指出一个表达式是否可以转换成日期。返回 True，为转换
IsNull	Boolean	指出表达式是否为无效数据。返回 True，无效数据
IsEmpty	Boolean	指出变量是否已经初始化。返回 True，未初始化
IsArray	Boolean	指出变量是否为一个数组。返回 True，为数组
IsError	Boolean	指出表达式是否为一个错误值。返回 True，有错误
IsObject	Boolean	指出标识符是否表示对象变量。返回 True，为对象

【例 11.2】 对名为“学生信息窗体”窗体中的文本框控件 txtAge 中输入的学生年龄数据进行验证。要求：该文本框中只接受 14～22 的数值数据，提示取消不合法数据。

添加该文本控件的 BeforeUpdate 事件过程代码如下：

```
Private Sub txtAge_BeforeUpdate(Cancel As Integer)
    If Me!txtAge="" Or IsNull(Me!txtAge) Then   '数据为空时的验证
        MsgBox "年龄不能为空！",VbCritical,"警告信息"
        Cancel=True                              '取消 BeforeUpdate 事件
    ElseIf IsNumeric(Me!txtAge)=False Then       '非数值数据输入的验证
        MsgBox "年龄必须输入数值数据！",VbCritical,"警告信息"
        Cancel=True                              '取消 BeforeUpdate 事件
    ElseIf Me!txtAge<14 Or Me!txtAge>22 Then     '非法数据输入的验证
        MsgBox "年龄为 14～22 范围的数据！",VbCritical,"警告信息"
        Cancel=True                              '取消 BeforeUpdate 事件
    Else                                         '数据验证通过
        MsgBox "数据验证 OK！",VbInformation,"通知信息"
```

```
    End If
End Sub
```

注意：控件的 BeforeUpdate 事件过程是有参过程。通过设置其参数 Cancel，可以决定是否取消 BeforeUpdate 事件。若将 Cancel 参数设置为 True，将取消 BeforeUpdate 事件。

6．访问数据库的函数

在 VBA 中，为了方便用户访问数据库中的数据，提供了几个数据库访问函数。

（1）DCount 函数、DAvg 函数和 DSum 函数。

DCount 函数用于返回指定记录集中的记录数；DAvg 函数用于返回指定记录集中某个字段列数据的平均值；DSum 函数用于返回指定记录集中某个字段列数据的和。它们均可以直接在 VBA、宏、查询表达式或计算控件中使用。调用格式：

```
DCount(表达式,记录集[,条件式])
DAvg(表达式,记录集[,条件式])
DSum(表达式,记录集[,条件式])
```

其中，“表达式”用于标识统计的字段；“记录集”是一个字符串表达式，可以是表的名称或查询的名称；“条件式”是可选的字符串表达式，用于限制函数执行的数据范围。“条件式”一般要组织成 SQL 表达式中的 WHERE 子句，只是不含 WHERE 关键字，如果忽略，函数在整个记录集的范围内计算。

例如，在一个文本框控件中显示“教师”表中男教师的人数。

设置文本框控件的“控件来源”属性为以下表达式：

```
=DCount("编号","教师","性别='男'")
```

例如，在一个文本框控件中显示“教工”表中教工的平均工资。

设置文本框控件的“控件来源”属性为以下表达式：

```
=DAvg ("工资","教工")
```

（2）DLookup 函数。

DLookup 函数是从指定记录集里检索特定字段的值。它可以直接在 VBA、宏、查询表达式或计算控件中使用，而且主要用于检索来自外部表（而非数据源表）字段中的数据。调用格式：

```
DLookup(表达式, 记录集[, 条件式])
```

其中，“表达式”用于标识需要返回其值的检索字段；“记录集”是一个字符串表达式，可以是表的名称或查询的名称；“条件式”是可选的字符串表达式，用于限制函数的检索范围。“条件式”一般组织成 SQL 表达式中的 WHERE 字句，只是不含 WHERE 关键字，如果忽略，函数在整个记录集的范围内查询。

如果有多个字段满足“条件式”，DLookup 函数将返回第一个匹配字段所对应的检索字段值。

例如，试根据窗体上的一个文本框控件（名为 tNum）中输入的课程编号，将“课程表”里对应的课程名称显示在另一个文本框控件（名为 tName）中。

添加以下窗体事件过程即可：

```
Private Sub tNum_AfterUpdate()
    Me!Name=DLookup("课名","课程","课号='"  & Me!tNum & "'")
End Sub
```

11.2.5　事件处理实例

【例 11.3】 实现一个学生成绩查询系统。

本实例主要是演示常见的事件处理及对象属性的设置。当打开“成绩查询窗体”窗体时，系统显示主操作界面“成绩查询窗体”。此时，既可以按学号查看学生的所有成绩，如图 11.6 所示，也可以按课程名称来查询选修此课的学生成绩，如图 11.7 所示。

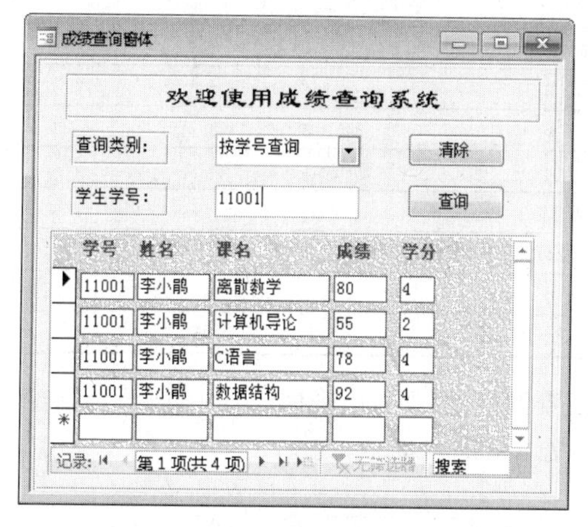

图 11.6　查询学生所有成绩窗体

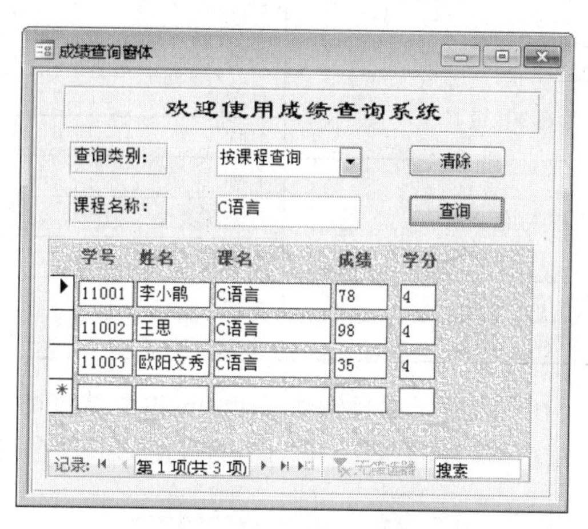

图 11.7　查询某课程成绩窗体

1. 实现成绩查询窗体

在窗体的设计视图中，实现如图 11.8 所示的窗体。

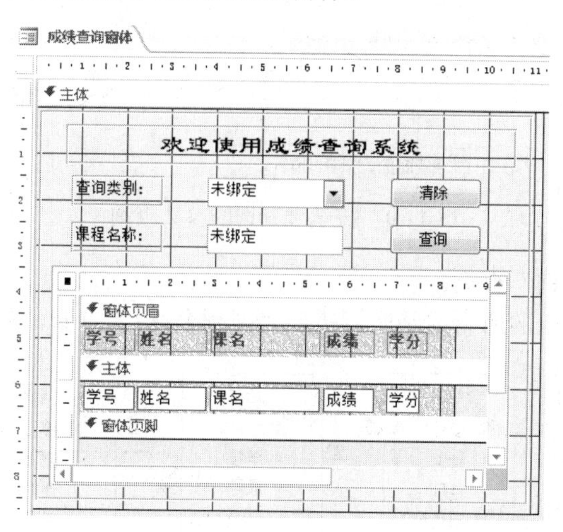

图 11.8 “成绩查询窗体”的设计视图

窗体中各控件的属性设置如表 11.13 所示。

2. 实现参数查询

（1）实现“按学号查询”查询。

在实现按学号查询学生的所有成绩时，需要一个参数查询。在此参数查询中，“学生学号”参数来源于“成绩查询窗体”中的“查询值”文本框中的内容，如图 11.9 所示。

表 11.13 “成绩查询窗体”窗体各控件属性

控　　件	属 性 名	属 性 值
查询类别标签	标题	查询类别：
	名称	查询类别标签
查询值标签	标题	课程名称：（或学生学号：）
	名称	查询值标签
查询命令按钮	标题	查询
	名称	查询命令
清除命令按钮	标题	清除
	名称	清除命令
查询类别组合框	名称	查询类别
	行来源类型	值列表
	行来源	"按学号查询","按课程查询"
查询值文本框	名称	查询值
子窗体	名称	学生成绩子窗体

在实现时，要特别注意[Forms]![成绩查询窗体]![查询值]参数的正确性。其中[成绩查询窗体]是主窗体保存的名称，[查询值]是窗体中“查询值”文本框的名称。

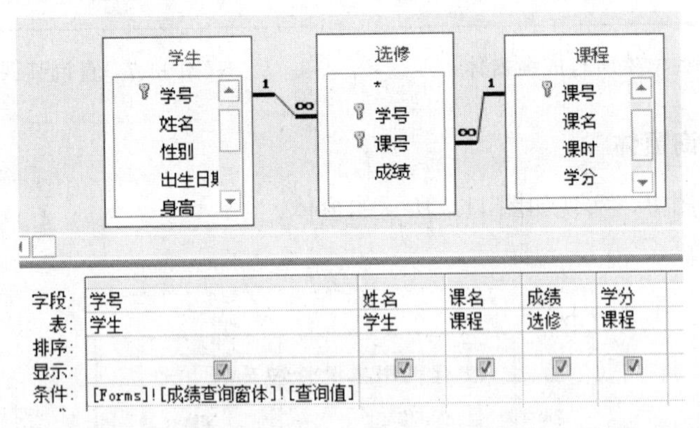

图 11.9　按学号查询的参数查询

（2）实现“按课程查询”查询。

在实现按课程查询学生的所有成绩时，需要“课程名称：”参数，如图 11.10 所示。

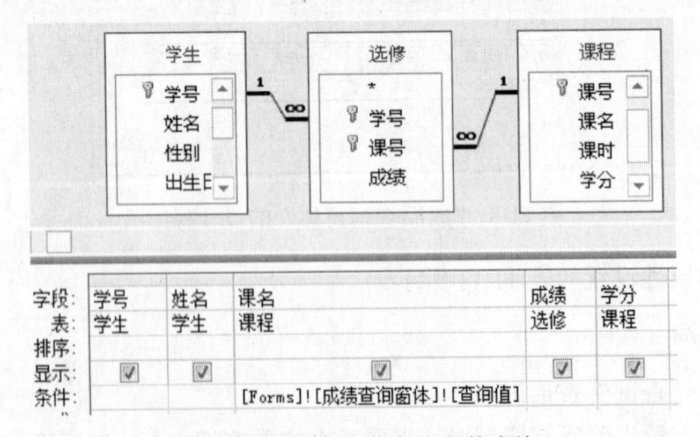

图 11.10　按课程查询的参数查询

3. 实现学生成绩子窗体

在成绩子窗体中以表格式的形式显示学生的成绩信息。成绩子窗体中的“字段”信息来源于相应的成绩查询，要注意两者在名称上的一致性，如图 11.11 所示。

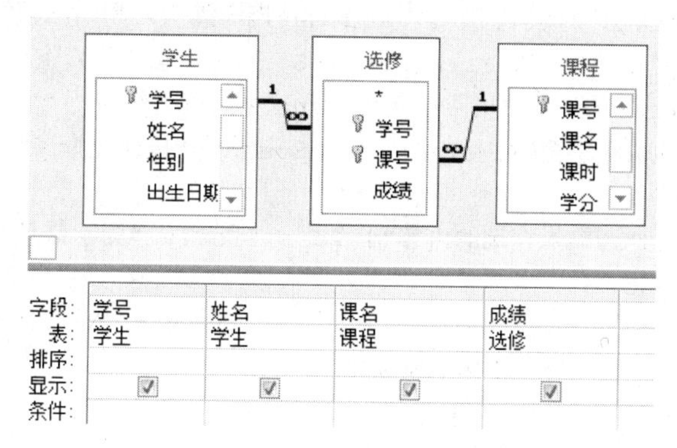

图 11.11 成绩子窗体的查询

4. 实现成绩查询窗体的事件过程

在成绩查询窗体中，需要实现窗体 Load 事件、“查询类别:”文本框的 AfterUpdate 事件、“查询”命令按钮和“清除”命令按钮的单击事件的响应代码。

（1）窗体 Load 事件的处理代码。

在窗体的 Load 事件处理代码中，实现对窗体相关控件的初始化任务。

```
Private Sub Form_Load()
    '初始化查询类别文本框和课程名称文本框中的内容及可用性状态
    Me!查询类别="按学号查询"
    Me!查询值标签.Caption="学生学号: "
    Me!查询值=""
    Me!查询值.SetFocus
    '隐藏子窗体
    Me!学生成绩子窗体.Visible=False
End Sub
```

（2）查询类别组合框 AfterUpdate 事件的处理代码。

依据“查询类别:”文本框中的内容，实现对查询值标签可用性状态的控制。

```
Private Sub 查询类别_AfterUpdate()
    If Me!查询类别="按课程查询" Then
        Me!查询值标签.Caption="课程名称: "
        Me!查询值=""
        Me!查询值.SetFocus
    Else
        Me!查询值标签.Caption="学生学号: "
        Me!查询值=""
        Me!查询值.SetFocus
    End If
End Sub
```

（3）查询命令按钮单击事件的处理代码。

```
Private Sub 查询命令_Click()
    '依据查询类别组合框中的内容，决定学生成绩子窗体的记录源所对应的查询
    If Me!查询类别="按学号查询" And Me!查询值 <> "" Then
        Me!学生成绩子窗体.Form.RecordSource="按学号查询"
    ElseIf Me!查询类别="按课程查询" And Me!查询值 <> "" Then
        Me!学生成绩子窗体.Form.RecordSource="按课程查询"
    Else
        MsgBox "请输入查询的内容", VbCritical, "提示信息"
        Exit Sub
    End If
    '显示及刷新学生成绩子窗体中的成绩信息
    Me!学生成绩子窗体.Visible=True
    Me!学生成绩子窗体.Requery
End Sub
```

（4）清除命令按钮单击事件的处理代码。

```
Private Sub 清除命令_Click()
    '初始化查询类别文本框和课程名称文本框中的内容及可用性状态
    Me!查询类别="按学号查询"
    Me!查询值标签.Caption="学生学号："
    Me!查询值=""
    Me!查询值.SetFocus
    '隐藏子窗体
    Me!学生成绩子窗体.Visible=False
End Sub
```

11.3 VBA 的数据库编程

前面已经介绍了各种类型的 Access 对象，可以用来实现对数据的处理与管理操作。实际上，要想快速、有效地管理好数据，开发出更具实用价值的 Access 数据库应用程序，还应当了解和掌握 VBA 的数据库编程方法。

11.3.1 数据库引擎及其接口

VBA 是通过 Microsoft Jet 数据库引擎工具来支持对数据库的访问的。所谓数据库引擎，实际上是一组动态链接库，当程序运行时被连接到 VBA 程序而实现对数据库的数据访问功能。数据库引擎是应用程序与物理数据之间的桥梁，它以一种通用接口的方式，使各种类型的物理数据库对用户而言都具有统一的形式和相同的数据访问与处理方法。

在 VBA 中主要提供了 3 种数据库访问接口，即开放数据库互连应用编程接口（Open Database Connectivity API，ODBC API）、数据访问对象（Data Access Object，DAO)和 Active 数据对象（ActiveX DataObjects，ADO）。

1．ODBC API 访问接口

目前 Windows 提供的 32 位 ODBC 驱动程序对每一种客户/服务器 RDBMS、最流行的索引顺序访问方法（ISAM）数据库（Jet、dBase、Foxbase 和 FoxPro）、扩展表（Excel）和划界文本文件都可以进行操作。在 Access 应用程序中，直接使用 ODBC API 需要大量 VBA 函数原型声明和一些烦琐、低级的编程细节，因此，实际编程很少直接使用 ODBC API 的访问数据库。

2．DAO 访问接口

提供一个访问数据库的对象模型。利用其中定义的一系列数据访问对象，如 Database、QueryDef、RecordSet 等对象，实现对数据库的各种操作。

3．ADO 访问接口

ADO 访问接口是基于组件的数据库编程接口，是一个和编程语言无关的 COM 组件系统，使用它可以方便地连接任何符合 ODBC 标准的数据库。

11.3.2 数据访问对象（DAO）

数据访问对象（DAO）是 VBA 提供的一种数据库访问接口，同时也包括数据库创建、表和查询的定义等操作。借助 VBA 代码可以灵活地控制数据库访问的各种操作。

1．DAO 模型结构

DAO 模型的分层结构如图 11.12 所示。它包含了一个复杂的对象层次结构，其中 DBEngine 对象处于最顶层，它是模型中唯一不被其他对象所包含的数据库引擎本身。层次低一些的对象，如 Workspace(s)、Database(s)、TableDef(s)、QueryDef(s)和 Recordsets 是 DBEngine 的下层对象，各种对象分别对应被访问的数据库的不同部分。在程序中定义对象变量，并通过对这些对象变量来调用对象方法、设置对象属性，以实现对数据库的各项操作。

下面对 DAO 数据库对象模型中的主要对象进行说明。

DBEngine 对象：表示 Microsoft Jet 数据库引擎。它是 DAO 模型的根对象，包含并控制 DAO 模型中的其余全部对象。

Workspace 对象：表示工作区。

Database 对象：表示操作的数据库对象。

Recordset 对象：表示数据操作返回的记录集。

Field 对象：表示记录集中的字段数据信息。

Error 对象：表示数据提供程序出错时的扩展信息。

但在实现的数据库访问编程中，主要使用到 Database 对象和 Recordset 对象。下面对这两个对象进行简要的说明，其他对象可参考 DAO 编程手册。

（1）Database 对象。

Database 对象是数据库访问最直接的管理者，大多数的管理工作都由它完成，如建表、建立查询、执行查询、修改表中数据等。一个 Database 对象对应于一个数据库。用户通过读取 Database 对象的属性可以掌握数据库的整体特性，但这些属性大多数都是只读属性。Database 对象常用的属性和方法如表 11.14 所示。

（2）Recordset 对象。

在数据库编程中，对于记录的操作基本上是由 Recordset 对象来完成的。一个 Recordset 对象可以是数据库中的一组记录，也可以是整个数据表或者表的一部分。

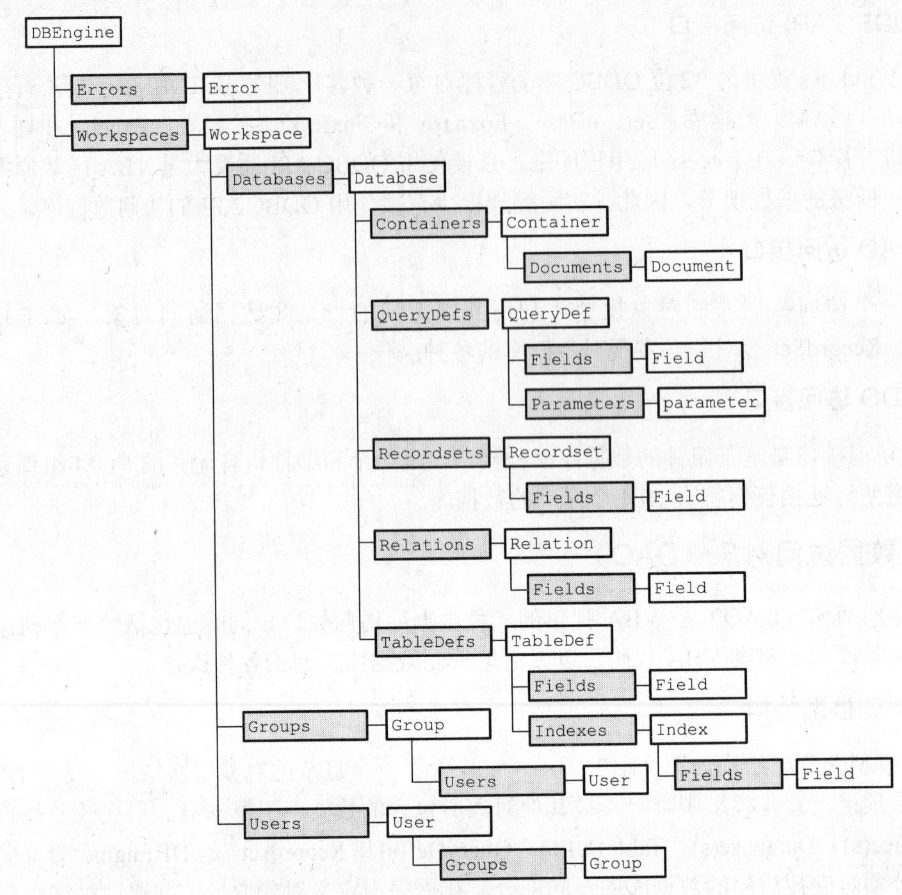

图 11.12　DAO 数据库对象模型

表 11.14　Database 对象常用的属性和方法

项目	名　称	说　明
属性	Name	数据库名称，对于 Access 数据库来说即文件名
	Connect	当前数据库与数据源的连接方式
	Updatable	是否可以改变数据库的结构
	QueryTimeOut	通过 ODBC 进行查询操作的时间限制
	Transaction	当前数据库是否支持事务操作
方法	OpenRecordset	创建一个新记录集，并将记录加入到 Recordset 集合中
	CreateTableDef	创建一个新的表对象
	CreateQueryDef	创建一个查询对象
	CreateProperty	创建一个自定义属性对象
	Execute	创建一个动作查询或一个有效的 SQL 语句
	Close	关闭数据库

Access 支持 3 种类型的记录集，即 DB_OPEN_TABLE（表集）、DB_OPEN_DNASET（动态集）、DB_OPEN_SNAPSHOT（静态集）。表集包含数据表中所有的记录，对数据表中的数据所进行的增加、删除、修改等操作，直接更新数据。动态集可以包含来自于一个或多个表中记录的集合，对这种类型的记录集所进行各种操作都先在内存中进行，以提高运行速度。以静态集打开的数据表或由查询返回的数据仅读取而不能更改，主要适用于查询工作。Recordset 对象常用的属性和方法如表 11.15 所示。

表 11.15　Recordset 对象常用的属性和方法

项目	名　称	说　明
属性	BOF	当前记录指针是否已经到记录集的顶部
	EOF	当前记录指针是否已经到记录集的底部
	RecordCount	记录集中的记录条数
	NoMatch	是否找到匹配记录，一般是在调用了对象的 Seek、Find 方法之后读取使用
	Type	记录集的类型
	LockEdits	编辑特性的锁定状况
	Bookmark	当前记录的书签，利用此属性可重新定位记录集指针
方法	AddNew	增加一个新记录，新记录的每个字段如果有默认值，将以默认值表示，否则为空白
	Delete	删除当前记录
	Edit	将当前记录的数据复制到数据备份区中，供后面的编辑操作使用
	Update	将记录集数据修改结果保存到数据库文件中
	Find	用于在记录集中查找符合条件的记录。如果条件符合，则记录指针将定位在找到的记录上。Find 方法包括 FindFirst、FindLast、FindPrevious、FindNext 四种方法
	Move	移动当前的记录指针，并按指定的移动距离或者指定的位置移动。Move 方法还包括 MoveFirst、MoveLast、MovePrevious 和 MoveNext 四种方法

2. 引用数据库对象

在利用 DAO 对象对数据库进行管理和操作时，DBEngine 对象是根对象，不需要声明就可以使用。但对于大多数的子对象来说，不仅需要声明对象的类型，还要用 Set 语句进行赋值，甚至声明对象之前还需引用 DAO 对象库。

（1）引用 DAO 对象库。

DAO 对象库就是一个动态链接库文件，它能够提供 DAO 对象的相关信息。当启动应用程序时，VBA 会自动加载该应用程序的必要对象库。如果想从其他应用程序中访问这些对象，可以添加和删除对象库。例如，在引用 DBEngine 根对象的 Database、TableDef 子对象时，就必须添加 Microsoft DAO 对象库。

要添加 DAO 对象库，需执行“工具”→“引用”命令，即会打开引用对话框，如图 11.13 所示。如果要引用 DAO 对象库，可勾选“Microsoft DAO 3.6 Object Library”复选框。另外，还可以在此对话框中更改引用对象库的优先级。

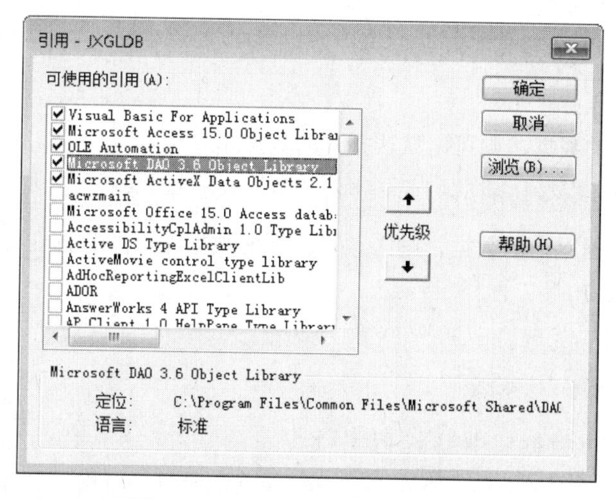

图 11.13　DAO 对象库引用对话框

当打开 VBE 时，系统会加载使用 VBA 所必需的对象库。DAO 前缀是 DAO 对象库的简称，它用于明确地区别不同对象库中同名的对象，如 DAO 和 ADO 中都有 Recordset 对象。

（2）声明对象变量及赋值。

声明对象类型的变量与声明普通变量一样，既可以使用 Dim，也可以使用关键字 Public、Private。但给对象变量赋值与普通变量的赋值不同，如我们声明一个名为 dbName 的字符串变量，并给它赋值“C:\Students.accdb”，则可以使用下面的代码：

```
Dim dbName As String
dbName="C:\Students.accdb"
```

但如果声明一个名为 db 的 Database 对象，则不能直接使用“=”进行赋值，而应在赋值语句的前面添加一个关键字 Set。例如：

```
Dim db As DAO.Database
Set db=MyWorkspace.OpenDatabase("C:\JXDB.accdb")
```

3. DAO 访问数据库的步骤

使用 DAO 访问数据库中的数据，大致可以分为如下 6 个主要步骤：声明对象变量、建立工作空间会话、打开数据库、打开记录集、操作数据和关闭对象。

下面结合一个实例，详细讲解 DAO 访问数据库的具体步骤。

【例 11.4】 要求当窗体打开后，在一个名为 StudNames 的组合框控件中，显示“学生”表中所有学生的姓名。

由要求可知，只需要在窗体的 Load 事件过程中访问“学生”表，并且将表中所有学生的姓名字段读取出来，逐一加入到 StudNames 组合框控件的 RowSource 属性中。

第 1 步：声明对象变量。

```
Dim ws As DAO.Workspace          '声明工作区对象
Dim db As DAO.Database           '声明数据库对象
Dim rs As DAO.Recordset          '声明数据记录集对象
Dim name As DAO.Field            '声明字段对象
Dim strNames() As String         '声明一个动态数组变量
```

第 2 步：建立工作空间会话。

```
Set ws=DBEngine.Workspaces(0)
```

第 3 步：打开数据库。

若访问本数据库中的数据，则可用默认打开的数据库对象：

```
Set db=ws.Databases(0)
```

但若是访问其他数据库中的数据，则必须打开新的数据库，如数据在“C:\ JXDB.accdb”数据库中，则相应的语句为：

```
Set db=ws.OpenDatabase("C:\JXDB.accdb")
```

第 4 步：打开记录集。

```
Set rs=db.OpenRecordset("学生")
Set name=rs.Fields("姓名")
```

第 5 步：操作数据。

```
ReDim strNames (rs.RecordCount)          '依据查询数量而重新定义数组的大小
Do Until rs.EOF                          '将学生的姓名都保存到数组中
    strNames(i)=name
    i=i+1
    rs.MoveNext
Loop
'将数组中的数据加入到列表框中
Me.StudNames.RowSourceType="值列表"
Me.StudNames.RowSource=strNames(0)
For i=1 To rs.RecordCount
    Me.StudNames.RowSource=Me.StudNames.RowSource & ";" & strNames(i)
Next i
```

第 6 步：关闭对象。

```
rs.Close
db.Close
Set rs=Nothing
Set db=Nothing
```

程序运行结果如图 11.14 所示。

图 11.14　运行效果图

11.3.3　ActiveX 数据对象（ADO）

ADO 数据访问接口是 Microsoft 处理数据库信息的最新技术。它是一种 ActiveX 对象，采用了被称为 OLE DB 的数据访问模式，是数据访问对象 DAO、开放数据库互连 ODBC、远程数据对象 RDO 三种方式的扩展。

1. ADO 对象模型

ADO 对象模型定义了一个可编程的分层对象集合，主要由 3 个成员 Connection、Command 和 Recordset 对象，以及几个集合对象 Errors、Parameters 和 Fields 等所组成，如图 11.15 所示。

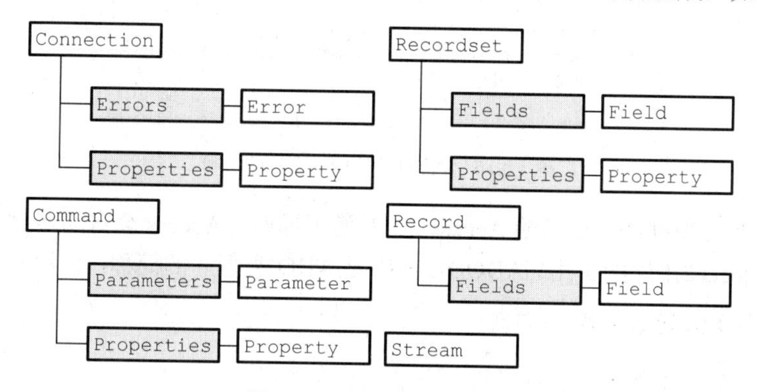

图 11.15　ADO 对象模型

下面对 ADO 对象模型中的主要对象进行说明。

Connection 对象：用于指定数据提供者，建立到数据库的连接。例如，可以用连接对象打开一个对 Access 数据库的连接。

Command 对象：定义了将对数据库执行的指定命令。例如，可以用命令对象执行一个带有参数的查询。

Parameter 对象：表示与基于参数化查询或存储过程的 Command 对象相关联的参数。

Recordset 对象：表示从基本表或命令执行的结果所得到的整个记录集合。所有 Recordset 对象均由记录（行）和字段（列）组成。

Field 对象：表示记录集中的字段数据信息。

Error 对象：包含与单个操作有关的数据访问错误的详细信息。

使用 ADO 时，几乎可以完全使用 Recordset 对象处理数据。当打开 Recordset 时，当前记录会位于第一条记录（如果有）的位置，并且 BOF 和 EOF 属性设置为 False。如果没有任何记录，BOF 和 EOF 属性设置为 True。

可以使用 MoveFirst、MoveLast、MoveNext 和 MovePrevious 方法。仅向前型 Recordset 对象仅支持 MoveNext 方法。当使用 Move 方法访问每条记录时，可以使用 BOF 和 EOF 确定是否移到了 Recordset 的开头或结尾之外。

2．引用数据库对象

在 Access 模块中使用 ADO 的各个访问对象之前，也应该增加对 ADO 库的引用。Access 2003 的 ADO 引用库为 ADO 2.1，其引用设置方式为：先进入 VBE 编程环境，执行“工具”→“引用”命令，打开引用对话框，如图 11.16 所示。从“可使用的引用”列表中勾选“Microsoft ActiveX Data Objects 2.1 Library”复选框并单击“确定”按钮即可。

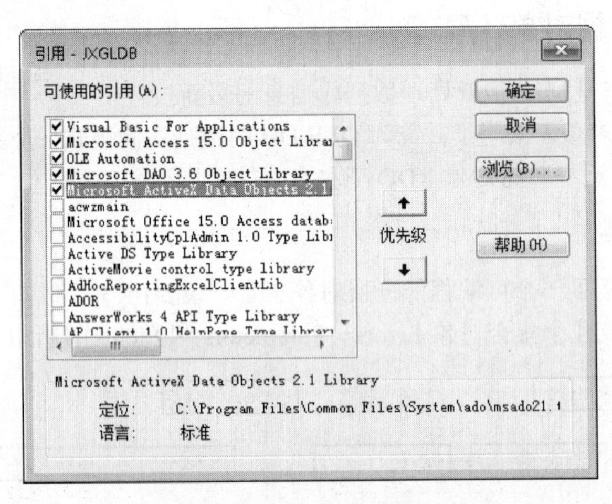

图 11.16 ADO 对象库引用对话框

需要指出的是，当打开一个新的 Access 2013 数据库时，Access 会自动增加一个对 Microsoft ActiveX Data Objects 2.1 库的引用。ADODB 前缀是 ADO 类型库的简称，作用与 DAO 简称相同。

3．使用 ADO 访问数据库的操作

使用 ADO 访问数据库，主要涉及以下几个方面的操作。

（1）建立 ADO 连接

要访问数据库中的数据，必须先建立与数据库的连接。使用 ADO 的 Connection 对象，就可以建立与数据库的连接。

若访问本数据库中的数据，则可用 CurrentProject 对象的 Connection 属性。相应的语句为：

```
Dim Cnn As ADODB.Connection
Set Cnn=CurrentProject.Connection
```

但若是访问其他数据库中的数据，则必须打开新的数据库，如数据在“C:\ JXDB. accdb”数据库中，则相应的语句为：

```
Dim Cnn As New ADODB.Connection
Cnn.Provider="Microsoft.Jet.OLEDB.4.0"
Cnn.Open  "C:\JXDB.accdb"
```

上述两条语句也可以写成：

```
Cnn.Open  "Provider=Microsoft.Jet.OLEDB.4.0;Data Source=C:\JXDB.accdb"
```

当不需要某个数据库时，可以使用 Connection 对象的 Close 方法，相应的语句为：

```
Cnn.Close
```

（2）创建与操作 ADO 记录集。

在建立与数据源的连接之后，就可以使用 ADO 创建 Recordset 对象以便处理数据。Recordset 对象表示的是来自基表或执行查询结果的记录集，可以通过它实现数据的增加、删除和修改等操作。

创建记录集有多种方式，但最常用的方式是使用 Recordset 对象的 Open 方法。其格式为：

```
Open([Source],[ActiveConnection],[CursorType],[LockType],[Option])
```

其中，Source 指 SQL 语句或表名；ActiveConnection 指已建立的 Connection 对象；CursorType 是要使用的游标类型；LockType 是要使用的锁定模式，锁定模式确定了什么时候锁定数据，而且其他人不能使用它。如果只是向前浏览所有的记录，CursorType 选择 adOpenForwardOnly，而 LockType 选择 adLockReadOnly 是最好的组合值。但要想通过 Recordset 对象操作或修改数据时，则 CursorType 为 adOpenDynamic，而 LockType 为 adLockOptimistic 为好。例如：

```
Dim rs As New ADODB.Recordset
Dim strSql As String
strSql="Select * From 学生 Where 性别='男'"
rs.Open strSql,CuurentProject.Connection,AdOpenDynamic,adLockOptimistic, adCmdText
```

（3）导航记录集中的记录。

创建了记录集后，就需要导航其中的记录。ADO 提供了很多导航记录的方法，如 MoveFirst、MoveNext、MovePrevious、MoveLast 等。

例如，要打印所有男生的姓名，则相应的代码如下。

方式一：

```
Do While Not rs.EOF
    Debug.Print rs("姓名")
    rs.MoveNext
Loop
```

方式二：

```
Do Until rs.EOF
    Debug.Print rs("姓名")
    rs.MoveNext
Loop
```

（4）操作记录集中的记录。

创建了记录集后，要在记录集中添加、修改或删除记录，也可使用 Recordset 对象的相应方法。

例如，要新增加一行学生的信息，则相应的代码为：

```
rs. AddNew                          '在增加信息前，执行 AddNew 操作
rs.Fields("学号")="1001"
rs.Fields("姓名")="张三"
rs.Fields("性别")="男"
rs.Update                           '在增加信息后，执行 Update 操作
```

如果要将姓名为“张三”学生的姓名修改成“张三丰”，则相应的代码为：

```
Do Until rs.EOF
If rs("姓名")="张三" then
    rs.Fields("姓名")="张三丰"      '修改数据
    rs.Update                       '修改数据后，执行 Update 操作
End If
rs.MoveNext
Loop
```

如果要删除姓名为“张三丰”的学生，则相应的代码为：

```
Do Until rs.EOF
If rs("姓名")="张三丰" Then
    rs.Delete                       '删除数据
    rs.Update                       '删除数据后，执行 Update 操作
    End If
    rs.MoveNext
Loop
```

4．ADO 编程实例

本节采用 ADO 编程技术，将例 11.4 的功能重新实现，以比较 DAO 与 ADO 之间的区别。

第 1 步：声明对象变量。

```
Dim Cnn As ADODB.Connection         '声明连接对象
Dim rs As New ADODB.Recordset       '声明数据记录集对象
Dim name As ADODB.Field             '声明字段对象
Dim strNames() As String            '声明一个动态数组变量
Set Cnn=CurrentProject.Connection
```

第 2 步：打开记录集。

```
rs.Open "学生",Cnn,AdOpenDynamic,adLockOptimistic,adCmdTable
Set name=rs.Fields("姓名")
```

第 3 步：操作数据。

```
ReDim strNames(rs.RecordCount)      '依据查询数量而重新定义数组的大小
Do Until rs.EOF                     '将学生的姓名都保存到数组中
   strNames(i)=name
   i=i+1
   rs.MoveNext
Loop
'将数组中的数据加入到列表框中
Me.StudNames.RowSourceType="值列表"
```

```
    Me.StudNames.RowSource=strNames(0)
    For i=1 To rs.RecordCount
        Me.StudNames.RowSource=Me.StudNames.RowSource & ";" & strNames(i)
    Next i
```

第 4 步：关闭对象。

```
    rs.Close
    Set rs=Nothing
```

由上可知，ADO 与 DAO 编程的步骤大致是相同的，主要在前期的连接数据库与打开记录集上有些区别，而记录集的访问操作基本相同。

11.4　调试与错误处理

在编写代码之后，必须进行测试，检查它是否正确。Access 的 VBE 编程环境提供了完整的一套调试工具和调试方法。熟练掌握好这些调试工具和调试方法，可以快速、准确地找到问题的所在，不断修改，加以完善。

11.4.1　调试工具

VBE 提供了“调试”菜单”和“调试”工具栏。执行“视图”→“工具栏”→“调试”命令，可打开“调试”工具栏，如图 11.17 所示。

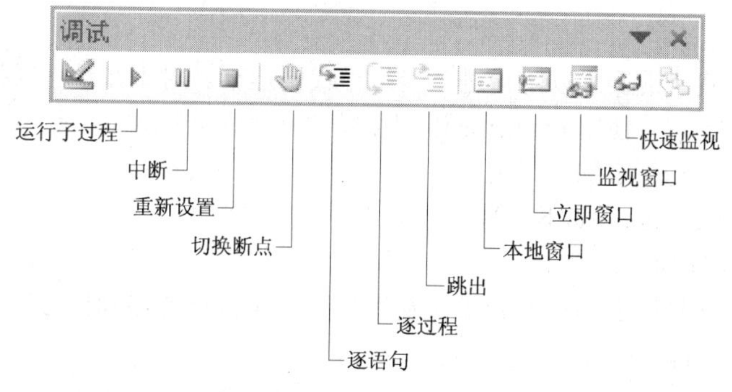

图 11.17 “调试”工具栏

1. 执行代码

VBE 提供了多种程序运行方式，通过不同的运行方式运行程序，可以对代码进行各种调试工作。包括逐语句执行、逐过程执行、跳出执行、运行到光标处和设置下一条语句。

2. 暂停代码运行

VBE 提供的大部分调试工具，都要在程序处于挂起状态才能有效，这时就需要暂停 VBA 程序的运行。在这种情况下，程序仍处于执行状态，变量和对象的属性仍然保持，当前运行的代码在模块窗口中被显示出来。

如果要将语句设为挂起，可采用断点挂起和 Stop 语句挂起方法。

3. 查看变量值

在调试程序时，希望随时查看程序中的变量和常量的值，这时只要将鼠标指针指向代码窗口中要查看的变量和常量，就会直接在屏幕上显示当前值。但这种方法只能查看一个变量或常量，如果要查看几个变量或一个表达式的值，或需要查看对象及对象的属性，可以使用本地窗口、立即窗口、监视窗口和调用堆栈。

11.4.2 错误处理

VBA 通过显示错误消息并阻止代码执行来响应运行期间错误。然而，在代码中引入错误处理特征，也能够处理运行期间错误，使用这些特征可以捕获错误，从而进一步提示程序采取适当措施。

1. 避免错误

编写无任何错误的应用程序几乎是不可能的，然而采取相应策略可以尽量避免错误。为了避免不必要的错误，应该养成良好的编程习惯。编写应用程序时应注意以下几点。

（1）在编写代码时加上必要的注释，以便以后或其他用户能够清楚地了解程序的功能。

（2）使用缩进代码，可以使程序更易于阅读和调式。

（3）除了一些定义全局变量的语句及其他说明性的语句之外，具有独立性作用的非说明性语句和其他代码，都要尽量地放在 Sub 过程或 Function 过程中，以保持程序的简洁性。

（4）在每个模块中加入 Option Explicit 语句，强制对模块中的所有变量进行显式声明。

（5）为了方便地使用变量，变量的命名应采用统一的格式，尽量做到能“顾名思义”。

（6）在声明对象变量或其他变量时，应尽量使用确定的对象类型或数据类型，少用 Object 和 Variant，这样可以加快代码的运行，且可避免出现错误。

2. 捕获错误

捕获错误意味着截获错误，以防止进一步终止代码运行。对于在运行时捕获的错误，可以使用 On Error 语句进行处理。使用 On Error 语句可以建立错误处理程序，当发生运行错误时，执行就会跳转到 On Error 语句指定的标号处。

On Error GoTo 指令一般有如下 3 种表示形式。

（1）On Error GoTo 标号。

“On Error GoTo 标号”语句在遇到错误发生时，程序执行转移到标号所指位置。一般标号之后都是安排错误处理程序。例如：

```
    On Error GoTo MyErrHandler        '发生错误，跳转至 MyErrHandler 位置执行
        ...
    MyErrHandler:                     '标号 MyErrHandler 位置
        ...                           '错误处理代码
```

在此例中，On Error GoTo 指令使程序流程转到 MyErrHandler 标号位置。一般来说，错误处理的程序代码会在程序的最后。

（2）On Error Resume Next。

“On Error Resume Next”语句在遇到错误发生时不考虑错误，并继续执行下一条语句。

（3）On Error GoTo 0。

“On Error GoTo 0”语句用于关闭错误处理。

如果没有用 On Error GoTo 语句捕捉错误，或者用 On Error GoTo 0 关闭错误处理，则在错误发生后会出现一个对话框，显示出相应的错误信息。

【例 11.5】 使用 On Error GoTo 语句截获错误的代码为：

```
Private Sub Calculate()
    On Error GoTo calculate_error
    result=Num1/Num2
    Debug.Print result
    Exit Sub
    calculate_error:
    MsgBox "过程运行时出错：除零错误！", VbCritical, "错误提示"
End Sub
```

当第 3 行发生错误时，程序将跳转到 calculate_error 错误处理程序，并显示“过程运行时出错：除零错误！”消息。

指定错误处理程序的标号可以是符合变量名约定的任意名字，但标号的末尾必须包含一个冒号。通常把 On Error GoTo 语句放在过程的开始部分，以便该过程的后续部分都有效。

3．编写错误处理程序

在捕获到了错误之后，为确定要采取哪些行动，首先应识别错误的类型。VBA 编程语言提供了一个错误对象（Err）来帮助了解错误信息。当发生了运行错误时，系统就会自动填充 Err 对象，可以使用其中的信息来识别错误并进行处理。表 11.16 列出了 Err 对象的常用属性。

表 11.16 Err 对象的常用属性

属　性	说　明
Number	返回或设置表示错误的数值
Description	存储说明错误的有关信息
Source	包含发生了错误的对象名或应用程序名

Err 对象包含两个方法：Raise 和 Clear。其中 Raise 方法用于产生用户定义的错误，而 Clear 方法可以清除 Err 对象的所有属性设置。

处理了错误之后，必须退出错误处理程序，这要使用 Resume 语句。可以采用 3 种方式使用 Resume 语句。

（1）Resume：将控制返回给引起错误的语句。

（2）Resume Next：将控制传递给引起错误的下一条语句。

（3）Resume Line：把控制传递给指定的行标号或行标签。

【例 11.6】 实现一个两个操作数相除的过程。

```
Public Sub Calculate()
    Dim intNumerator As Integer
    Dim intDenominator As Integer
    Dim intResult As Double
    On Error GoTo MyErrHandle
    intNumerator=InputBox("请输入被除数：")
EnterDenominator:
    intDenominator=InputBox("请输入除数：")
    intResult=intNumerator/intDenominator
    MsgBox "商为：" & intResult
    Exit Sub
MyErrHandle:
    MsgBox "错误代号：" & Err.Number & "错误描述：" & Err.Description
```

```
    Resume EnterDenominator
End Sub
```

当过程运行时，若用户没有输入除数或将除数设为0时，先显示错误代号和错误描述，然后要求用户重新输入除数。

习 题 11

一、选择题

1．确定一个控件在窗体或报表上的位置的属性是（　　）。

A．Width 或 Height　　B．Width 和 Height

C．Top 或 Left　　D．Top 和 Left

2．窗体上添加有3个命令按钮，分别命名为Command1、Command2和Command3。编写Command1的单击事件过程，完成的功能为：当单击按钮Command1时，按钮Command2可用，按钮Command3不可见。以下正确的是（　　）。

A．
```
Private Sub Command1_Click()
    Command2.Visible=True
    Command3.Visible=False
End Sub
```

B．
```
Private Sub Command1_Click()
    Command2.Enabled=True
    Command3.Enabled=False
End Sub
```

C．
```
Private Sub Command1_Click()
    Command2. Enabled=True
    Command3.Visible=False
End Sub
```

D．
```
Private Sub Command1_Click()
    Command2.Visible=True
    Command3.Enabled=False
End Sub
```

3．在窗体视图显示该窗体时，要求在单击命令按钮后，标签Label1上显示的文字颜色变为红色，以下能实现该操作的语句是（　　）。

A．`Label1.ForeColor=255`　　B．`bChange.ForeColor=255`

C．`Label1.ForeColor="255"`　　D．`bChange.ForeColor="255"`

4．若将窗体的标题设置为“改变文字显示颜色”，应使用的语句是（　　）。

A．`Me="改变文字显示颜色"`　　B．`Me.Caption="改变文字显示颜色"`

C．`Me.text="改变文字显示颜色"`　　D．`Me.Name="改变文字显示颜色"`

5. 现有一个已经建好的窗体，窗体中有一个命令按钮，单击此命令按钮，将打开“tEmployee”表，如果采用VBA代码完成，下面语句正确的是（　　）。

A．`docmd.openForm "tEmployee"`　　B．`docmd.openView "tEmployee"`

C．`docmd.openTable "tEmployee"`　　D．`docmd.openReport "tEmployee"`

二、填空题

1．某窗体中有一命令按钮，名称为Command1。要求在窗体视图中单击此命令按钮后，命令按钮上显示的文字颜色为棕色（棕色代码为128），实现该操作的VBA语句是________。

2．窗体中有两个命令按钮：“显示”（控件名为cmdDisplay）和“测试”（控件名为cmdTest）。以下事件过程的功能是：单击“测试”命令按钮时，窗体上弹出一个消息框。如果单击消息框的“确定”按钮，隐藏窗体上的“显示”命令按钮；单击“取消”按钮关闭窗体。按照功能要求，将程序补充完整。

```
Private Sub cmdTest_Click()
    Answer= ________("隐藏按钮",VbOKCancel)
    If answer=vbOk Then
        CmdDisplay.Visible= ________
    Else
        DoCmd.Close
    End If
End Sub
```

3．有一个 VBA 计算程序的功能如下，该程序用户界面由 4 个文本框和 3 个命令按钮组成。4 个文本框的名称分别为：Text1、Text2、Text3 和 Text4。3 个命令按钮分别为：清除（名为 Command1）、计算（名为 Command2）和退出（名为 Command3）。窗体打开运行后，单击“清除”命令按钮，则清除所有文本框中显示的内容；单击“计算”命令按钮，则计算在 Text1、Text2 和 Text3 三个文本框中输入的 3 科成绩的平均成绩并将结果存放在 Text4 文本框中；单击“退出”命令按钮则退出。请将下列程序填空补充完整。

```
Private Sub Command1_Click()
    Me!Text1=""
    Me!Text2=""
    Me!Text3=""
    Me!Text4=""
End Sub
Private Sub Command2_Click()
    If Me!Text1="" Or Me!Text2="" Or Me!Text3="" Then
        MsgBox "成绩输入不全"
    Else
    Me!Text4=(________+Val(Me!Text2)+Val(Me!Text3))/3
  ________
End Sub
Private Sub Command3_Click()
    DoCmd.________
End Sub
```

4．实现数据库操作的 DAO 技术，其模型采用的是层次结构，其中处于最顶层的对象是________。

5．下列子过程的功能是：将当前数据库文件中“学生”表的学生“年龄”都加 1。请在程序空白的地方填写适当的语句，使程序实现所需的功能。

```
Private Sub SetAgePlus1_Click()
    Dim db As DAO.Database
    Dim rs As DAO.Recordset
    Dim fd As DAO.Field
    Set db=CurrenrDb()
    Set rs=db.openRecordset("学生表")
    Set fd=rs.Fields("年龄")
    Do While Not rs.EOF
        Rs.Edit
        fd=________
```

```
            rs.Update
            ________
      Loop
      rs.Close
      db.Close
      Set rs=Nothing
      Set db=Nothing
   End Sub
```

6. 数据库的“职工基本情况”表有“姓名”和“职称”等字段，要分别统计教授、副教授和其他人员的数量。请在空白处填入适当语句，使程序可以完成指定的功能。

```
Private Sub Commands_Click()
    Dim db As DAO.Database
    Dim rs As DAO.Recordset
    Dim zc As DAO.Field
    Dim Count1 As Integer,Count2 As Integer,Count3 As Integer
    Set db=CurrentDb()
    Set rs=db.OpenRecordset（"职工基本情况表"）
    Set zc=rs.Fields（"职称"）
    Count1=0 : Count2=0 : Count3=0
    Do While Not________
    Select Case zc
        Case Is="教授"
            Count1=Count1+1
        CaseIs="副教授"
            Count2=Count2+1
        Case Else
            Count3=Count3+1
    End Select
    ________
    Loop
    rs .Close
    Set rs=Nothing
    Set db=Nothing
    MsgBox "教授：" & Count1 &",副教授：" & Count2 & ",其他：" & count3
End Sub
```

7. 数据库中有“工资”表，包括“姓名”、“工资”和“职称”等字段，现要对不同职称的职工增加工资，规定教授职称增加15%，副教授职称增加10%，其他人员增加5%。下列程序的功能是按照上述规定调整每位职工的工资，并显示所涨工资之总和。请在空白处填入适当的语句，使程序可以完成指定的功能。

```
Private Sub Command5_Click()
    Dim ws As DAO.Workspace
    Dim db As DAO.Database
    Dim rs As DAO.Recordset
    Dim gz As DAO.Field
    Dim zc As DAO.Field
```

```
        Dim sum As Currency
        Dim rate As Single
        Set db=CurrentDb()
        Set rs=db.OpenRecordset("工资表")
        Set gz=rs.Fields("工资")
        Set zc=rs.Fields("职称")
        sum=0
        Do While Not________
            rs.Edit
            Select Case zc
                Case Is="教授"
                rate=0.15
                Case Is="副教授"
                rate=0.1
                Case Else
                rate=0.05
            End Select
            sum=sum+gz*rate
            gz=gz+gz*rate
            ________
            rs.MoveNext
        Loop
        rs.Close
        db.Close
        Set rs=Nothing
        Set db=Nothing
        MsgBox "涨工资总计:" & sum
    End Sub
```

三、程序设计题

1．使用 DAO 访问技术实现：在 JXDB 数据库中查询某一学生某门课的成绩。

提示：在窗体中增加一个名称为 txtName 的文本框和一个名称为 txtCourse 的文本框，分别用来输入要查询学生的姓名和课程名称，当用户单击名称为 cmdQuery 的命令按钮时，将查询的结果显示在名称为 txtScore 的文本框中。在 cmdQuery 命令按钮的单击事件中实现 DAO 访问数据库。

2．使用 ADO 访问技术实现：在 JXDB 数据库中查询某一学生某门课的成绩。

参 考 文 献

[1] 王珊，萨师煊. 数据库系统概论 第五版.北京：高等教育出版社，2014.

[2] 卢湘鸿，等. Access 2003 应用教程 .北京：人民邮电出版社，2007.

[3] 陈佛敏，陈博. SQL Server 2008 数据库应用教程 .北京：科学出版社，2014

[4] 陈佛敏，金国验. Access 2003 数据库应用教程 .武汉：华中科技大学出版社，2010.

[5] 陈洪生，郭晶晶，等. Access 2003 数据库应用习题与实验指导 .武汉：华中科技大学出版社，2010.

[6] 陈佛敏，金国验. Access 2007 数据库实验教程 .北京：人民邮电出版社，2013.

[7] 汪志勇，杨荣，陈洪生，郭晶晶. Access 2007 数据库应用教程 .北京：人民邮电出版社，2013.

[8] http://baike.baidu.com，百度百科